U0077544

圖解

資料結構

× 演算法

運用Python結合ChatGPT
輔助驗證及寫程式

特·別·提·供
**ChatGPT
生成程式碼**
可與人工編寫程式碼
相互比較作為參考

胡昭民

著

AI再進化！使用ChatGPT
高效率生成 Python程式碼

- [✓] 完整的內容結構和清晰的邏輯，豐富的圖例解說提高可讀性
- [✓] 使用 Python 實作資料結構理論，並透過範例程式碼深入解析
- [✓] 參閱國家考試題型設計難易適中的習題，立即檢驗學習效果
- [✓] 附錄彙整資料結構相關專有名詞，方便查詢加深學習印象

 博碩官網下載·書中範例程式碼

博碩文化

作　　者：胡昭民
責任編輯：黃俊傑

董 事 長：陳來勝
總 編 輯：陳錦輝

出　　版：博碩文化股份有限公司
地　　址：221 新北市汐止區新台五路一段 112 號 10 樓 A 棟
　　　　　電話 (02) 2696-2869　傳真 (02) 2696-2867

發　　行：博碩文化股份有限公司
郵撥帳號：17484299　戶名：博碩文化股份有限公司
博碩網站：http://www.drmaster.com.tw
讀者服務信箱：dr26962869@gmail.com
訂購服務專線：(02) 2696-2869 分機 238、519
（週一至週五 09:30 ～ 12:00；13:30 ～ 17:00）

版　　次：2023 年 8 月初版一刷

建議零售價：新台幣 680 元
Ｉ Ｓ Ｂ Ｎ：978-626-333-546-2
律師顧問：鳴權法律事務所 陳曉鳴律師

本書如有破損或裝訂錯誤，請寄回本公司更換

國家圖書館出版品預行編目資料

圖解資料結構 × 演算法：運用 Python 結合
　ChatGPT 輔助驗證及寫程式 / 胡昭明著. --
　初版 . -- 新北市：博碩文化股份有限公司，
　2023.08
　　面；　公分

ISBN 978-626-333-546-2(平裝)

1.CST: Python(電腦程式語言) 2.CST: 人工智慧
3.CST: 資料結構 4.CST: 演算法

312.32P97　　　　　　　　　　112011152

Printed in Taiwan

博 碩 粉 絲 團

歡迎團體訂購，另有優惠，請洽服務專線
(02) 2696-2869 分機 238、519

序

　　資料結構一直是電腦科學領域非常重要的基礎課程，除了是全國各大專院校資訊、資工、資管、應用數學、電腦科學、計算機等資訊相關科系的必修科目之外，近年來也被電子、電機或一些商學管理科系列入選修課程。同時，一些資訊相關科系的轉學考、研究所考試、國家高、普、特考等，也將資料結構列入必考科目。由此可知，不論就考試的角度，或是研究資訊科學學問的角度，資料結構確實是有志從事資訊工作的專業人員，不得不重視的一門基礎課程。

　　對於第一次接觸資料結構課程的初學者來說，資料結構中大量的理論及演算法的不易理解，常會造成學習障礙與挫折感。為了幫助讀者快速理解資料結構，本書採用豐富圖例來闡述基本概念，並將重要理論、演算法作最意簡言明的詮釋及舉例，同時配合完整的範例程式碼，期能透過實作來熟悉資料結構。因此，這是一本兼具內容及專業的資料結構與演算法的教學用書。

　　市面上以 Python 來實作資料結構理論的書籍較為缺乏，因此本書可以說是一本以 Python 程式語言實作來解說資料結構概念的重要著作。為了方便學習，書中都是完整的程式碼，可以避免片斷學習程式的困擾。本書的主要特色在於將較為複雜的理論以圖文並茂的方式解說，並將這些資料結構理論以最簡單的方式表達，加以詮釋。

　　由於筆者長期從事資訊教育及寫作工作，在文句的表達上盡量朝向簡潔有力、邏輯清楚闡述為主，而為了驗收各章的學習成果，特別蒐集大量的習題，並參閱國內各種重要考試與資料結構相關的題型，提供讀者更多的實戰演練經驗。這次的改版除了在附錄中整理了資料結構相關的專有名詞，也加入了一些重要演算好的介紹與實作。

　　我想一本好的理論書，除了內容的完整與專業之外，更需要有清楚易懂的架構安排及表達方式。在細細閱讀本書之後，相信您會體會筆者的用心，也希望您能對這門基礎學問有更深更完整的認識。

目錄

⋙ Chapter 3 串列結構

>>> Chapter **4 堆疊**

>>> Chapter **5 佇列**

>>> Chapter **6 樹狀結構**

>>> Chapter **7** 圖形結構

>>> Chapter **8** 排序演算法

>>> Chapter 9　搜尋演算法與雜湊函數

>>> Appendix A　資料結構專有名詞索引

0

Chapter

ChatGPT 與 Python 程式設計黃金入門課

今年度最火紅的話題絕對離不開 ChatGPT，ChatGPT 引爆生成式 AI 革命，首當其衝的就是社群行銷，目前網路、社群上對於 ChatGPT 的討論已經沸沸揚揚。ChatGPT 是由 OpenAI 所開發的一款基於生成式 AI 的免費聊天機器人，擁有強大的自然語言生成能力，可以根據上下文進行對話，並進行多種應用，包括客戶服務、銷售、產品行銷等，短短 2 個月全球用戶超過 1 億，超過抖音的用戶量。ChatGPT 是由 OpenAI 公司開發的最新版本，該技術是建立在深度學習（Deep Learning）和自然語言處理技術（Natural Language Processing, NLP）的基礎上。由於 ChatGPT 基於開放式網絡的大量數據進行訓練，使其能夠產生高度精確、自然流暢的對話回應，與人進行交流。如下圖所示：

ChatGPT 能和使用者以一般人類的對話方式進行互動，例如提供建議、寫作輔助、寫程式、寫文章、寫信、寫論文、劇本小說等，而且所回答的內容有模有樣，除了可以給予各種問題的建議，也可以幫忙寫作業或程式碼，例如下列二圖的回答內容：

ChatGPT 之所以強大，來自於它背後難以數計的資料庫，任何食衣住行育樂的各種生活問題或學科都可以問 ChatGPT，而 ChatGPT 也會以類似人類會寫出來的文字，給予相當到位的回答。與 ChatGPT 互動是一種雙向學習的過程，在用戶獲得想要資訊內容文本的過程中，ChatGPT 也不斷在吸收與學習。ChatGPT 堪稱是目前科技整合的極致，繼承了幾十年來資訊科技的精華。以前只能在電影上想像的情節，現在幾乎都實現了。在生成式 AI 蓬勃發展的階段，ChatGPT 擁有強大的自然語言生成及學習能力，更具備強大的資訊彙整功能，各位想到的任何問題都可以尋找適當的工具協助，加入自己的日常生活中，並且得到快速正確的解答。

0-1 認識聊天機器人

　　人工智慧行銷從本世紀以來，一直都是店家或品牌尋求擴大影響力和與客戶互動的強大工具，過去企業為了與消費者互動，需聘請專人全天候在電話或通訊平台前待命，不僅耗費了人力成本，也無法妥善地處理龐大的客戶量與資訊，聊天機器人（Chatbot）則是目前許多店家客服的創意新玩法，背後的核心技術即是以自然語言處理（Natural Language Processing, NLP）中的一種模型（Generative Pre-Trained Transformer, GPT）為主，利用電腦模擬與使用者互動對話，算是由對話或文字進行交談的電腦程式，並讓用戶體驗像與真人一樣的對話。聊天機器人能夠全天候地提供即時服務，與自設不同的流程來達到想要的目的，協助企業輕鬆獲取第一手消費者偏好資訊，有助於公司精準行銷、強化顧客體驗與個人化的服務。這對許多粉絲專頁的經營者或是想增加客戶名單的行銷人員來說，聊天機器人就相當適用。

AI 電話客服也是自然語言的應用之一
圖片來源：https://www.digiwin.com/tw/blog/5/index/2578.html

Tips

電腦科學家通常將人類的語言稱為自然語言 NL（Natural Language），比如說中文、英文、日文、韓文、泰文等，這也使得自然語言處理（Natural Language Processing, NLP）範圍非常廣泛，所謂 NLP 就是讓電腦擁有理解人類語言的能力，也就是一種藉由大量的文本資料搭配音訊數據，並透過複雜的數學聲學模型（Acoustic model）及演算法來讓機器去認知、理解、分類並運用人類日常語言的技術。

GPT 是「生成型預訓練變換模型（Generative Pre-trained Transformer）」的縮寫，是一種語言模型，可以執行非常複雜的任務，會根據輸入的問題自動生成答案，並具有編寫和除錯電腦程式的能力，如回覆問題、生成文章和程式碼，或者翻譯文章內容等。

0-1-1　聊天機器人的種類

　　例如以往店家或品牌進行行銷推廣時，必須大費周章取得用戶的電子郵件，不但耗費成本，而且郵件的開信率低，由於聊天機器人的應用方式多元、效果容易展現，可以直觀且方便的透過互動貼標來收集消費者第一方數據，直接幫你獲取客戶的資料，例如：姓名、性別、年齡等臉書所允許的公開資料，驅動更具效力的消費者回饋。

臉書的聊天機器人就是一種自然語言的典型應用

　　聊天機器人共有兩種主要類型：一種是以工作目的為導向，這類聊天機器人是一種專注於執行一項功能的單一用途程式。例如 LINE 的自動訊息回覆，就是一種簡單型聊天機器人。

另外一種聊天機器人則是一種資料驅動的模式，能具備預測性的回答能力，這類聊天機器人，就如同 Apple 的 Siri 就是屬於這一種類型的聊天機器人。

例如在臉書粉絲專頁或 LINE 常見有包含留言自動回覆、聊天或私訊互動等各種類型的機器人，其實這一類具備自然語言對話功能的聊天機器人也可以利用 NPL 分析方式進行打造，也就是說，聊天機器人是一種自動的問答系統，它會模仿人的語言習慣，也可以和你「正常聊天」，就像人與人的聊天互動，而 NPL 方式來讓聊天機器人可以根據訪客輸入的留言或私訊，以自動回覆的方式與訪客進行對話，也會成為企業豐富消費者體驗的強大工具。

0-2 ChatGPT 初體驗

從技術的角度來看，ChatGPT 是根據從網路上獲取的大量文本樣本進行機器人工智慧的訓練，與一般聊天機器人的相異之處在於 ChatGPT 有豐富的知識庫以及強大的自然語言處理能力，使得 ChatGPT 能夠充分理解並自然地回應訊息，不管你有什麼疑難雜症，你都可以詢問它。國外許多專家都一致認為 ChatGPT 聊天機器人比 Apple Siri 語音助理或 Google 助理更聰明，當用戶不斷以問答的方式和 ChatGPT 進行互動對話，聊天機器人就會根據你的問題進行相對應的回答，並提升這個 AI 的邏輯與智慧。

登入 ChatGPT 網站註冊的過程中雖然是全英文介面，但是註冊過後在與 ChatGPT 聊天機器人互動發問問題時，可以直接使用中文的方式來輸入，而且回答的內容的專業性也不失水平，甚至不亞於人類的回答內容。

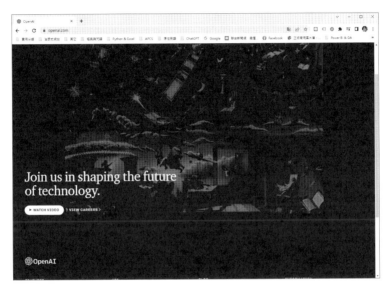

OpenAI 官網 https://openai.com/

目前 ChatGPT 可以辨識中文、英文、日文或西班牙等多國語言，透過人性化的回應方式來回答各種問題。這些問題甚至含括了各種專業技術領域或學科的問題，可以說是樣樣精通的百科全書，不過 ChatGPT 的資料來源並非 100% 正確，在使用 ChatGPT 時所獲得的回答可能會有偏誤，為了得到的答案更準確，當使用 ChatGPT 回答問題時，應避免使用模糊的詞語或縮寫。「問對問題」不僅能夠幫助用戶獲得更好的回答，ChatGPT 也會藉此不斷精進優化，AI 工具的魅力就在於它的學習能力及彈性，尤其目前的 ChatGPT 版本已經可以累積與儲存學習紀錄。切記！清晰具體的提問才是與 ChatGPT 的最佳互動。如果需要進深入知道更多的內容，除了盡量提供夠多的訊息，就是提供足夠的細節和上下文。

0-2-1　註冊免費 ChatGPT 帳號

　　首先我們就先來示範如何註冊免費的 ChatGPT 帳號，請先登入 ChatGPT 官網，它的網址為 https://chat.openai.com/，登入官網後，若沒有帳號的使用者，可以直接點選畫面中的「Sign up」按鈕註冊一個免費的 ChatGPT 帳號：

接著請各位輸入 Email 帳號，或是如果各位已有 Google 帳號或是 Microsoft 帳號，你也可以透過 Google 帳號或是 Microsoft 帳號進行註冊登入。此處我們直接示範以輸入 Email 帳號的方式來建立帳號，請在下圖視窗中間的文字輸入方塊中輸入要註冊的電子郵件，輸入完畢後，請接著按下「Continue」鈕。

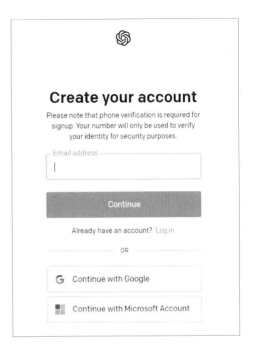

接著如果你是透過 Email 進行註冊，系統會要求使用用輸入一組至少 8 個字元的密碼作為這個帳號的註冊密碼。

　　上圖輸入完畢後，接著再按下「Continue」鈕，會出現類似下圖的「Verify your email」的視窗。

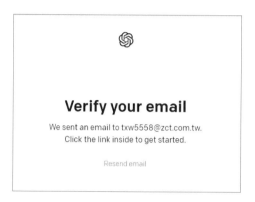

　　接著各位請打開自己的收發郵件的程式，可以收到如下圖的「Verify your email address」的電子郵件。請各位直接按下「Verify email address」鈕：

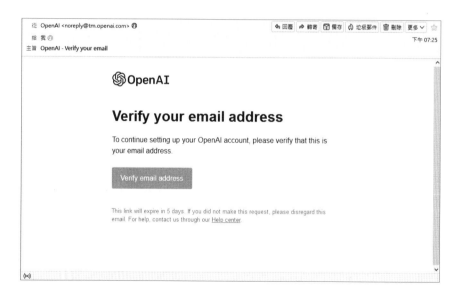

接著會直接進入到下一步輸入姓名的畫面，請注意，這裡要特別補充說明的是，如果你是透過 Google 帳號或 Microsoft 帳號快速註冊登入，那麼就會直接進入到下一步輸入姓名的畫面：

輸入完姓名後，再請接著按下「Continue」鈕，這著就會要求各位輸入你個人的電話號碼進行身分驗證，這是一個非常重要的步驟，如果沒有透過電話號碼來通過身分驗證，就沒有辦法使用 ChatGPT。請注意，下圖輸入行動電話時，請直接輸入行動電話後面的數字，例如你的電話是「0931222888」，只要直接輸入「931222888」，輸入完畢後，記得按下「Send Code」鈕。

大概過幾秒後，各位就可以收到官方系統發送到指定號碼的簡訊，該簡訊會顯示 6 碼的數字。

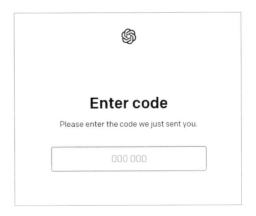

各位只要於上圖中輸入手機所收到的 6 碼驗證碼後，就可以正式啟用 ChatGPT。登入 ChatGPT 之後，會看到下圖畫面，在畫面中可以找到許多和 ChatGPT 進行對話的真實例子，也可以了解使用 ChatGPT 有哪些限制。

0-2-2　更換新的機器人

你可以藉由這種問答的方式，持續地去和 ChatGPT 對話。如果你想要結束這個機器人，可以點選左側的「New Chat」，他就會重新回到起始畫面，並新開一個新的訓練模型，這個時候輸入同一個題目，可能得到的結果會不一樣。

0-2-3 登出 ChatGPT

如果各位要登出 ChatGPT，只要按下畫面中的「Log out」鈕。

登出後就會看到如下的畫面，允許各位再按下「Log in」鈕再次登入 ChatGPT。

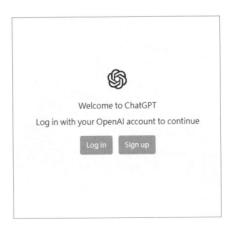

0-3 使用 ChatGPT 寫 Python 程式

當我們登入 ChatGPT 之後，開始畫面會告訴你 ChatGPT 的使用方式，各位只要將自己想要問的問題直接於畫面下方的對話框輸入要問的問題。

0-3-1 利用 ChatGPT AI 撰寫 Python 程式

例如輸入「請用 Python 寫九九乘法表的程式」，按下「Enter」鍵正式向 ChatGPT 機器人詢問，就可以得到類似下圖的回答：

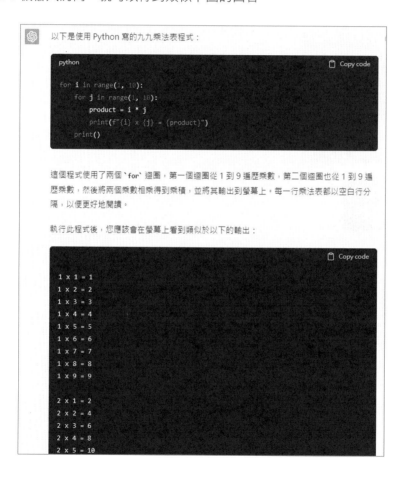

　　在回答的結果中不僅可以取得九九乘法表的程式碼，還會在該程式碼的下方解釋這支程式的設計邏輯，例如上圖程式碼下方的説明文字如下：

> 　　這個程式使用了兩個 for 迴圈，第一個迴圈從 1 到 9 遍歷乘數，第二個迴圈也從 1 到 9 遍歷乘數，然後將兩個乘數相乘得到乘積，並將其輸出到螢幕上。每一行乘法表都以空白行分隔，以便更好地閱讀。

　　我們還可以從 ChatGPT 的回答中看到執行此程式後，您應該會在螢幕上看到類似於以下的輸出：

0-3-2　複製 ChatGPT 幫忙寫的程式碼

　　如果可以要取得這支程式式碼，還可以按下回答視窗右上角的「Copy code」鈕，就可以將 ChatGPT 所幫忙撰寫的程式，複製貼上到 Python 的 IDLE 的程式碼編輯器，如下圖所示：

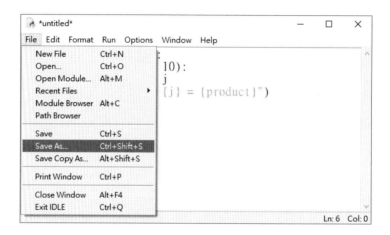

```
IDLE Shell 3.11.0                                          —    □    ×
File  Edit  Shell  Debug  Options  Window  Help
>>>
    ============= RESTART: C:/Users/User/Desktop/博碩_CGPT/範例檔/99table.py =======
    =====
    1 x 1 = 1
    1 x 2 = 2
    1 x 3 = 3
    1 x 4 = 4
    1 x 5 = 5
    1 x 6 = 6
    1 x 7 = 7
    1 x 8 = 8
    1 x 9 = 9

    2 x 1 = 2
    2 x 2 = 4
    2 x 3 = 6
    2 x 4 = 8
    2 x 5 = 10
    2 x 6 = 12
    2 x 7 = 14
    2 x 8 = 16
    2 x 9 = 18

    3 x 1 = 3
    3 x 2 = 6
    3 x 3 = 9
    3 x 4 = 12
    3 x 5 = 15
    3 x 6 = 18
    3 x 7 = 21
    3 x 8 = 24
    3 x 9 = 27

    4 x 1 = 4
    4 x 2 = 8
    4 x 3 = 12
    4 x 4 = 16
    4 x 5 = 20
    4 x 6 = 24
    4 x 7 = 28
    4 x 8 = 32
    4 x 9 = 36
                                                              Ln: 95  Col: 0
```

0-3-3　ChatGPT AI 程式與人工撰寫程式的比較

　　底下則是筆者自行用人工方式撰寫的九九乘法表，從輸出的結果來看，各位可以比對一下，其實用 ChatGPT 撰寫出來的程式完全不輸給程式設計人員自己撰寫的程式，有這 ChatGPT 這項利器，相信可以幫助各位解決不少 Python 程式設計的問題。

範例 九九乘法表

程式碼：table.py

```
01  for x in range(1, 10):
02      for y in range(1, 10):
03          print("{0}*{1}={2: ^2}".format(y, x, x * y), end=" ")
04      print()
```

【執行結果】

1*1=1	2*1=2	3*1=3	4*1=4	5*1=5	6*1=6	7*1=7	8*1=8	9*1=9
1*2=2	2*2=4	3*2=6	4*2=8	5*2=10	6*2=12	7*2=14	8*2=16	9*2=18
1*3=3	2*3=6	3*3=9	4*3=12	5*3=15	6*3=18	7*3=21	8*3=24	9*3=27
1*4=4	2*4=8	3*4=12	4*4=16	5*4=20	6*4=24	7*4=28	8*4=32	9*4=36
1*5=5	2*5=10	3*5=15	4*5=20	5*5=25	6*5=30	7*5=35	8*5=40	9*5=45
1*6=6	2*6=12	3*6=18	4*6=24	5*6=30	6*6=36	7*6=42	8*6=48	9*6=54
1*7=7	2*7=14	3*7=21	4*7=28	5*7=35	6*7=42	7*7=49	8*7=56	9*7=63
1*8=8	2*8=16	3*8=24	4*8=32	5*8=40	6*8=48	7*8=56	8*8=64	9*8=72
1*9=9	2*9=18	3*9=27	4*9=36	5*9=45	6*9=54	7*9=63	8*9=72	9*9=81

　　我們再來看另外一個例子，例如我們在 ChatGPT 提問框輸入「請用 Python 設計一個計算第 n 項費伯那序列的遞迴程式」，再按下「Enter」鍵正式向 ChatGPT 機器人詢問，就可以得到類似下圖的回答：

　　各位可以比對底下筆者自行用人工方式撰寫的第 n 項費伯那序列的遞迴程式，上面程式只是單純列出定義出費伯那序列的函式，但筆者自己設計的程式則可以要求使用者輸入所要計算第幾個費式數列，並以迴圈依序列出費式數列。

範例 n 項費伯那序列的遞迴程式

程式碼：**fib.py**

```
01  def fib(n):  # 定義函數fib()
02      if n==0 :
03          return 0 # 如果n=0 則傳回 0
```

```
04      elif n==1 or n==2:
05          return 1
06      else:    # 否則傳回 fib(n-1)+fib(n-2)
07          return (fib(n-1)+fib(n-2))
08
09  n=int(input('請輸入所要計算第幾個費式數列:'))
10  for i in range(n+1):# 計算前n個費氏數列
11      print('fib(%d)=%d' %(i,fib(i)))
```

【執行結果】

```
請輸入所要計算第幾個費式數列:10
fib(0)=0
fib(1)=1
fib(2)=1
fib(3)=2
fib(4)=3
fib(5)=5
fib(6)=8
fib(7)=13
fib(8)=21
fib(9)=34
fib(10)=55
```

0-4 ChatGPT AI Python 程式範例集

這個單元我們將示範如何利用 ChatGPT 撰寫各種類型的 Python 程式，這些程式類型包括：

- 使用 Pygame 遊戲套件繪製多媒體圖案
- 以內建模組及模擬大樂透的開獎程式
- 建立四個主功能表的視窗應用程式
- 演算法的應用：寫一支迷宮問題的解決方案
- 海龜繪圖法（Turtle Graphics）繪製出兩款精美的圖形

0-4-1 使用 Pygame 遊戲套件繪製多媒體圖案

【輸入問題】請以 Python 運用 Pygame 遊戲套件繪製不同顏色的五個同心圓

【回答內容】

請以Python運用Pygame遊戲套件繪製不同顏色的五個同心圓

以下是使用Python和Pygame繪製不同顏色的五個同心圓的程式碼，在程式碼中，我們創建了一個屏幕，然後在屏幕上繪製五個同心圓，每個圓的半徑不同，並且使用不同的顏色進行繪製。

```python
import pygame

# 初始化Pygame
pygame.init()

# 設定屏幕尺寸
screen_size = (800, 600)

# 創建屏幕
screen = pygame.display.set_mode(screen_size)

# 設定顏色
white = (255, 255, 255)
red = (255, 0, 0)
green = (0, 255, 0)
blue = (0, 0, 255)
yellow = (255, 255, 0)

# 繪製五個同心圓
center_x = screen_size[0] //
center_y = screen_size[1] //

radius_1 = 100
radius_2 = 150
radius_3 = 100
radius_4 = 50
radius_5 = 20
```

範例 繪製不同顏色的五個同心圓

程式碼：circle.py

```
01   import random
02
03   # 生成一個隨機數
04   number=random.randint(1, 100)
05
06   # 提示用戶輸入數字
07   guess=int(input("Guess a number between 1 and 100: "))
08
09   # 比較用戶輸入的數字和隨機數的大小
10   while guess !=number:
11       if guess < number:
```

```
12              guess=int(input("Too low. Guess again: "))
13      else:
14              guess=int(input("Too high. Guess again: "))
15
16  print("Congratulations! You guessed the number", number)
```

【執行結果】

0-4-2　以內建模組及模擬大樂透的開獎程式

【輸入問題】請以 Python 寫一支模擬大樂透的開獎程式

【回答內容】

範例 大樂透的開獎程式

程式碼：lotto.py

```
01   import random
02
03   # 產生六個不重複的1到49之間的隨機數字
04   lottery_numbers=random.sample(range(1, 50), 6)
05
06   # 將中獎號碼排序，以方便比對
07   lottery_numbers.sort()
08
09   # 印出中獎號碼
10   print("本期大樂透中獎號碼為：", lottery_numbers)
```

【執行結果】

```
Python 3.11.0 (main, Oct 24 2022, 18:26:48) [MSC v.19
33 64 bit (AMD64)] on win32
Type "help", "copyright", "credits" or "license()" fo
r more information.

========= RESTART: C:/Users/User/Desktop/Python+ChatG
PT改版/範例檔/lotto.py =========
本期大樂透中獎號碼為： [6, 19, 26, 41, 47, 49]

```

0-4-3 建立四個主功能表的視窗應用程式

【輸入問題】請以 Python 寫一支視窗應用程式，並在視窗建立主功能表，包括：
檔案、編輯、執行、線上說明四個主功能

範例 主功能表

程式碼：mainfun.py

```
01   import tkinter as tk
02
03   class Application(tk.Frame):
04       def __init__(self, master=None):
05           super().__init__(master)
06           self.master=master
07           self.master.title("My Application")
08           self.create_menu()
```

```
09              self.pack()
10
11      def create_menu(self):
12          # 建立主功能表
13          menubar=tk.Menu(self.master)
14
15          # 建立檔案主功能
16          file_menu=tk.Menu(menubar, tearoff=0)
17          file_menu.add_command(label="開啟檔案", command=self.open_file)
18          file_menu.add_command(label="儲存檔案", command=self.save_file)
19          file_menu.add_separator()
20          file_menu.add_command(label="結束", command=self.master.quit)
21          menubar.add_cascade(label="檔案", menu=file_menu)
22
23          # 建立編輯主功能
24          edit_menu=tk.Menu(menubar, tearoff=0)
25          edit_menu.add_command(label="複製", command=self.copy)
26          edit_menu.add_command(label="剪下", command=self.cut)
27          edit_menu.add_command(label="貼上", command=self.paste)
28          menubar.add_cascade(label="編輯", menu=edit_menu)
29
30          # 建立執行主功能
31          run_menu=tk.Menu(menubar, tearoff=0)
32          run_menu.add_command(label="執行程式", command=self.run)
33          menubar.add_cascade(label="執行", menu=run_menu)
34
35          # 建立線上說明主功能
36          help_menu=tk.Menu(menubar, tearoff=0)
37          help_menu.add_command(label="使用說明", command=self.show_help)
38          menubar.add_cascade(label="線上說明", menu=help_menu)
39
40          # 設定主功能表
41          self.master.config(menu=menubar)
42
43      def open_file(self):
44          print("開啟檔案")
45
46      def save_file(self):
47          print("儲存檔案")
48
49      def copy(self):
50          print("複製")
51
52      def cut(self):
53          print("剪下")
54
55      def paste(self):
56          print("貼上")
```

```
57
58      def run(self):
59          print("執行程式")
60
61      def show_help(self):
62          print("使用說明")
63
64  # 建立主視窗
65  root=tk.Tk()
66
67  # 建立應用程式
68  app=Application(master=root)
69
70  # 執行主迴圈
71  app.mainloop()
```

【執行結果】

0-4-4　演算法的應用：寫一支迷宮問題的解決方案

【輸入問題】請以 Python 寫一支迷宮問題的解決方案

範例　迷宮問題

</>　程式碼：**maze.py**

```
01  # 定義迷宮
02  maze=[
03      [1, 1, 1, 1, 1],
04      [0, 0, 1, 0, 1],
05      [1, 1, 1, 0, 1],
```

```
06      [1, 0, 0, 0, 1],
07      [1, 1, 1, 1, 1]
08  ]
09
10  # 定義方向
11  directions=[(0, 1), (0, -1), (1, 0), (-1, 0)]
12
13  def dfs(x, y, path):
14      # 到達終點
15      if x==len(maze)-1 and y==len(maze[0])-1:
16          return path + [(x, y)]
17
18      # 標記已經走過的路徑
19      maze[x][y]=-1
20
21      # 遍歷四個方向
22      for dx, dy in directions:
23          nx, ny=x + dx, y + dy
24          # 如果下一個位置在範圍內，且還沒有走過，就繼續往下搜尋
25          if 0 <=nx < len(maze) and 0 <=ny < len(maze[0]) and maze
                [nx][ny]==1:
26              res=dfs(nx, ny, path + [(x, y)])
27              if res:
28                  return res
29
30      return None
31
32  # 從起點開始搜索
33  path=dfs(0, 0, [])
34  if path:
35      print("找到出口，路徑為：", path + [(len(maze)-1, len(maze[0])-1)])
36  else:
37      print("沒有找到出口")
```

【執行結果】

```
Python 3.11.0 (main, Oct 24 2022, 18:26:48) [MSC v.
1933 64 bit (AMD64)] on win32
Type "help", "copyright", "credits" or "license()"
for more information.

========== RESTART: C:/Users/User/Desktop/Python+Ch
atGPT改版/範例檔/maze.py ==========
找到出口，路徑為： [(0, 0), (0, 1), (0, 2), (0, 3),
(0, 4), (1, 4), (2, 4), (3, 4), (4, 4), (4, 4)]
```

0-4-5　海龜繪圖法繪製兩款精美的圖形

【輸入問題】請以 Python 寫一支利用海龜繪圖法（Turtle Graphics）繪製出兩款精美的圖形

範例　螺旋矩陣圖案

程式碼：drawpic1.py

```
01   import turtle
02
03   def draw_spiral_matrix(size):
04       # 初始化海龜
05       turtle.speed(0)
06       turtle.color("black")
07       turtle.penup()
08       turtle.goto(-size//2, size//2)
09       turtle.pendown()
10
11       # 繪製螺旋矩陣
12       for i in range(size//2):
13           for direction in [(1, 0), (0, -1), (-1, 0), (0, 1)]:
14               dx, dy=direction
15               for j in range(i*2 + 1):
16                   turtle.forward(20)
17                   turtle.left(90)
18                   if j==i:
19                       turtle.penup()
20                       turtle.forward(20)
21                       turtle.pendown()
22               turtle.penup()
23               turtle.goto(turtle.xcor()+dx*20, turtle.ycor()+dy*20)
24               turtle.pendown()
25
26       # 隱藏海龜
27       turtle.hideturtle()
28
29   # 畫出螺旋矩陣
30   draw_spiral_matrix(10)
31   turtle.done()
```

【執行結果】

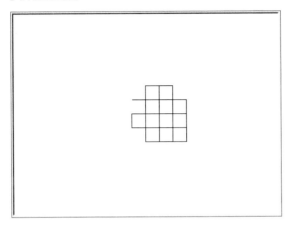

範例 六邊形螺旋圖案

</> 程式碼：**drawpic2.py**

```
01  import turtle
02
03  def draw_hexagon_spiral(size):
04      # 初始化海龜
05      turtle.speed(0)
06      turtle.color("black")
07      turtle.penup()
08      turtle.goto(0, 0)
09      turtle.pendown()
10
11      # 繪製六邊形螺旋
12      side_length=10
13      for i in range(size):
14          for j in range(6):
15              turtle.forward(side_length*(i+1))
16              turtle.right(60)
17          turtle.right(60)
18
19      # 隱藏海龜
20      turtle.hideturtle()
21
22  # 畫出六邊形螺旋
23  draw_hexagon_spiral(10)
24  turtle.done()
```

【執行結果】

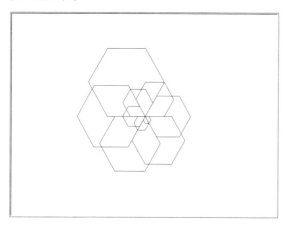

0-5　課堂上學不到的 ChatGPT 使用秘訣

在開始介紹各種 ChatGPT 的對話範例之前，我們將談談 ChatGPT 正確使用訣竅及一些 ChatGPT 的重要特性，這將有助於各位可以更加利用 ChatGPT 得心應手。當使用 ChatGPT 進行對話前，必須事先想好明確的主題和問題，這才可以幫助 ChatGPT 可以更加精準理解你要問的重點，才能提供一個更準確的答案。尤其所輸入的提問，必須簡單、清晰、明確的問題，避免使用難以理解或模糊的語言，才不會發生 ChatGPT 的回答內容，不是自己所期望的。

因為 ChatGPT 的設計目的是要理解和生成自然語言，因此輸入的問題儘量使用自然的、流暢的語言與 ChatGPT 對話，尤其是避免使用過於正式或技術性的語言。另外需要注意到，不要提問與主題無關的問題，這樣有可能導致所得到的回答，和自己想要問的題目，有點不太相關。

有一點要強調的是在與 ChatGPT 進行對話時，還是要保持基本的禮貌和尊重，不要使用攻擊性的語言或不當言詞，因為與 ChatGPT 進行對話它能記錄對話內容，保持禮貌和尊重的提問方式，將有助於建立一個良好的對話環境。

0-5-1　能記錄對話內容

因為與 ChatGPT 進行對話時，它會記錄對話內容，因此如果你希望 ChatGPT 可以針對你的提問提供更準確的回答內容，就必須儘量提供足夠的上下文訊息，例如問題的背景描述、角色細節及專業領域等。

0-5-2　專業問題可事先安排人物設定腳本

各位要輸入的問題，也可以事先設定人物背景專業的設定，也就是說有事先說明人物背景設定與沒有事先說明人物背景設定回答的結果，有時會完全不一樣的重點。例如如果我們想要問 ChatGPT 如何改善便祕問題的診斷方向，如果沒有事先設定人物背景的專業，其回答內容可能較為一般通俗性的回答。

0-5-3　目前只回答 2021 年前

這是因為 ChatGPT 是使用 2021 年前所收集到的網路資料進行訓練，如果各位試著提供 2022 年之後的新知，就有可能出現 ChatGPT 無法回答的情況產生。

0-5-4　善用英文及 Google 翻譯工具

ChatGPT 在接收到英文問題時，其回答速度及答案的完整度及正確性較好，所以如果用戶想要以較快的方式取得較正確或內容豐富的解答，這時就可以考慮先以英文的方式進行提問，如果自身的英文閱讀能力夠好，就可以直接吸收英文的回答內容。就算英文程度不算好，想要充份理解 ChatGPT 的英文回答內容，這種情況下只要善用 Google 翻譯工具，也可以協助各位將英文內容翻譯成中文來幫助理解，而且 Google 的翻譯也有一定的品質。

0-5-5　熟悉重要指令

ChatGPT 指令相當多元，您可以要求 ChatGPT 編寫程式，也可以要求 ChatGPT 幫忙寫 README 文件，或是您也可以要求 ChatGPT 幫忙編寫履歷與自傳或是協助語言的學習。如果想充份了解更多有關 ChatGPT 常見指令大全，建議各位可以連上「ExplainThis」這個網站，在下列網址的網頁中，提供諸如程式開發、英語學習、寫報告等許多類別指令，可以幫助各位更能充分發揮 ChatGPT 的強大功能。

https://www.explainthis.io/zh-hant/chatgpt

0-5-6　充份利用其它網站的 ChatGPT 相關資源

除了上面介紹的「ChatGPT 指令大全」網站的實用資源外，由於 ChatGPT 功能強大，而且應用層面越來越廣，現在有越來越多的網站提供有關 ChatGPT 的不同方面的資源，包括：ChatGPT 指令、學習、功能、研究論文、技術文章、示範應用等相關資源，本節將介紹幾個筆者認為值得推薦的 ChatGPT 相關資源的網站，介紹如下：

- **OpenAI 官方網站**：提供 ChatGPT 的相關技術文章、示範應用、新聞發布等等：https://openai.com/

- **GitHub**：GitHub 是一個網上的程式碼存儲庫（Code Repository）它的主要宗旨在協助開發人員與團隊進行協作開發。GitHub 使用 Git 作為其基礎技術，它使得開發人員可以更好地掌握代碼版本控制，更容易地協作開發。OpenAI 官方的開放原始程式碼和相關資源：https://github.com/openai

- **arXiv.org**：提供 ChatGPT 相關的學術研究論文和技術報告：https://arxiv.org/

- **Google Scholar**：提供 ChatGPT 相關的學術研究論文和技術報告的搜尋引擎：https://scholar.google.com/

- **Towards Data Science**：提供有關 ChatGPT 的技術文章和教程：https://towardsdatascience.com/

- **數位時代**：提供有關 ChatGPT 的技術文章和示範應用：https://www.bnext.com.tw/

0-6 利用 ChatGPT 輕鬆開發 AI 小遊戲

前面章節提到我們可以利用 ChatGPT 撰寫各種類型的 Python 程式，也舉了一些應用在繪製多媒體圖案、模擬大樂透的開獎、建立視窗應用程式等例子，這個小節中，我們將更進一步來發揮 ChatGPT 不可思議的能力，就請 ChatGPT 直接為使用者開發幾款小遊戲來玩。

0-6-1 請 ChatGPT 自我推薦以 Python 實作的小遊戲

如果各位想要請 ChatGPT 開發哪一款遊戲拿不定主意時，這時不妨就來問問 ChatGPT 可以幫助各位開發哪些小遊戲，話不多說，我們就直接來問 ChatGPT 吧！

【輸入問題】請列出 3 款不需要用到圖形技巧，只需純本文介面的小遊戲的名稱，而且這幾款遊戲你可以提供完整的 Python 程式碼給我參考

【回答內容】

以下幾款小遊戲都是 ChatGPT 直接撰寫的程式，筆者只是利用「Copy Code」鈕將程式複製到 Python 的 IDLE 整合式開發環境去執行看看，以下為這幾款小遊戲的完整程式碼及執行結果。

0-6-2　猜數字遊戲

這款遊戲會由系統生成一個隨機數，接著再提示用戶輸入數字，並比較用戶輸入的數字和隨機數的大小，並提示用戶所輸入的數字與答案的大小差別，直到猜對數字。

範例 猜數字遊戲

</> 程式碼：game1.py

```
01   import random
02
03   # 生成一個隨機數
04   number=random.randint(1, 100)
05
06   # 提示用戶輸入數字
07   guess=int(input("Guess a number between 1 and 100: "))
```

```
08
09    # 比較用戶輸入的數字和隨機數的大小
10    while guess !=number:
11        if guess < number:
12            guess=int(input("Too low. Guess again: "))
13        else:
14            guess=int(input("Too high. Guess again: "))
15
16    print("Congratulations! You guessed the number", number)
```

【執行結果】

```
Python 3.11.0 (main, Oct 24 2022, 18:26:48) [MSC v.1933 64 bit
(AMD64)] on win32
Type "help", "copyright", "credits" or "license()" for more in
formation.
======= RESTART: C:\Users\User\Desktop\Python+ChatGPT改版\ch15
範例檔\game1.py =======
Guess a number between 1 and 100: 50
Too low. Guess again: 75
Too low. Guess again: 85
Too low. Guess again: 90
Too low. Guess again: 95
Congratulations! You guessed the number 95
|
```

0-6-3　OX 井字遊戲

　　OX 井字遊戲是一款簡單的紙筆遊戲，也被稱為井字遊戲、三目遊戲等。它通常在一個 3x3 的方格棋盤上進行，由兩個玩家交替放置自己的標誌（通常是 O 和 X），目標是在橫、豎、對角線上先形成三個相同的標誌的連線，以獲得勝利。

　　遊戲開始時，先手玩家通常選擇自己的標誌，然後交替輪流放置，直到其中一方獲勝或棋盤填滿。OX 井字遊戲簡單易上手，但具有豐富的策略和變化，尤其是在高水準的比賽中，需要玩家具有良好的判斷和佈局能力，以贏得勝利。

範例 OX 井字遊戲

程式碼：game2.py

```
01  def print_board(board):
02      for row in board:
03          print(row)
04
05  def get_move(player):
06      move=input(f"{player}, enter your move (row,column): ")
07      row, col=move.split(",")
08      return int(row) - 1, int(col) - 1
09
10  def check_win(board, player):
11      for row in board:
12          if all(square==player for square in row):
13              return True
14      for col in range(3):
15          if all(board[row][col]==player for row in range(3)):
16              return True
17      if all(board[i][i]==player for i in range(3)):
18          return True
19      if all(board[i][2-i]==player for i in range(3)):
20          return True
21      return False
22
23  def tic_tac_toe():
24      board=[[" " for col in range(3)] for row in range(3)]
25      players=["X", "O"]
26      current_player=players[0]
27      print_board(board)
28      while True:
29          row, col=get_move(current_player)
30          board[row][col]=current_player
31          print_board(board)
32          if check_win(board, current_player):
33              print(f"{current_player} wins!")
34              break
35          if all(square !=" " for row in board for square in row):
36              print("Tie!")
37              break
38          current_player=players[(players.index(current_player) + 1) % 2]
39
40  if __name__=='__main__':
41      tic_tac_toe()
```

【執行結果】

```
Python 3.11.0 (main, Oct 24 2022, 18:26:48) [MSC v.1933 64 bit (AMD64)] on win32
Type "help", "copyright", "credits" or "license()" for more information.

======= RESTART: C:\Users\User\Desktop\Python+ChatGPT改版\ch15範例檔\game2.py ==
=====
[' ',' ',' ']
[' ',' ',' ']
[' ',' ',' ']
X, enter your move (row,column): 2,2
[' ',' ',' ']
[' ','X',' ']
[' ',' ',' ']
O, enter your move (row,column): 1,1
['O',' ',' ']
[' ','X',' ']
[' ',' ',' ']
X, enter your move (row,column): 2,3
['O',' ',' ']
[' ','X','X']
[' ',' ',' ']
O, enter your move (row,column): 2,1
['O',' ',' ']
['O','X','X']
[' ',' ',' ']
X, enter your move (row,column): 3,1
['O',' ',' ']
['O','X','X']
['X',' ',' ']
O, enter your move (row,column): 1,2
['O','O',' ']
['O','X','X']
['X',' ',' ']
X, enter your move (row,column): 1,3
['O','O','X']
['O','X','X']
['X',' ',' ']
X wins!
```

0-6-4 猜拳遊戲

猜拳遊戲是一種經典的競技遊戲，通常由兩人進行。玩家需要用手勢模擬出 " 石頭 "、" 剪刀 "、" 布 " 這三個選項中的一種，然後與對手進行比較，判斷誰贏誰輸。" 石頭 " 打 " 剪刀 "、" 剪刀 " 剪 " 布 "、" 布 " 包 " 石頭 "，勝負規則如此。在遊戲中，玩家需要根據對手的表現和自己的直覺，選擇出最可能獲勝的手勢。

範例 猜拳遊戲

程式碼：game3.py

```
01  import random
02
03  # 定義猜拳選項
04  options=["rock", "paper", "scissors"]
05
```

```
06    # 提示用戶輸入猜拳選項
07    user_choice=input("Choose rock, paper, or scissors: ")
08
09    # 電腦隨機生成猜拳選項
10    computer_choice=random.choice(options)
11
12    # 比較用戶和電腦的猜拳選項，判斷輸贏
13    if user_choice==computer_choice:
14        print("It's a tie!")
15    elif user_choice=="rock" and computer_choice=="scissors":
16        print("You win!")
17    elif user_choice=="paper" and computer_choice=="rock":
18        print("You win!")
19    elif user_choice=="scissors" and computer_choice=="paper":
20        print("You win!")
21    else:
22        print("You lose!")
```

【執行結果】

```
Python 3.11.0 (main, Oct 24 2022, 18:26:48) [MSC v.1933 64 bit (AMD64)
] on win32
Type "help", "copyright", "credits" or "license()" for more informatio
n.

====== RESTART: C:\Users\User\Desktop\Python+ChatGPT改版\ch15範例檔\g
ame3.py ======
Choose rock, paper, or scissors: scissors
You win!
|
```

0-6-5　牌面比大小遊戲

　　比牌面大小遊戲，又稱為撲克牌遊戲，是一種以撲克牌作為遊戲工具的競技
遊戲。玩家在遊戲中擁有一手牌，每張牌的面值和花色不同，根據不同的規則進
行比較，最終獲得最高的分數或獎勵。

範例 比牌面大小遊戲

程式碼：game4.py

```
01   import random
02
03   def dragon_tiger():
04       cards=["A", 2, 3, 4, 5, 6, 7, 8, 9, 10, "J", "Q", "K"]
05       dragon_card=random.choice(cards)
06       tiger_card=random.choice(cards)
07       print(f"Dragon: {dragon_card}")
08       print(f"Tiger: {tiger_card}")
09       if cards.index(dragon_card) > cards.index(tiger_card):
10           print("Dragon wins!")
11       elif cards.index(dragon_card) < cards.index(tiger_card):
12           print("Tiger wins!")
13       else:
14           print("Tie!")
15
16   if __name__=='__main__':
17       dragon_tiger()
```

【執行結果】

```
Python 3.11.0 (main, Oct 24 2022, 18:26:48) [MSC v.1933 64 bit
(AMD64)] on win32
Type "help", "copyright", "credits" or "license()" for more in
formation.

====== RESTART: C:/Users/User/Desktop/Python+ChatGPT改版/ch15
範例檔/game4.py ======
Dragon: K
Tiger: Q
Dragon wins!
|
```

Note

1
Chapter

資料結構與
演算法入門

　　人們當初試圖發明電腦的主要原因之一，主要就是用來儲存及管理一些數位化資料清單與資料，這也是資料結構（Data Structure）學科的由來。當我們要求電腦解決問題時，必須以電腦了解的方式式來描述問題，資料結構是資料的表示法，也就是指電腦中儲存資料的方法。對於一個有志於從事資訊專業領域的人員來說，資料結構（Data Structure）是一門和電腦硬體與軟體都有相關涉獵的學科，稱得上是近十幾年來蓬勃興起的一門新興科學。

圖書館的書籍管理是一種資料結構的應用

　　資料結構的研究重點是在電腦的程式設計領域中，探討將資料更有組織的存放到電腦記憶體中，以某種方式組識而成來提升程式之執行效率。所謂資料結構的定義就是一種輔助程式設計最佳化的方法論，它不僅討論到儲存的資料，同時也考慮到彼此之間的關係與運算，使達到加快執行速度與減少記憶體佔用空間等功用，其中包含了演算法（Algorithm）、儲存結構、排序、搜尋、樹狀、圖形設計概念與雜湊函數。

寫程式就像蓋房子一樣，先要規劃出資料結構圖

1-1 資料結構的定義

在資訊科技發達的今日，我們每天的生活已經和電腦產生密切的結合，尤其電腦與資訊是息息相關的，因為電腦處理速度快與儲存容量大的兩大特點，在資料處理的角色上更為舉足輕重。資料結構無疑就是資料進入電腦化處理的一套完整邏輯。就像程式設計師必須選擇一種資料結構來進行資料的新增、修改、刪除、儲存等動作，如果在選擇資料結構時作了錯誤的決定，那程式執行起來的速度將可能變得非常沒有效率，甚至如果選錯了資料型態，那後果更是不堪設想。

各位可以將資料結構看成是在資料處理過程中一種分析、組織資料的方法與邏輯，考慮了資料間的特性與相互關係。簡單來說，資料結構的定義就是一種程式設計最佳化的方法論，不僅討論到儲存的資料，同時也考慮到彼此之間的關係與運算，使達到加快執行速度與減少記憶體佔用空間等功用。具體而言，資料結構就是資料與程式設計的研究與討論。

1-1-1 資料與資訊

談到資料結構，首先就必需了解何謂資料（Data）與資訊（Information）。從字義上來看，所謂資料（Data），指的就是一種未經處理的原始文字（Word）、數字（Number）、符號（Symbol）或圖形（Graph）等，它所表達出來的只是一種沒有評估價值的基本元素或項目。例如姓名或我們常看到的課表、通訊錄等等都可泛稱是一種「資料」（Data）。

病歷表算是一種資料的概念

　　當資料經過處理（Process）過程，例如以特定的方式有系統的整理、歸納甚至進行分析後，就成為「資訊」（Information）。而這樣處理的過程就稱為「資料處理」（Data Processing）。從嚴謹的角度來形容－「資料處理」，就是用人力或機器設備，對資料進行有系統的整理如記錄、排序、合併、整合、計算、統計等，以使原始的資料符合需求，而成為有用的資訊。

　　各位可能會有疑問：「那麼資料和資訊的角色是否絕對一成不變？」這倒也不一定，同一份文件可能會在某種況下為資料，而在另一種狀況下則為資訊。例如全球新冠肺炎（Covid-19）死傷人數的詳細報告，對你我這些平民百姓而言，當然只是一份讓人驚悚的「資料」，不過對於衛服部指揮中心（CDC）的指揮官而言，這份報份可就是彌足珍貴的「資訊」。

1-1-2　資料的特性

電腦化作業的增加，同時帶動了數位化資料的大量成長通常依照計算機中所儲存和使用的對象，我們可將資料分為兩大類，一為數值資料（Numeric Data），例如 0,1,2,3...9 所組成，可用運算子（Operator）來做運算的資料，另一類為文數資料（Alphanumeric Data），像 A,B,C...+,* 等非數值資料（Non-Numeric Data）。不過如果依據資料在計算機程式語言中的存在層次來區分，可以分為以下三種型態：

基本資料型態（Primitive Data Type）

不能以其他型態來定義的資料型態，或稱為純量資料型態（Scalar Data Type），幾乎所有的程式語言都會提供一組基本資料，例如 C 語言中的基本資料型態，就包括了整數（int）、浮點數（float）、字元（char）等。

結構化資料型態（Structured Data Type）

或稱為虛擬資料型態（Virtual Data Type），是一種比基本資料型態更高一層的資料型態，例如字串（string）、陣列（array）、指標（pointer）、串列（list）、檔案（file）等。

抽象資料型態（Abstract Data Type：ADT）

對一種資料型態而言，我們可以將其看成是一種值的集合，以及在這些值上所作的運算與本身所代表的屬性所成的集合。至於「抽象化」沒有固定的模式，它會隨著需要或實際狀況而有不同。譬如把一台車子抽象化，每個人都有各自的理解方式，像是車商業務員與修車技師對車子抽象化的結果可能就會有差異。

車商業務員：輪子、引擎、方向盤、煞車、底盤。

修車技師：引擎系統、底盤系統、傳動系統、煞車系統、懸吊系統。

「抽象資料型態」（Abstract Data Type, ADT）所代表的意義便是定義這種資料型態所具備的資料與抽象關係。也就是說，ADT 在電腦中是表示一種「資訊隱藏」（Information Hiding）的精神與某一種特定的關係模式。例如堆疊（Stack）是一種後進先出（Last In, First Out）的資料運作方式，就是一種很典型的 ADT 模式。

1-1-3　資料結構的應用

在現實生活中，電腦的主要工作就是把我們口中所稱的資料（Data），透過某種運算處理的過程，轉換為實用的資訊（Information）。例如一個學生的國文成績是 90 分，我們可以說這是一筆成績的資料，不過無法判斷它具備任何意義。如果經過某些如排序（sorting）的處理，就可以知道這學生國文成績在班上同學中的名次，也就是清楚在這班學生中的相對好壞，因此這就是一種資訊，而排序就是資料結構的一種應用。以下我們將介紹一些資料結構的常見應用：

▒▒ 樹狀結構

樹狀結構是一種相當重要的非線性資料結構，廣泛運用在如人類社會的族譜或是機關組織、計算機上的 MS-DOS 和 Unix 作業系統、平面繪圖應用、遊戲設計等。

社團的組織圖也是樹狀結構的應用

最短路徑

最短路徑的功用是在眾多不同的路徑中，找尋行經距離最短、或者所花費成本最少的路徑。最傳統的應用是在公共交通運輸或網路架設上可能的開始時間的最短路徑問題，如都市運輸系統、鐵道運輸系統、通信網路系統等。

像是衛星導航系統（Global Positioning System, GPS），就是透過衛星與地面接收器，達到傳遞方位訊息、計算路程、語音導航與電子地圖等功，目前有許多汽車與手機都安裝有 GPS 定位器作為定位與路況查詢之用。其中路程的計算就以最短路徑的理論為程式設計上的依歸，提供旅行者路徑選擇方案，增加駕駛者選擇的彈性。

許多大眾運輸系統都必須運用到最短路徑的圖形理論

搜尋理論

Google 搜尋引擎平時最主要的工作就是在 Web 上爬行，並且索引數千萬字的網站文件、網頁、檔案、影片、視訊與各式媒體，分別是爬行網站（crawling）與建立網站索引（index）兩大工作項目，例如 Google 的 Spider 程式與爬蟲（web crawler），會主動經由網站上的超連結爬行到另一個網站，並收集該網站上的資訊，最後將這些網頁的資料傳回 Google 伺服器。請注意！當開始搜尋時主要是搜尋之前建立與收集的索引頁面（Index Page），不是真的搜尋網站中所有內容的資料庫，而是根據頁面關鍵字與網站相關性判斷，一般來說會由上而下列出，如果資料筆數過多，則會分數頁擺放。使用者在進行搜尋時，當在內部的程式設計就必須仰賴不同的搜尋理論來進行，資訊會由上而下列出，如果資料筆數過多，則分數頁擺放，列出的方式則是由搜尋引擎自行判斷使用者搜尋時最有可能想得到的結果來擺放。

Google 搜尋引擎必須運用到不同搜尋理論

1-2 演算法

　　資料結構與演算法是程式設計中最基本的內涵。一個程式能否快速而有效率的完成預定的任務，取決於是否選對了資料結構，而程式是否能清楚而正確的把問題解決，則取決於演算法。所以各位可以這麼認為：「資料結構加上演算法等於可執行的程式。」

　　在韋氏辭典中演算法定義為：「在有限步驟內解決數學問題的程序。」如果運用在計算機領域中，我們也可以把演算法定義成：「為了解決某一個工作或問題，所需要有限數目的機械性或重覆性指令與計算步驟。」演算法並不是僅僅用於電腦領域上，包括在數學、物理或者是每天的生活上也有極大的用處。日常生活中也有許多工作都可以利用演算法來描述，例如員工的工作報告、寵物的飼養過程、廚師準備美食的食譜、學生的功課表等，甚至於連我們平時經常使用的搜尋引擎都必須藉由不斷更新演算法來運作。

廚師的食譜也是一種演算法

1-2-1　演算法的條件

　　在電腦裡演算法更是不可獲缺的一環，在這裡要討論包括電腦程式所常使用到演算法的概念與定義。當認識了演算法的定義後，我們還要說明描述演算法所必須符合的五個條件：

演算法的五項條件

演算法特性	內容與說明
輸入（Input）	0 個或多個輸入資料，這些輸入必須有清楚的描述或定義。
輸出（Output）	至少會有一個輸出結果，不可以沒有輸出結果。
明確性（Definiteness）	每一個指令或步驟必須是簡潔明確且不含糊。
有限性（Finiteness）	在有限步驟後一定會結束，不會產生無窮迴路。
有效性（Effectiveness）	步驟清楚可行，能讓使用者用紙筆計算求出答案。

1-2-2 演算法的表現方式

　　接著還要來思考到該用什麼方法來表達演算法最為適當呢？其實演算法的主要目的是在提供給人們閱讀瞭解所執行的工作流程與步驟，演算法則是學習如何解決事情的辦法，只要能夠清楚表現演算法的五項特性即可。常用的演算法有一般文字敘述如中文、英文、數字等，特色是使用文字或語言敘述來說明演算步驟，以下就是一個學生小華早上上學並買早餐的簡單文字演算法：

小華早上去上學　　今天天氣很好

叫了一份精緻的漢堡大餐　　走進早餐店

- **虛擬語言（Pseudo-Language）**：接近高階程式語言的寫法，也是一種不能直接放進電腦中執行的語言。一般都需要一種特定的前置處理器（preprocessor），或者用手寫轉換成真正的電腦語言，經常使用的有 SPARKS、PASCAL-LIKE 等語言。以下是用 SPARKS 寫成的鏈結串列反轉的演算法：

```
Procedure Invert(x)
    P←x; Q←Nil;
    WHILE P≠NIL do
        r←q; q←p;
        p←LINK(p);
        LINK(q)←r;
    END
    x←q;
END
```

- **表格或圖形**：如陣列、樹狀圖、矩陣圖等。

- **流程圖**：流程圖（Flow Diagram）算是一種通用的表示法，必須使用某些圖型符號。例如請您輸入一個數值，並判別是奇數或偶數。

- **程序語言**：目前演算法也能夠直接以可讀性高的高階語言來表示，例如 Visual Basic 語言、C 語言、C++ 語言、Java 語言。以下演算法是以 Python 語言來計算所輸入兩數 x、y 的 x^y 值函數 Pow()：

```
def Pow(x,y):
    p=1
    for i in range(1,y+1):
        p *=x
```

 Tips

演算法和程序（procedure）有何不同？與流程圖又有什麼關係？

演算法和程序是有不同，因為程式不一定要滿足有限性的要求，如作業系統或機器上的運作程序。除非當機，否則永遠在等待迴路（waiting loop），這也違反了演算法五大原則之一的「有限性」。另外只要是演算法都能夠利用程式流程圖表現，但因為程序流程圖可包含無窮迴路，所以無法利用演算法來表達。

1-3 常見演算法簡介

我們可以這樣形容，演算法就是用電腦來算數學的學問，能夠了解這些演算法如何運作，以及他們是怎麼樣在各層面影響我們的生活。懂得善用演算法，當然是培養程式設計邏輯的很重要步驟，許多實際的問題都有多個可行的演算法來解決，但是要從中找出最佳的解決演算法卻是一個挑戰。本節中將為各位介紹一些近年來相當知名的演算法，能幫助您更加瞭解不同演算法的觀念與技巧，以便日後更有能力分析各種演算法的優劣。

1-3-1 分治法

分治法（Divide and conquer）是一種很重要的演算法，可以應用分治法來逐一拆解複雜的問題，核心精神在將一個難以直接解決的大問題依照相同的概念，分割成兩個或更多的子問題，以便各個擊破，分而治之。其實任何一個可以用程式求解的問題所需的計算時間都與其規模有關，問題的規模越小，越容易直接求解。由於在分割問題也是遇到大問題的解決方式，可以使子問題規模不斷縮小，直到這些子問題足夠簡單到可以解決，最後將各子問題的解合併得到原問題的解答。這個演算法應用相當廣泛，例如快速排序法（quick sort）、遞迴演算法（recursion）、大整數乘法。

例如以下有 8 張很複雜難畫的圖，我們可以分成 2 組各四幅畫來完成，如果還是覺得太複雜，繼續在分成四組，每組各兩幅畫來完成，利用相同模式反覆分割問題，這就是最簡單的分治法核心精神。如下圖所示：

1-3-2 貪心法

貪心法（Greed Method）又稱為貪婪演算法，方法是從某一起點開始，就是在每一個解決問題步驟使用貪心原則，都採取在當前狀態下最有利或最優化的選擇，不斷的改進該解答，持續在每一步驟中選擇最佳的方法，並且逐步逼近給定的目標，當達到某一步驟不能再繼續前進時，演算法停止，以盡可能求得更好的解。

貪心法的精神雖然是把求解的問題分成若干個子問題，不過不能保證求得的最後解是最佳的。貪心法容易過早做決定，只能求滿足某些約束條件的可行解的範圍，不過在有些問題卻可以得到最佳解。經常用在求圖形的最小生成樹（MST）、最短路徑與霍哈夫曼編碼等。

我們來看一個簡單的例子，假設你今天去便利商店買了一罐可樂，要價 24 元，你付給售貨員 100 元，你希望全部都找的錢都是硬幣，而且你不喜歡拿太多銅板。所以硬幣的數量又要最少，應該是如何找錢。目前的硬幣有 50 元、10 元、5 元、1 元四種，從貪心法的策略來說，應找的錢總數是 76 元，所以一開始選擇 50 元一枚，接下來就是 10 元兩枚，再來是 5 元一枚及最後 1 元一枚，總共五枚銅板，這個結果也確實是最佳的解答。

貪心法也很適合作為旅遊某些景點的判斷，假如我們要從下圖中的頂點 5 走到頂點 3 最短的路徑該怎麼走才好？以貪心法來說，當然是先走到頂點 1 最近，接著選擇走到頂點 2，最後從頂點 2 走到頂點 5，這樣的距離是 28，可是從下圖中我們發現直接從頂點 5 走到頂點 3 才是最短的距離，也就是在這種情況下，那就沒辦法從貪心法規則下找到最佳的解答。

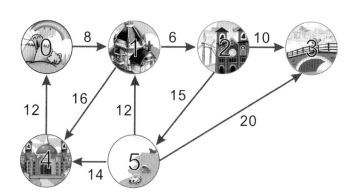

貪心法適合計算前往旅遊點景的最短路徑

1-3-3　枚舉法

枚舉法，又稱為窮舉法，枚舉法是一種常見的數學方法，是我們在日常中使用到的最多的一個演算法，它的核心思想就是：枚舉所有的可能。根據問題要求，一一枚舉問題的解答，或者為瞭解決問題的方便，把問題分為不重複、不遺漏的有限種情況，一一枚舉各種情況，並加以解決，最終達到解決整個問題的目的。枚舉法這種分析問題、解決問題的方法，得到的結果總是正確的，枚舉演算法的缺點就是速度太慢。

例如我們想將 A 與 B 兩字串連接起來，也就是將 B 字串接到 A 字串後方，就是利用將 B 字串的每一個字元，從第一個字元開始逐步連結到 A 字串的最後一個字元。

 Tips

疊代法（iterative method）是無法使用公式一次求解，而須反覆運算的演算法，例如用迴圈去循環重複程式碼的某些部分來得到答案。

接下來所舉的例子也很有趣，我們把 3 個相同的小球放入 A，B，C 三個小盒中，請問共有多少種不同的放法？分析枚舉法的關鍵是分類，本題分類的方法有很多，如可以分成這樣三類：3 個球放在一個盒子裡，2 個球放在一個盒子裡，另一個球放一個盒子裡，3 個球分 3 個盒子放。

第一類：3 個球放在一個盒子裡會有底下三種可能性：

盒子 A　　　　　　　盒子 B　　　　　　　盒子 C

盒子 A　　　盒子 B　　　盒子 C

盒子 A　　　盒子 B　　　盒子 C

第二類：2 個球放在一個盒子裡，另一個球放一個盒子裡會有底下六種可能性：

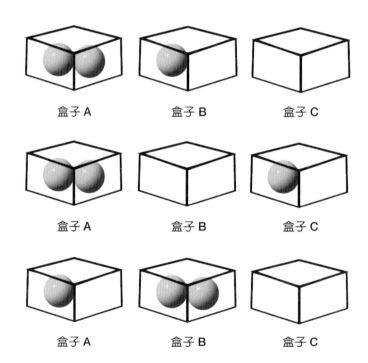

盒子 A　　　盒子 B　　　盒子 C

盒子 A　　　盒子 B　　　盒子 C

盒子 A　　　盒子 B　　　盒子 C

第三類：3 個球分 3 個盒子放會有底下一種可能性：

依據枚舉法的精神共找出上述 10 種方式。

1-3-4 巴斯卡三角形演算法

巴斯卡（Pascal）三角形演算法基本上就是計算出每一個三角形位置的數值。在巴斯卡三角形上的每一個數字各對應一個 rCn，其中 r 代表 row（列），而 n 為 column（欄），其中 r 及 n 都由數字 0 開始。巴斯卡三角形如下：

$$_0C_0$$
$$_1C_0 \ _1C_1$$
$$_2C_0 \ _2C_1 \ _2C_2$$
$$_3C_0 \ _3C_1 \ _3C_2 \ _3C_3$$
$$_4C_0 \ _4C_1 \ _4C_2 \ _4C_3 \ _4C_4$$

巴斯卡三角形對應的數據如下圖所示：

至於如何計算三角形中的 $_rC_n$，各位可以使用以下的公式：

```
rC0=1
rCn=rCn-1 * (r - n + 1) / n
```

上述兩個式子所代表的意義是每一列的第 0 欄的值一定為 1。例如：$_0C_0=1$、$_1C_0=1$、$_2C_0=1$、$_3C_0=1$..... 以此類推。

一旦每一列的第 0 欄元素的值為數字 1 確立後，該列的每一欄的元素值，都可以由同一列前一欄的值，依據底下公式計算得到：

```
rCn=rCn-1 *(r - n + 1) / n
```

舉例來說：

❶ 第 0 列巴斯卡三角形的求值過程：

當 r=0，n=0，即第 0 列（row=0）、第 0 欄（column=0），所對應的數字為 0。

此時的巴斯卡三角形外觀如下：

1

❷ 第 1 列巴斯卡三角形的求值過程：

■ 當 r=1，n=0，代表第 1 列第 0 欄，所對應的數字 $_1C_0=1$。

- 當 r=1，n=1，即第 1 列（row=1）、第 1 欄（column=1），所對應的數字 $_1C_1$。

  請代入公式 $_rC_n = _rC_{n-1} * (r - n + 1) / n$：（其中 r=1，n=1）

  可以推衍出底下的式子：

```
₁C₁=₁C₀ * (1 - 1 + 1) / 1=1*1=1
```

得到的結果是 $_1C_1=1$

此時的巴斯卡三角形外觀如下：

$$
\begin{array}{ccc}
 & 1 & \\
1 & & 1
\end{array}
$$

❸ 第 2 列巴斯卡三角形的求值過程：

依上述的計算每一列中各元素值的求值過程，可以推得 $_2C_0=1$、$_2C_1=2$、$_2C_2=1$。

此時的巴斯卡三角形外觀如下：

$$
\begin{array}{ccccc}
 & & 1 & & \\
 & 1 & & 1 & \\
1 & & 2 & & 1
\end{array}
$$

❹ 第 3 列巴斯卡三角形的求值過程：

依上述的計算每一列中各元素值的求值過程，可以推得 $_3C_0=1$、$_3C_1=3$、$_3C_2=3$、$_3C_3=1$。

此時的巴斯卡三角形外觀如下：

同理，可以陸續推算出第 4 列、第 5 列、第 6 列……等所有巴斯卡三角形各列的元素。

1-3-5　質數求解演算法

所謂質數是一種大於 1 的數，除了自身之外，無法被其它整數整除的數，例如：2,3,5,7,11,13,17,19,23,.....。如何快速出質數，在此特別推薦 Eratosthenes 求質數方法。首先假設要檢查的數是 N，接著請依下列的步驟說明，就可以判斷數字 N 是否為質數？在求質數中過程，可以適時運用一些技巧以減少迴圈的檢查次數，來加速質數的判斷工作。

除了判斷一個數是否為質數外，另外一個衍生的問題就是如何求出小於 N 的所有質數？在此也會一併說明。

要求質數很簡單，這個問題可以使用迴圈將數字 N 除以所有小於它的數值，若可以整除就不是質數，而且只要檢查至 N 的開根號就可以了。這是因為如果 N=A*B，如果 A 大於 N 的開根號，但在小於 A 之前就已先檢查過 B 這個數。由於開根號常會碰到浮點數精確度的問題，因此為了讓迴圈檢查的速度加快，也可以使用整數 i 及 i * i <=N 的判斷式來決定要檢查到哪一個數就停止。

1-4　演算法效能分析

對一個程式（或演算法）效能的評估，經常是從時間與空間兩種因素來做考量。時間方面是指程式的執行時間，稱為「時間複雜度」（Time Complexity）。空間方面則是此程式在電腦記憶體所佔的空間大小，稱為「空間複雜度」（Space Complexity）。

※ 空間複雜度

「空間複雜度」是一種以概量精神來衡量所需要的記憶體空間。而這些所需要的記憶體空間，通常可以區分為「固定空間記憶體」（包括基本程式碼、常數、變數等）與「變動空間記憶體」（隨程式或進行時而改變大小的使用空間，例如參考型態變數）。由於電腦硬體進展的日新月異及牽涉到所使用電腦的不同，所以純粹從程式（或演算法）的效能角度來看，應該以演算法的執行時間為主要評估與分析的依據。

※ 時間複雜度

例如程式設計師可以就某個演算法的執行步驟計數來衡量執行時間的標準，但是同樣是兩行指令：

a=a+1 與 a=a+0.3/0.7*10005

由於涉及到變數儲存型態與運算式的複雜度，所以真正絕對精確的執行時間一定不相同。不過話又說回來，如此大費周章的去考慮程式的執行時間往往窒礙難行，而且毫無意義。這時可以利用一種「概量」的觀念來做為衡量執行時間，我們就稱為「時間複雜度」（Time Complexity）。詳細定義如下：

在一個完全理想狀態下的計算機中，我們定義一個 T(n) 來表示程式執行所要花費的時間，其中 n 代表資料輸入量。當然程式的執行時間或最大執行時間（Worse Case Executing Time）作為時間複雜度的衡量標準，一般以 Big-oh 表示。

由於分析演算法的時間複雜度必須考慮它的成長比率（Rate of Growth）往往是一種函數，而時間複雜度本身也是一種「漸近表示」（Asymptotic Notation）。

1-4-1 Big-oh

O(f(n)) 可視為某演算法在電腦中所需執行時間不會超過某一常數倍的 f(n)，也就是說當某演算法的執行時間 T(n) 的時間複雜度（Time Complexity）為 O(f(n))（讀成 Big-oh of f(n) 或 Order is f(n)）。

意謂存在兩個常數 c 與 n_0，則若 $n \geq n_0$，則 $T(n) \leq cf(n)$，f(n) 又稱之為執行時間的成長率（rate of growth）。請各位多看以下範例題，可以更了解時間複雜度的意義。

範例 **1.4.1** 假如執行時間 $T(n)=3n^3+2n^2+5n$，求時間複雜度為何？

解答 首先得找出常數 c 與 n_0，我們可以找到當 $n_0=0$，$c=10$ 時，則當 $n≧n_0$ 時，$3n^3+2n^2+5n≦10n^3$，因此得知時間複雜度為 $O(n^3)$。

範例 **1.4.2**：請證明 $\sum_{1≤i≤n} i = O(n^2)$

解答 $\sum_{1≤i≤n} i = 1+2+3+\cdots+n = \dfrac{n(n+1)}{2} = \dfrac{n^2+n}{2}$

又可以找到常數 $n_0=0$、$c=1$，當 $n≧n_0$，$\dfrac{n^2+n}{2} ≦n^2$，因此得知時間複雜度為 $O(n^2)$。

範例 **1.4.3** 考慮下列 x ← x+1 的執行次數。

(1)
```
:
x←x+1
:
```

(2)
```
for i←1 to n do
:
x←x+1
:
end
```

(3)
```
for i←1 to n do
:
    for j←1 to m do
    :
    x←x+1
    :
    end
:
end
```

解答 (1) 1 次 (2) n 次 (3) n*m 次。

範例 **1.4.4** 求下列演算法中 x ← x+1 的執行次數及時間複雜度。

```
for i←1 to n do
    j←i
    for k←j+1 to n do
        x←x+1
    end
end
```

解答 有關 x ← x+1 這行指令的指令次數，因為 j ← i，且 k ← j+1 所以可用以下
數學式表示，所以其執行次數為

$$\sum_{i=1}^{n} \sum_{k=i+1}^{n} 1 = \sum_{i=1}^{n}(n-i) = \sum_{i=1}^{n} n - \sum_{i=1}^{n} i = n^2 - \frac{n(n+1)}{2} = \frac{n(n-1)}{2} \text{（次）}$$

而時間複雜度為 $O(n^2)$。

範例 **1.4.5** 請決定以下片斷程式的執行時間：

```
k=100000
while k<>5 do
    k=k DIV 10
end
```

解答 因為 k=k DIV 10，所以一直到 k=0 時，都不會出現 k=5 的情況，整個迴路
為無窮迴路，執行時間為無限長。

▒ 常見 Big-oh

事實上，時間複雜度只是執行次數的一個概略的量度層級，並非真實的執行
次數。而 Big-oh 則是一種用來表示最壞執行時間的表現方式，它也是最常使用在
描述時間複雜度的漸近式表示法。常見的 Big-oh 有下列幾種：

Big-oh	特色與說明
O(1)	稱為常數時間（constant time），表示演算法的執行時間是一個常數倍。
O(n)	稱為線性時間（linear time），執行的時間會隨資料集合的大小而線性成長。
$O(\log_2 n)$	稱為次線性時間（sub-linear time），成長速度比線性時間還慢，而比常數時間還快。
$O(n^2)$	稱為平方時間（quadratic time），演算法的執行時間會成二次方的成長。

Big-oh	特色與說明
$O(n^3)$	稱為立方時間（cubic time），演算法的執行時間會成三次方的成長。
(2^n)	稱為指數時間（exponential time），演算法的執行時間會成二的 n 次方成長。例如解決 Nonpolynomial Problem 問題演算法的時間複雜度即為 $O(2^n)$。
$O(n\log_2 n)$	稱為線性乘對數時間，介於線性及二次方成長的中間之行為模式。

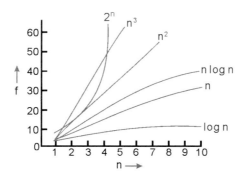

對於 $n \geq 16$ 時，時間複雜度的優劣比較關係如下：

$$O(1) < O(\log_2 n) < O(n) < O(n\log_2 n) < O(n^2) < O(n^3) < O(2^n)$$

範例 1.4.6 決定下列的時間複雜度（f(n) 表執行次數）

(a) $f(n)=n^2\log n+\log n$

(b) $f(n)=8\log\log n$

(c) $f(n)=\log n^2$

(d) $f(n)=4\log\log n$

(e) $f(n)=n/100+1000/n^2$

(f) $f(n)=n!$

解答 (a) $f(n)=(n^2+1)\log n=O(n^2\log n)$

(b) $f(n)=8\log\log n=O(\log\log n)$

(c) $f(n)=\log n^2=2\log n=O(\log n)$

(d) $f(n)=4\log\log n=O(\log\log n)$

(e) $f(n)=n/100+1000/n^2\leq n/100$（當 $n\geq 1000$ 時）$=O(n)$

(f) $f(n)=n!=1*2*3*4*5\cdots*n\leq n*n*n*\cdots n*n\leq n^n$（$n\geq 1$ 時）$=O(n^n)$

1-4-2　Ω（omega）

Ω 也是一種時間複雜度的漸近表示法，如果說 Big-oh 是執行時間量度的最壞情況，那 Ω 就是執行時間量度的最好狀況。以下是 Ω 的定義：

> 對 $f(n)=\Omega(g(n))$（讀作 "big-omega of g(n)"），意思是存在常數 c 和 n_0，對所有的 n 值而言，$n \geq n_0$ 時，$f(n) \geq cg(n)$ 均成立。例如 $f(n)=5n+6$，存在 c=5 $n_0=1$，對所有 $n \geq 1$ 時，$5n+6 \geq 5n$，因此 $f(n)=\Omega(n)$ 而言，n 就是成長的最大函數。

範例 **1.4.7** $f(n)=6n^2+3n+2$，請利用 Ω 來表示 f(n) 的時間複雜度。

解答 $f(n)=6n^2+3n+2$，存在 c=6，$n_0 \geq 1$，對所有的 $n \geq n_0$，使得 $6n^2+3n+2 \geq 6n^2$，所以 $f(n)=\Omega(n^2)$。

1-4-3　θ（theta）

是一種比 Big-O 與 Ω 更精確時間複雜度的漸近表示法。

定義如下：

> $f(n)=\theta(g(n))$（讀作 "big-theta of g(n)"），意是存在常數 c_1、c_2、n_0，對所有的 $n \geq n_0$ 時，$c_1g(n) \leq f(n) \leq c_2g(n)$ 均成立。換句話說，當 $f(n)=\theta(g(n))$ 時，就表示 g(n) 可代表 f(n) 的上限與下限。

例如以 $f(n)=n^2+2n$ 為例，當 $n \geq 0$ 時，$n^2+2n \leq 3n^2$，可得 $f(n)=O(n^2)$。同理，$n \geq 0$ 時，$n^2+2n \geq n^2$，可得 $f(n)=\Omega(n^2)$。所以 $f(n)=n^2+2n=\theta(n^2)$。

課後評量

1. 請問以下 Python 程式片段是否相當嚴謹地表現出演算法的意義？

```
count=0
while count!=3:
    print(count)
```

2. 請問下列程式區段的迴圈部份，實際執行次數與時間複雜度。

```
for i in range(1,n+1):
    for j in range(i,n+1):
        for k in range(j,n+1):
```

3. 試証明 $f(n)=a_m n^m+...+a_1 n+a_0$，則 $f(n)=O(n^m)$。

4. 求下列片段程式中，函數 my_fun(i,j,k) 的執行次數：

```
for k in range(1,n+1):
    for i in range(0,k):
        if i!=j:
            my_fun(i,j,k)
```

5. 請問以下程式的 Big-O 為何？

```
total=0
for i in range(1,n+1):
    total=total+i*i
```

6. 試述 Nonpolynomial Problem 的意義。

7. 解釋下列名詞：

   (1) O(n)(Big-Oh of n)

   (2) 抽象資料型 (Abstract Data Type)

8. 試述結構化程式設計與物件導向程式設計的特性為何？試簡述之。

9. 請寫一個演算法來求取函數 f(n), f(n) 的定義如下：

$$f(n): \begin{cases} n^n & \text{if } n \geq 1 \\ 1 & \text{otherwise} \end{cases}$$

10. 演算法必須符合那五項條件？

11. 試簡述貪心法的主要核心概念。

12. 什麼是疊代法，請簡述之。

13. 枚舉法的核心概念是什麼？試簡述之。

Note

2

Chapter

陣列結構

「線性串列」（Linear List）是數學理論應用在電腦科學中一種相當簡單與基本的資料結構，簡單的說，線性串列是 n 個元素的有限序列（n≧0），像是 26 個英文字母的字母串列：A,B,C,D,E...,Z，就是一個線性串列，串列中的資料元素是屬於字母符號，或是 10 個阿拉伯數字的串列 0,1,2,3,4,5,6,7,8,9。線性串列的應用在計算機科學領域中是相當廣泛的，例如本章中將要介紹陣列結構（Array）就是一種典型線性串列的應用。

　　線性串列是將元素排成一列，除了第一個和最後一個元素，每個元素都會和前後元素相鄰。

2-1　線性串列簡介

　　線性串列的關係（Relation）本身可以看成是一種有序對的集合，目的在表現串列中的任兩相鄰元素之間的關係。其中 a_{i-1} 稱為 a_i 的先行元素，a_i 是 a_{i-1} 的後繼元素。簡單的表示線性串列，各位可以寫成（$a_1,a_2,a_3.........,a_{n-1},a_n$）。以下我們嘗試以更清楚及口語化來重新定義「線性串列」（Linear List）的定義：

1. 有序串列可以是空集合，或者可寫成（$a_1,a_2,a_3...,a_{n-1},a_n$）。
2. 存在唯一的第一個元素 a_1 與存在唯一的最後一個元素 a_n。
3. 除了第一個元素 a_1 外，每一個元素都有唯一的先行者（predecessor），例如 ai 的先行者為 a_{i-1}。
4. 除了最後一個元素 a_n 外，每一個元素都有唯一的後續者（successor），例如 a_i+_1 是 a_i 的後續者。

　　線性串列中的每一元素與相鄰元素間還會存在某種關係，例如以下 8 種常見的運算方式：

1. 計算串列的長度 n。
2. 取出串列中的第 i 項元素來加以修正，1≦i≦n。
3. 插入一個新元素到第 i 項，1≦i≦n，並使得原來的第 i，i+1...，n 項，後移變成 i+1，i+2...，n+1 項。

4. 刪除第 i 項的元素，1≦i≦n，並使得第 i+1，i+2，...n 項，前移變成第 i，i+1...，n-1 項。

5. 從右到左或從左到右讀取串列中各個元素的值。

6. 在第 i 項存入新值，並取代舊值，1≦i≦n。

7. 複製串列。

8. 合併串列。

2-1-1　儲存結構簡介

　　線性串列也可應用在電腦中的資料儲存結構，基本上按照記憶體儲存的方式，可區分為以下兩種方式：

▒ 靜態資料結構（Static Data Structure）

　　靜態資料結構或稱為「密集串列」（Dense List），它是一種將有序串列的資料使用連續記憶空間（Contiguous Allocation）來儲存。靜態資料結構的記憶體配置是在編譯時，就必須配置給相關的變數，因此在建立初期，必須事先宣告最大可能的固定記憶空間，容易造成記憶體的浪費，例如陣列結構（Array）就是一種典型的靜態資料結構。優點是設計時相當簡單及讀取與修改串列中任一元素的時間都固定。缺點則是刪除或加入資料時，需要移動大量的資料。

置物櫃的概念就是靜態資料結構

▒ 動態資料結構（dynamic data structure）

　　動態資料結構又稱為「鍵結串列」（linked list），它是一種將具有線性串列原理的資料，使用不連續記憶空間來儲存，優點是資料的插入或刪除都相當方便，不需要移動大量資料。另外動態資料結構的記憶體配置是在執行時才發生，所以不需事先宣告，能夠充份節省記憶體。缺點就是在設計資料結構時較為麻煩，另外在搜尋資料時，也無法像靜態資料一般可以隨機讀取資料，必須透過循序方法找到該資料為止。

火車的多節車廂的概念就是一種動態資料結構

範例 **2.1.1** 密集串列（dense list）於某些應用上相當方便，請問 1. 何種情況下不適用？ 2. 如果原有 n 筆資料，請計算插入一筆新資料，平均需要移動幾筆資料？

解答 1. 密集串列中同時加入或刪除多筆資料時，會造成資料的大量移動，此種狀況非常不方便，例如陣列結構。

2. 因為可能插入位置的機率都一樣為 1/n，所以平均移動資料的筆數為（求期望值）。

$$E = 1 * \frac{1}{n} + 2 * \frac{1}{n} + 3 * \frac{1}{n} + \cdots\cdots + n * \frac{1}{n}$$

$$= \frac{1}{n} * \frac{n*(n+1)}{2} = \frac{n+1}{2} \text{ 筆}$$

2-2 認識陣列

「陣列」（Array）結構就是一排緊密相鄰的可數記憶體，並提供一個能夠直接存取單一資料內容的運作方式。各位其實可以想像成住家前面的信箱，每個信箱都有住址，其中路名就是名稱，而信箱號碼就是索引。郵差可以依照傳遞信件上的住址，把信件直接投遞到指定的信箱中，這就好比程式語言中陣列的名稱是表示一塊緊密相鄰記憶體的起始位置，而陣列的索引功能則是用來表示從此記憶體起始位置的第幾個區塊。

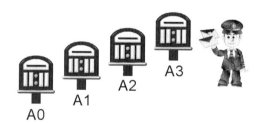

在不同的程式語言中，陣列結構型態的宣告也會有所差異，不過通常都必須包含下列五種屬性：

1. **起始位址**：表示陣列名稱（或陣列第一個元素）所在記憶體中的起始位址。
2. **維度（dimension）**：代表此陣列為幾維陣列，如一維陣列、二維陣列、三維陣列等等。
3. **索引上下限**：指元素在此陣列中，記憶體所儲存位置的上標與下標。
4. **陣列元素個數**：是索引上限與索引下限的差 +1。
5. **陣列型態**：宣告此陣列的型態，它決定陣列元素在記憶體所佔有的大小。

任何程式語言中的陣列表示法（Representation of Arrays），只要符合具備有陣列五種屬性與電腦記憶體足夠的理想情況下，都可能容許 n 維陣列的存在。通常陣列的使用可以分為一維陣列、二維陣列與多維陣列等等，其基本的運作原理都相同。其實多維陣列（二維或以上陣列）也必須在一維的實體記憶體中表示，因為記憶體位置都是依線性順序遞增。通常依照不同的語言，又可區分為兩種方式：

1. **以列為主（Row-major）**：一列一列來依序儲存，例如 C/C++、Java、PASCAL 語言的陣列存放方式。

2. **以行為主（Column-major）**：一行一行來依序儲存，例如 Fortran 語言的陣列存放方式。

接下來我們將更深入為各位逐步介紹各種不同維數陣列的詳細定義，在其它程式語言中（例如：C 或 Java 語言）所指的陣列（Array），在 Python 語言中是以 List（串列）來實作，以一維串列（List）為例，其宣告語法如下：

串列名稱 [串列元素的設定值] *串列長度

- **串列名稱**：命名規則與變數相同。
- **串列長度**：表示串列可存放的資料個數，為一個正整數常數，且串列的索引值是從 0 開始。若是只有中括號，即沒有指定常數值，則表示是定義不定長度的串列。

例如底下 Python 語法表示宣告一個名稱為 Score，串列長度（以資料結構較常見的說法稱為陣列大小）為 5 的串列（List，其功能類似資料結構學科中所討論的陣列 Array），其宣告語法及示意圖如右：

```
Score[0]*5
```

範例 2.2.1 假設 A 為一個具有 1000 個元素的陣列，每個元素為 4 個位元組的實數，若 A[500] 的位置為 1000_{16}，請問 A[1000] 的位址為何？

解答 本題很簡單，主要是位址以 16 進位法表式

→ loc(A[1000])=loc(A[500])+(1000-500)×4

=4096(1000_{16})+2000=6096

範例 2.2.2 有一 PASCAL 陣列 A:ARRAY[6..99] of REAL（假設 REAL 元素大小有 4），如果已知陣列 A 的起始位址為 500，則元素 A[30] 的位址為何？

解答 Loc(A[30])=Loc(A[6])+(30-6)*4=500+96=596.

範例 2.2.3

程式碼：**CH02_01.py**

```
01  Score=[87,66,90,65,70]
02  Total_Score=0
03  for count in range(5):\
04      print('第 %d 位學生的分數:%d' %(count+1,Score[count]))
05      Total_Score+=Score[count]
06  print('------------------------')
07  print('5位學生的總分:%d' %Total_Score)
```

【執行結果】

```
第 1 位學生的分數:87
第 2 位學生的分數:66
第 3 位學生的分數:90
第 4 位學生的分數:65
第 5 位學生的分數:70
------------------------
5位學生的總分:378
```

ChatGPT 解決觀點

提問畫面

TX　請使用Python的一維串列來記錄5個學生的分數,並使用for迴圈列印出每筆學生成績及計算分數總和。

以下是一個示範如何使用Python的一維串列記錄5個學生的分數,並使用for迴圈列印出每筆學生成績及計算分數總和的程式碼:

```python
scores = [85, 76, 92, 80, 88]  # 五個學生的分數串列

total_score = 0  # 分數總和的初始值為0

for i in range(len(scores)):
    print(f"學生{i+1}的分數為:{scores[i]}")  # 列印每個學生的分數
    total_score += scores[i]  # 加總每個學生的分數

print(f"分數總和為:{total_score}")  # 列印分數總和
```

程式碼的輸出結果如下:

```
學生1的分數為:85
學生2的分數為:76
學生3的分數為:92
學生4的分數為:80
學生5的分數為:88
分數總和為:421
```

AI 參考程式名稱　CH02_01(CGPT).py

2-2-1　二維陣列

二維陣列(Two-dimension Array)可以視為是一維陣列的延伸,都是處理相同資料型態資料,差別只在於維度的宣告。例如一個含有 m*n 個元素的二維陣列 A(1:m, 1:n),m 代表列數,n 代表行數,各個元素在直觀平面上的排列方式如下矩陣,A[4][4] 陣列中各個元素在直觀平面上的排列方式如下:

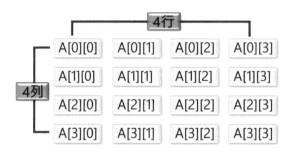

當然在實際的電腦記憶體中是無法以矩陣方式儲存，仍然必須以線性方式，視為一維陣列的延伸來處理。通常依照不同的語言，又可區分為兩種方式：

1. 以列為主（**Row-major**）：則存放順序為 $a_{11}, a_{12}, \dots a_{1n}, a_{21}, a_{22}, \dots, \dots a_{mn}$，假設 α 為陣列 A 在記憶體中起始位址，d 為單位空間，那麼陣列元素 a_{ij} 與記憶體位址有下列關係：

$$Loc(a_{ij}) = \alpha + n*(i-1)*d + (j-1)*d$$

2. 以行為主（**Column-major**）：則存放順序為 $a_{11}, a_{21}, \dots a_{m1}, a_{12}, a_{22}, \dots, \dots a_{mn}$，假設 α 為陣列 A 在記憶體中起始位址，d 為單位空間，那麼陣列元素 a_{ij} 與記憶體位址有下列關係：

$$Loc(aij) = \alpha + (i-1)*d + m*(j-1)*d$$

了解以上的公式後，我們在此以下例圖說為各位說明。如果宣告陣列 A(1:2,1:4)，表示法如下：

以上兩種計算陣列元素位址的方法，都是以 A(m,n) 或寫成 A(1:m,1:n) 的方式來表示來表示，這樣的方式稱為簡單表示法，且 m 與 n 的起始值一定都是 1。如果我們把陣列 A 宣告成 $A(l_1:u_1,l_2:u_2)$，且對任意 a_{ij}，有 $u_1 \geq i \geq l_1$，$u_2 \geq j \geq l_2$，這種方式稱為「註標表示法」。此陣列共有 (u_1-l_1+1) 列，(u_2-l_2+1) 行。那麼位址計算公式和上面以簡單表示法有些不同，假設 α 仍為起始位址，而且 $m=(u_1-l_1+1)$，$n=(u_2-l_2+1)$。則可導出下列公式：

1. **以列為主（Row-major）**

   $$Loc(a_{ij}) = \alpha+((i-l_1+1)-1)*n*d+((j-l_2+1)-1)*d$$
   $$= \alpha+(i-l_1)*n*d+(j-l_2)*d$$

2. **以行為主（Column-major）**

   $$Loc(a_{ij}) = \alpha+((i-l_1+1)-1)*d+((j-l_2+1)-1)*m*d$$
   $$= \alpha+(i-l_1)*d+(j-l_2)*m*d$$

在 Python 中，串列中可以有串列，這種就稱為二維串列，要讀取二維串列的資料可以透過 for 迴圈。二維串列簡單來講就是串列中的元素是串列，下述簡例說分明：

```
number=[[11, 12, 13], [22, 24, 26], [33, 35, 37]]
```

上述中的 number 是一個串列。number[0] 或稱第一列索引，存放另一個串列；number[1] 或稱第二列索引，也是存放另一個串列，依此類推。第一列索引有 3 欄，各別存放元素，其位置 number[0][0] 是指向數值「11」，number[0][1] 是指向數值「12」，依此類推。所以 number 是 3*3 的二維串列（two-dimensional list），其列和欄的索引示意如下。

	欄索引 [0]	欄索引 [1]	欄索引 [2]
列索引 [0]	11	12	13
列索引 [1]	22	24	26
列索引 [2]	33	35	37

number 二維 List 同樣是以 [] 運算子來表達其索引並存取元素，語法如下：

```
串列名稱[列索引][欄索引]
```

例如：

```
number[0]    #輸出第一列的三個元素
[11, 12, 13]
number[1][2]  #輸出第二列的第三欄元素
26
```

如果要宣告一個 N*N 維的二維串列，其語法範例如下：

```
arr=[[None] * N for row in range(n)]
```

這裏假設 arr 為一個 3 列 5 行的二維陣列，也可以視為 3*5 的矩陣。在存取二維陣列中的資料時，使用的索引值仍然是由 0 開始計算。至於在二維陣列設定初始值時，為了方便區隔行與列。所以除了最外層的 [] 外，必須以 [] 括住每一列的元素初始值，並以「,」區隔每個陣列元素，語法如下：

```
陣列名稱=[ [第0列初值],[第1列初值],…,[第n-1列初值] ]
```

例如：

```
arr=[[1,2,3],[2,3,4]]
```

範例 **2.2.4** 現有一二維陣列 A，有 3*5 個元素，陣列的起始位址 A(1,1) 是 100，以列為主（Row-major）排列，每個元素佔 2bytes，請問 A(2,3) 的位址？

解答 直接代入公式，Loc(A(2,3))=100+(2-1)*5*2+(3-1)*2=114

範例 **2.2.5** 二維陣列 A[1:5,1:6]，如果以 column-major 存放，則 A(4,5) 排在此陣列的第幾個位置？($\alpha=0$，d=1)

解答 Loc(A(4,5))=0+(4-1)*5*1+(5-1)*1=19(下一個)，所以 A(4,5) 在第 20 個位置。

範例 **2.2.6** A(-3:5,-4:2) 的起始位址 A(-3,-4)=1200，以 row-major 排列，每個元素佔 1bytes，請問 Loc(A(1,1))=？

解答 假設 A 陣列以 row-major 排列，且 α=Loc(A(-3,-4))=1200

m=5-(-3)+1=9(列)、n=2-(-4)=1=7(行)，

A(1,1)=1200+1*7*(1-(-3))+1*(1-(-4))=1233。

範例 **2.2.7**

</> 程式碼：**CH02_02.py**

```
01   N=2
02   #宣告2x2陣列arr並將所有元素指定為None
03   arr=[[None] * N for row in range(N)]
04   print('|a1 b1|')
05   print('|a2 b2|')
06   arr[0][0]=input('請輸入a1:')
07   arr[0][1]=input('請輸入b1:')
08   arr[1][0]=input('請輸入a2:')
09   arr[1][1]=input('請輸入b2:')
10   #求二階行列式的值
11   result=int(arr[0][0])*int(arr[1][1])-int(arr[0][1])*int(arr[1][0])
12   print('|%d %d|' %(int(arr[0][0]),int(arr[0][1])))
13   print('|%d %d|' %(int(arr[1][0]),int(arr[1][1])))
14   print('行列式值=%d' %result)
```

【執行結果】

```
|a1 b1|
|a2 b2|
請輸入a1:5
請輸入b1:9
請輸入a2:3
請輸入b2:4
|5 9|
|3 4|
行列式值=-7
```

ChatGPT 解決觀點

．提問畫面

> TX　請利用Python語言的二維串列的方式來撰寫一個求二階行列式的範例。二階行列式的計算公式為：a1*b2-a2*b1，可允許使用者自行輸入元素。

> 以下是一個示範如何使用Python的二維串列來計算二階行列式，並允許使用者自行輸入矩陣元素的程式碼：

```python
matrix = []  # 初始化一個空的二維串列來儲存矩陣

# 使用for迴圈輸入矩陣元素
for i in range(2):
    row = []  # 初始化一個空的一維串列來儲存每行元素
    for j in range(2):
        element = int(input(f"請輸入第{i+1}列第{j+1}行的元素："))
        row.append(element)  # 將元素加入每行的串列中
    matrix.append(row)  # 將每行的串列加入二維串列中

determinant = matrix[0][0] * matrix[1][1] - matrix[0][1] * matrix[1][0]  # 計

print(f"輸入的矩陣為：{matrix}")
print(f"矩陣的二階行列式為：{determinant}")
```

AI 參考程式名稱　CH02_02(CGPT).py

2-2-2　三維陣列

三維陣列（Three-dimension Array）的表示法和二維陣列一樣，皆可視為是一維陣列的延伸，如果陣列為三維陣列時，可以看作是一個立方體。如下圖所示：

基本上，三維陣列若以線性的方式來處理，一樣可分為「以列為主」和「以行為主」兩種方式。如果陣列 A 宣告為 $A(1:u_1,1:u_2,1:u_3)$，表示 A 為一個含有 $u_1*u_2*u_3$ 元素的三維陣列。我們可以把 $A(i,j,k)$ 元素想像成空間上的立方體圖：

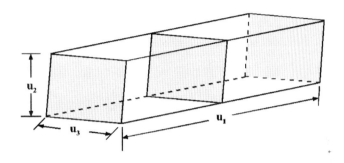

※ 以列為主（**Row-major**）

我們可以將陣列 A 視為 u_1 個 u_2*u_3 的二維列陣，再將每個陣列視為有 u_2 個一維陣列，每一個一維陣列可包含 u_3 的元素。另外每個元素有 d 個單位空間，且 α 為陣列起始位址。

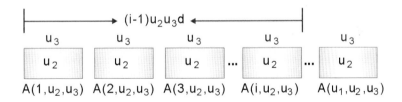

在想像轉換公式時，只要知道我們最終是要把 $A(i,j,k)$，看看它是在一直線排列的第幾個，所以很簡單可以得到以下位址計算公式：

$$Loc(A(i,j,k))=\alpha+(i-1)u_2u_3d+(j-1)u_3d+(k-1)d$$

若陣列 A 宣告為 $A(l_1:u_1,l_2:u_2,l_3:u_3)$ 模式，則

$$a=u_1-l_1+1,b=u_2-l_2+1,c=u_3-l_3+1 ；$$
$$Loc(A(i,j,k))=\alpha+(i-l_1)bcd+(j-l_2)cd+(k-l_3)d$$

※ 以行為主（Column-major）

將陣列 A 視為 u_3 個 $u_2 * u_1$ 的二為陣列，再將每個二維陣列視為有 u_2 個一維陣列，每一陣列含有 u_1 個元素。每個元素有 d 單位空間，且 α 為起始位址：

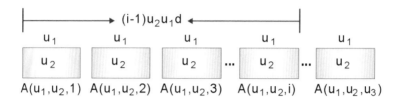

可以得到下列的位址計算公式：

$$Loc(A(i,j,k))=\alpha+(k-1)u_2u_1d+(j-1)u_1d+(i-1)d$$

若陣列宣告為 $A(l_1:u_1,l_2:u_2,l_3:u_3)$ 模式，則

$$a=u_1-l_1+1, b=u_2-l_2+1, c=u_3-l_3+1 ;$$
$$Loc(A(i,j,k))=\alpha+(k-l_3)abd+(j-l_2)ad+(i-l1)d$$

例如在 Python 語言中三維陣列宣告方式如下：

```
num=[[[33,45,67],[23,71,66],[55,38,66]],[[21,9,15],[38,69,18],[90,101,89]]]
```

範例 2.2.8 假設有以列為主排列的程式語言，宣告 A(1:3,1:4,1:5) 三維陣列，且 Loc(A(1,1,1))=100，請求出 Loc(A(1,2,3))=？

解答 直接代入公式：Loc(A(1,2,3))=100+(1-1)*4*5*1+(2-1)*5*1+(3-1)*1=107

範例 2.2.9 A(6,4,2) 是以列為主方式排列，若 α=300，且 d=1，求 A(4,4,1) 的位址。

解答 這題是以列為主（Row-Major），我們直接代入公式即可：

Loc(A(4,4,1))=300+(4-1)*4*2*1+(4-1)*2*1+(1-1)*1

=300+24+6=330

範例 **2.2.10**

程式碼：CH02_03.py

```
01  #宣告三維陣列
02  num=[[[33,45,67],[23,71,66],[55,38,66]], \
03      [[21,9,15],[38,69,18],[90,101,89]]]
04  value=num[0][0][0]#設定main為num陣列的第一個元素
05  for i in range(2):
06      for j in range(3):
07          for k in range(3):
08              if(value>=num[i][j][k]):
09                  value=num[i][j][k]  #利用三層迴圈找出最小值
10  print("最小值=%d" %value)
```

【執行結果】

```
最小值= 9
>>> |
```

ChatGPT 解決觀點

提問畫面

假設一個三維陣列元素內容如下：

num=[[[33,45,67],[23,71,66],[55,38,66]],[[21,9,15],[38,69,18],[90,101,89]]]

請設計一支Python程式，利用三層巢狀迴圈來找出此2x3x3三維陣列中所儲存數值中的最小值。

以下是一個示範如何使用三層巢狀迴圈來尋找三維陣列中最小值的Python程式碼：

```python
num = [[[33,45,67],[23,71,66],[55,38,66]],[[21,9,15],[38,69,18],[90,101,89]]]

min_num = num[0][0][0]  # 先將第一個元素設為最小值

for i in range(len(num)):  # 外層迴圈：針對每個2x3矩陣
    for j in range(len(num[i])):  # 中層迴圈：針對每個3x1向量
        for k in range(len(num[i][j])):  # 內層迴圈：針對每個元素
            if num[i][j][k] < min_num:  # 若當前元素小於目前最小值，則更新最小值
                min_num = num[i][j][k]

print(f"此三維陣列中的最小值為：{min_num}")
```

AI 參考程式名稱 CH02_03(CGPT).py

2-2-3　n 維陣列

有了一維、二維、三維陣列，當然也可能有四維、五維、或者更多維數的陣列。不過因為受限於電腦記憶體，通常程式語言中的陣列宣告都會有維數的限制。在此，我們將三維以上的陣列歸納為 n 維陣列。在標準 C 語言中最多可以宣告到 12 維陣列，例如在 C 語言中 n 維陣列宣告方式如下：

```
資料型別 變數名稱[第一維長度][ 第二維長度]…[第n維長度];
```

假設陣列 A 宣告為 $A(1:u_1,1:u_2,1:u_3......,1:u_n)$，則可將陣列視為有 u_1 個 n-1 維陣列，每個 n-1 維陣列中有 u_2 個 n-2 維陣列，每個 n-2 維陣列中，有 u_3 個 n-3 維陣列………有 u_{n-1} 個一維陣列，在每個一維陣列中有 u_n 個元素。

如果 α 為起始位址 $(\alpha=Loc(A(1,1,1,1,......1))$，d 為單位空間。則陣列 A 元素中的記憶體配置公式如下兩種方式：

1.　以列為主（**Row-major**）

$$Loc(A(i_1,i_2,i_3.........,i_n))=\alpha +(i_1-1)u_2u_3u_4......u_nd$$
$$+(i_2-1)u_3u_4......u_nd$$
$$+(i_3-1)u_4u_5......u_nd$$
$$+(i_4-1)u_5u_6......u_nd$$
$$+(i_5-1)u_6u_7......u_nd$$
$$\vdots$$
$$+(i_{n-1}-1)u_nd$$
$$+(i_n-1)d$$

2.　以行為主（**Column-major**）

$$Loc(A(i_1,i_2,i_3.........,i_n))=\alpha +(i_n-1)u_{n-1}u_{n-2}......u_1d$$
$$+(i_{n-1}-1)u_{n-2}......u_1d$$
$$\vdots$$
$$+(i_2-1)u_1d$$
$$+(i_1-1)d$$

範例 **2.2.11** 在 4-Darray A[1:4,1:6,1:5,1:3] 中,且 α=200,d=1。並已知是以行排列(Column-major),求 A[3,1,3,1] 的位址。

解答 由於本題中原本就是陣列的簡單表示法,所以不須經過轉換。並直接代入計算公式即可。

Loc(A[3,1,3,1])

=200+(1-1)*5*6*4+(3-1)*6*4+(1-1)*4+3-1

=250

2-3 矩陣

從數學的角度來看,對於 m×n 矩陣(Matrix)的形式,可以描述一個電腦中 A(m,n) 二維陣列,如下圖 A 矩陣,各位是否立即想到了一個宣告為 A(1:3,1:3) 的二維陣列。

$$A = \begin{bmatrix} a_{11} & a_{12} & a_{13} \\ a_{21} & a_{22} & a_{23} \\ a_{31} & a_{32} & a_{33} \end{bmatrix}_{3\times3}$$

矩陣是高等代數學中的常見工具,也常見於統計分析等應用數學學科中,許多矩陣的運算與應用,都可以使用電腦中的二維陣列解決,例如在 3D 圖學中也經常使用矩陣,因為它可用來清楚的表示模型資料的投影、擴大、縮小、平移、偏斜與旋轉等等運算。

矩陣平移是物體在 **3D** 世界向著某一個向量方向移動

Tips

在三維空間中，向量以 (a, b, c) 表示，其中 a、b、c 分別表示向量在 x、y、z 軸的分量。在右圖中的 A 向量是一個由原點出發指向三維空間中的一個點 (a, b, c)，也就是說，向量同時包含了大小及方向兩種特性，所謂的單位向量，指的是向量長度（norm）為 1 的向量。通常在向量計算時，為了降低計算上的複雜度，會以單位向量（Unit Vector）來進行運算，所以使用向量表示法就可以指明某變量的大小與方向。

例如深度學習（Deep Learning, DL）則是目前最熱門的話題，不但是人工智慧（AI）的一個分支，也可以看成是具有層次性的機器學習法（Machine Learning, ML），更將 AI 推向類似人類學習模式的優異發展，在深度學習中，線性代數是一個強大的數學工具箱，常常遇到需要使用大量矩陣運算來提高計算效率。

Tips

Deep Learning, DL（深度學習）：可以看成是具有層次性的機器學習法，源自於類神經網路（Artificial Neural Network）模型，並且結合了神經網路架構與大量的運算資源，目的在於讓機器建立與模擬人腦進行學習的神經網路，以解釋大數據中圖像、聲音和文字等多元資料。

本節中我們將會討論到兩個矩陣的相加、相乘，或是某些稀疏矩陣（Sparse Matrix）、轉置矩陣 (A^t)、上三角形矩陣（Upper Triangular Matrix）與下三角形矩陣（Lower Triangular Matrix）等等。

2-3-1 矩陣相加

矩陣的相加運算則較為簡單，前題是相加的兩矩陣列數與行數都必須相等，而相加後矩陣的列數與行數也是相同。必須兩者的列數與行數都相等，例如 $A_{mxn}+B_{mxn}=C_{mxn}$。以下我們就來實際進行一個矩陣相加的例子：

A 矩陣　　　　　　　　B 矩陣　　　　　　　　C 矩陣

範例 2.3.1

程式碼：CH02_04.py

```
01  A=[[1,3,5],[7,9,11],[13,15,17]]  #二維陣列的宣告
02  B=[[9,8,7],[6,5,4],[3,2,1]]       #二維陣列的宣告
03  N=3
04  C=[[None] * N for row in range(N)]
05
06  for i in range(3):
07      for j in range(3):
08          C[i][j]=A[i][j]+B[i][j]   #矩陣C=矩陣A+矩陣B
09  print('[矩陣A和矩陣B相加的結果]') #印出A+B的內容
10  for i in range(3):
11      for j in range(3):
12          print('%d' %C[i][j], end='\t')
13      print()
```

【執行結果】

```
[矩陣A和矩陣B相加的結果]
10        11        12
13        14        15
16        17        18
```

2-3-2　矩陣相乘

如果談到兩個矩陣 A 與 B 的相乘，是有某些條件限制。首先必須符合 A 為一個 m*n 的矩陣，B 為一個 n*p 的矩陣，對 A*B 之後的結果為一個 m*p 的矩陣 C。如下圖所示：

$$\begin{bmatrix} a_{11} & \cdots\cdots & a_{1n} \\ \cdot & \cdot & \cdot \\ \cdot & \cdot & \cdot \\ \cdot & \cdot & \cdot \\ a_{m1} & \cdots\cdots & a_{mn} \end{bmatrix} \times \begin{bmatrix} b_{11} & \cdots\cdots & b_{1p} \\ \cdot & \cdot & \cdot \\ \cdot & \cdot & \cdot \\ \cdot & \cdot & \cdot \\ b_{n1} & \cdots\cdots & b_{np} \end{bmatrix} = \begin{bmatrix} c_{11} & \cdots\cdots & c_{1p} \\ \cdot & \cdot & \cdot \\ \cdot & \cdot & \cdot \\ \cdot & \cdot & \cdot \\ c_{m1} & \cdots\cdots & c_{mp} \end{bmatrix}$$

$$m \times n \qquad\qquad n \times p \qquad\qquad m \times p$$

$$C_{11} = a_{11} * b_{11} + a_{12} * b_{21} + \ldots\ldots + a_{1n} * b_{n1}$$
$$\vdots$$
$$\vdots$$
$$C_{1p} = a_{11} * b_{1p} + a_{12} * b_{2p} + \ldots\ldots + a_{1n} * b_{np}$$
$$\vdots$$
$$\vdots$$
$$C_{mp} = a_{m1} * b_{1p} + a_{m2} * b_{2p} + \ldots\ldots + a_{mn} * b_{np}$$

範例 2.3.2

程式碼：CH02_05.py

```
01    #[示範]:運算兩個矩陣相乘的結果
02
03    def MatrixMultiply(arrA, arrB,arrC,M,N,P):
04        global C
05        if M<=0 or N<=0 or P<=0:
06            print('[錯誤:維數M,N,P必須大於0]')
07            return
08        for i in range(M):
09            for j in range(P):
10                Temp=0
11                for k in range(N):
12                    Temp=Temp + int(arrA[i*N+k])*int(arrB[k*P+j])
13                arrC[i*P+j]=Temp
14
15    print('請輸入矩陣A的維數(M,N): ')
16    M=int(input('M='))
17    N=int(input('N='))
18    A=[None]*M*N #宣告大小為MxN的串列A
19
20    print('[請輸入矩陣A的各個元素]')
21    for i in range(M):
22        for j in range(N):
```

```
23              A[i*N+j]=input('a%d%d='%(i,j))
24
25   print('請輸入矩陣B的維數(N,P): ')
26   N=int(input('N='))
27   P=int(input('P='))
28
29   B=[None]*N*P  #宣告大小為NxP的串列B
30
31   print('[請輸入矩陣B的各個元素]')
32   for i in range(N):
33       for j in range(P):
34           B[i*P+j]=input('b%d%d='%(i,j))
35
36   C=[None]*M*P  #宣告大小為MxP的串列C
37   MatrixMultiply(A,B,C,M,N,P)
38   print('[AxB的結果是]')
39   for i in range(M):
40       for j in range(P):
41           print('%d' %C[i*P+j], end='\t')
42       print()
```

【執行結果】

```
請輸入矩陣A的維數(M,N):
M= 2
N= 3
[請輸入矩陣A的各個元素]
a00=5
a01=6
a02=3
a10=8
a11=4
a12=8
請輸入矩陣B的維數(N,P):
N= 3
P= 2
[請輸入矩陣B的各個元素]
b00=4
b01=6
b10=5
b11=2
b20=8
b21=6
[AxB的結果是]
74       60
116      104
```

ChatGPT 解決觀點

提問畫面

以下是一個示範如何設計Python程式來實作矩陣相乘的範例：

```python
import numpy as np

# 取得兩個矩陣的維度
dim1 = input("請輸入第一個矩陣的維度(格式: 行,列): ")
dim2 = input("請輸入第二個矩陣的維度(格式: 行,列): ")
dim1 = tuple(map(int, dim1.split(",")))
dim2 = tuple(map(int, dim2.split(",")))

# 確認兩個矩陣是否可以相乘
if dim1[1] != dim2[0]:
    print("兩個矩陣無法相乘!")
else:
    # 建立兩個矩陣
    matrix1 = np.zeros(dim1)
    matrix2 = np.zeros(dim2)

    # 輸入兩個矩陣的元素值
    print("請輸入第一個矩陣的元素值:")
    for i in range(dim1[0]):
        for j in range(dim1[1]):
            matrix1[i][j] = input(f"請輸入第{i+1}列、第{j+1}行的元素值: ")
    print("請輸入第二個矩陣的元素值:")
    for i in range(dim2[0]):
        for j in range(dim2[1]):
            matrix2[i][j] = input(f"請輸入第{i+1}列、第{j+1}行的元素值: ")

    # 執行矩陣相乘
    result = np.dot(matrix1, matrix2)

    # 輸出矩陣相乘結果
    print(f"兩個矩陣相乘的結果為:\n{result}")
```

AI 參考程式名稱　CH02_05(CGPT).py

2-3-3　轉置矩陣

「轉置矩陣」(A^t) 就是把原矩陣的行座標元素與列座標元素相互調換，假設 A^t 為 A 的轉置矩陣，則有 $A^t[j,i]=A[i,j]$，如下圖所示：

$$A = \begin{bmatrix} 1 & 2 & 3 \\ 4 & 5 & 6 \\ 7 & 8 & 9 \end{bmatrix}_{3 \times 3} \qquad A^t = \begin{bmatrix} 1 & 4 & 7 \\ 2 & 5 & 8 \\ 3 & 6 & 9 \end{bmatrix}_{3 \times 3}$$

範例 **2.3.3**

程式碼：**CH02_06.py**

```
01    arrA=[[1,2,3,4],[5,6,7,8],[9,10,11,12],[13,14,15,16]]
02    N=4
03    #宣告4x4陣列arr
04    arrB=[[None] * N for row in range(N)]
05
06    print('[原設定的矩陣內容]')
07    for i in range(4):
08        for j in range(4):
09            print('%d' %arrA[i][j],end='\t')
10        print()
11
12    #進行矩陣轉置的動作
13    for i in range(4):
14        for j in range(4):
15            arrB[i][j]=arrA[j][i]
16
17    print('[轉置矩陣的內容為]')
18    for i in range(4):
19        for j in range(4):
20            print('%d' %arrB[i][j],end='\t')
21        print()
```

【執行結果】

```
[原設定的矩陣內容]
1       2       3       4
5       6       7       8
9       10      11      12
13      14      15      16
[轉置矩陣的內容為]
1       5       9       13
2       6       10      14
3       7       11      15
4       8       12      16
```

ChatGPT 解決觀點

提問畫面

> TX　請設計一Python程式來實作一4*4二維陣列的轉置矩陣：

> 可以使用以下程式碼來實現一個4x4二維陣列的轉置矩陣：

```python
# 定義原始矩陣
matrix = [
    [ , , , ],
    [ , , , ],
    [ , , , ],
    [10, , , ]
]

# 初始化轉置矩陣
transpose = [[ for x in range( )] for y in range( )]

# 進行轉置
for i in range(4):
    for j in range(4):
        transpose[i][j] = matrix[j][i]

# 列印轉置矩陣
for row in transpose:
    print(row)
```

AI 參考程式名稱　CH02_06(CGPT).py

2-3-4　稀疏矩陣

　　對於抽象資料型態（ADT）而言，我們希望闡述的是在電腦應用中具備某種意義的特別概念（Concept），例如稀疏矩陣（Sparse Matrix）就是一個很好的例子。什麼是稀疏矩陣呢？簡單的說：「如果一個矩陣中的大部分元素為零的話，就可以稱為稀疏矩陣」。例如以下的矩陣就是一種典型的稀疏矩陣：

$$\begin{bmatrix} 25 & 0 & 0 & 32 & 0 & -25 \\ 0 & 33 & 77 & 0 & 0 & 0 \\ 0 & 0 & 0 & 55 & 0 & 0 \\ 0 & 0 & 0 & 0 & 0 & 0 \\ 101 & 0 & 0 & 0 & 0 & 0 \\ 0 & 0 & 38 & 0 & 0 & 0 \end{bmatrix}_{6 \times 6}$$

對稀疏矩陣而言，實際儲存的資料項目很少，如果在電腦中利用傳統的二維陣列方式存放，就會十分浪費儲存的空間。特別是當矩陣很大時，考慮儲存一個1000*1000 的矩陣所需空間需求，而且大部分的元素都是零的話，這樣空間的管理確實不經濟，要改進記憶體空間浪費的方法就是利用三項式（3-tuple）的資料結構。我們把每一個非零項目以（i, j, item-value）來表示。就是假如一個稀疏矩陣有 n 個非零項目，那麼可以利用一個 A(0:n, 1:3) 的二維陣列來表示，我們稱為壓縮矩陣。

A(0,1) 代表此稀疏矩陣的列數，A(0,2) 代表此稀疏矩陣的行數，而 A(0,3) 則是此稀疏矩陣非零項目的總數。另外每一個非零項目以（i, j, item-value）來表示。其中 i 為此非零項目所在的列數，j 為此非零項目所在的行數，item-value 則為此非零項的值。以上圖 6x6 稀疏矩陣為例，可以如下表示：

A(0,1)=> 表示此矩陣的列數

A(0,2)=> 表示此矩陣的行數

A(0,3)=> 表示此矩陣非零項目的總數

	1	2	3
0	6	6	8
1	1	1	25
2	1	4	32
3	1	6	-25
4	2	2	33
5	2	3	77
6	3	4	55
7	5	1	101
8	6	3	38

範例 2.3.4

程式碼：**CH02_07.py**

```
01    NONZERO=0
02    temp=1
03    Sparse=[[15,0,0,22,0,-15],[0,11,3,0,0,0],
04            [0,0,0,-6,0,0],[0,0,0,0,0,0],
05            [91,0,0,0,0,0],[0,0,28,0,0,0]] #宣告稀疏矩陣,稀疏矩陣的所有元素設為0
06    Compress=[[None] * 3 for row in range(9)] #宣告壓縮矩陣
07
08    print('[稀疏矩陣的各個元素]')  #印出稀疏矩陣的各個元素
09    for i in range(6):
10        for j in range(6):
11            print('[%d]' %Sparse[i][j], end='\t')
12            if Sparse[i][j] !=0:
13                NONZERO=NONZERO+1
```

```
14       print()
15
16    #開始壓縮稀疏矩陣
17    Compress[0][0]=6
18    Compress[0][1]=6
19    Compress[0][2]=NONZERO
20
21    for i in range(6):
22        for j in range(6):
23            if Sparse[i][j] !=0:
24                Compress[temp][0]=i
25                Compress[temp][1]=j
26                Compress[temp][2]=Sparse[i][j]
27                temp=temp+1
28
29    print('[稀疏矩陣壓縮後的內容]')  #印出壓縮矩陣的各個元素
30    for i in range(NONZERO+1):
31        for j in range(3):
32            print('[%d] ' %Compress[i][j], end='')
33        print()
```

【執行結果】

```
[稀疏矩陣的各個元素]
[15]      [0]      [0]      [22]      [0]      [-15]

[0]      [11]      [3]      [0]      [0]      [0]

[0]      [0]      [0]      [-6]      [0]      [0]

[0]      [0]      [0]      [0]      [0]      [0]

[91]      [0]      [0]      [0]      [0]      [0]

[0]      [0]      [28]      [0]      [0]      [0]

[稀疏矩陣壓縮後的內容]
[6] [6] [8]
[0] [0] [15]
[0] [3] [22]
[0] [5] [-15]
[1] [1] [11]
[1] [2] [3]
[2] [3] [-6]
[4] [0] [91]
[5] [2] [28]
```

ChatGPT 解決觀點

提問畫面

> TX　請設計一Python程式來利用3項式(3-tuple)資料結構，並壓縮6*6稀疏矩陣，以達到減少記憶體不必要的浪費。

> 可以使用以下程式碼來實現壓縮6x6稀疏矩陣的操作：

```python
# 定義稀疏矩陣
matrix = [
    [0, 0, 0, 0, 0, 0],
    [0, 0, 0, 0, 0, 0],
    [0, 0, 0, 0, 0, 0],
    [0, 0, 0, 0, 0, 0],
    [0, 0, 0, 0, 0, 0],
    [0, 0, 0, 0, 0, 0]
]

# 定義壓縮後的稀疏矩陣
compressed_matrix = []

# 進行壓縮
for i in range(6):
    for j in range(6):
        if matrix[i][j] != 0:
            compressed_matrix.append((i, j, matrix[i][j]))

# 列印壓縮後的矩陣
for triple in compressed_matrix:
    print(triple)
```

AI 參考程式名稱　CH02_07(CGPT).py

各位清楚了壓縮稀疏矩陣的儲存方法後，我們還要說明稀疏矩陣的相關運算，例如轉置矩陣的問題就是挺有趣的。依照轉置矩陣的基本定義，對於任何稀疏矩陣而言，它的轉置矩陣仍然是一個稀疏矩陣。

如果直接將此稀疏矩陣轉換，因為只利用兩個 for 迴圈，所以時間複雜度可以視為 O（columns*rows）。如果說我們利用一個用三項式表示的壓縮矩陣，它首先會決定在原始稀疏陣中每一行的元素個數。根據這個原因，就可以事先決定轉置矩陣中每一列的起始位置，接著再將原始稀疏矩陣中的元素一個個地放到在轉置矩陣中的相關正確位置。這樣的做法可以將時間複雜度調整到 O（columns+rows）。

2-3-5　上三角形矩陣

上三角形矩陣（Upper Triangular Matrix）就是一種對角線以下元素皆為 0 的 n*n 矩陣。其中又可分為右上三角形矩陣（Right Upper Triangular Matrix）與左上三角形矩陣（Left Upper Triangular Matrix）。由於上三角形矩陣仍有許多元素為 0，為了避免浪費空間，我們可以把三角形矩陣的二維模式，儲存在一維陣列中，在數值分析（Numerical Analysis）等分支中三角矩陣十分重要。我們分別討論如下：

▨ 右上三角形矩陣矩陣

即對 nxn 的矩陣 A，假如 i>j，那麼 A(i,j)=0，如下圖所示：

由於此二維矩陣的非零項目可依序對映成一維矩陣，且需要一個一維陣列 B(1:$\frac{n*(n+1)}{2}$) 來儲存。對映方式也可區分為以列為主（Row-major）及以行為主（Column-major）兩種陣列記憶體配置方式。

1. 以列為主（Row-major）

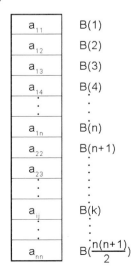

　　由上圖可得 a_{ij} 在 B 陣列中所對應的 k 值，也就是 a_{ij} 會存放在 B(k) 中，則 k 的值會等於第 1 列到第 i-1 列所有的元素個數減去第 1 列到第 i-1 列中所有值為零的元素個數加上 a_{ij} 所在的行數 j，即：

$$k=n*(i-1)-\frac{i*(i-1)}{2}+j$$

2. 以行為主（column-major）

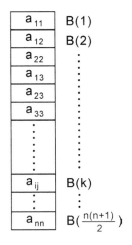

　　由圖可得 a_{ij} 在 B 陣列中所對應的 k 值，也就是 a_{ij} 會存放在 B(k) 中，則 k 的值會等於第 1 行到第 j-1 行的所有非零元素的個數加上 a_{ij} 所在的列數 i：

即：

$$k=\frac{j*(i-1)}{2}+i$$

範例 **2.3.5** 假如有一個 5x5 的右上三角形矩陣 A，以行為主對映到一維陣列 B，請問 a_{23} 所對映 B(k) 的 k 值為何？

解答 直接代入右上三角形矩陣公式：

$$k=\frac{j*(j-1)}{2}+i=\frac{3*(3-1)}{2}+2=5=>對映到 B(5)$$

範例 2.3.6

程式碼：CH02_08.py

```
01  # [示範]:上三角矩陣
02  global ARRAY_SIZE #矩陣的維數大小
03  ARRAY_SIZE=5
04  #一維陣列的陣列宣告
05
06  num=int(ARRAY_SIZE*(1+ARRAY_SIZE)/2)
07  B=[None]*(num+1)
08
09  def getValue(i, j):
10      index=int(ARRAY_SIZE*i - i*(i+1)/2 + j)
11      return B[index]
12
13  #上三角矩陣的內容
14  A=[[7, 8, 12, 21,  9],
15     [0, 5, 14, 17,  6],
16     [0, 0,  7, 23, 24],
17     [0, 0,  0, 32, 19],
18     [0, 0,  0,  0,  8]]
19
20  print('=====================================')
21  print('上三角形矩陣：')
22  for i in range(ARRAY_SIZE):
23      for j in range(ARRAY_SIZE):
24          print('%d' %A[i][j],end='\t')
25      print()
26
27  #將右上三角矩陣壓縮為一維陣列
28  index=0
29  for i in range(ARRAY_SIZE):
30      for j in range(ARRAY_SIZE):
31          if(A[i][j]!=0):
32              index=index+1
33              B[index]=A[i][j]
34
35  print('=====================================')
36  print('以一維陣列的方式表示：')
37  print('[',end='')
38  for i in range(ARRAY_SIZE):
39      for j in range(i+1,ARRAY_SIZE+1):
40          print(' %d' %getValue(i,j),end='')
41  print(' ]')
```

【執行結果】

```
========================================
上三角形矩陣：
7          8          12         21         9
0          5          14         17         6
0          0          7          23         24
0          0          0          32         19
0          0          0          0          8
========================================
以一維陣列的方式表示：
[  7  8  12  21  9  5  14  17  6  7  23  24  32  19  8  ]
```

ChatGPT 解決觀點

└ 提問畫面

TX　請設計一Python程式，將右上三角形矩陣壓縮為一維陣列。

可以使用以下程式碼來實現將右上三角形矩陣壓縮為一維陣列的操作：

```python
# 定義右上三角形矩陣
matrix = [
    [1, 2, 3, 4],
    [0, 5, 6, 7],
    [0, 0, 8, 9],
    [0, 0, 0, 10]
]

# 定義壓縮後的一維陣列
compressed_array = []

# 進行壓縮
for i in range(len(matrix)):
    for j in range(i, len(matrix)):
        compressed_array.append(matrix[i][j])

# 列印壓縮後的一維陣列
print(compressed_array)
```

AI 參考程式名稱　CH02_08(CGPT).py

▒ 左上三角形矩陣

即對 nxn 的矩陣 A，假如 i>n-j+1 時，A(i,j)=0，如下圖所示：

與右上三角形矩陣相同，對應方式也分為以列為主及以行為主兩種陣列記憶配體置方式。

1. 以列為主（Row-major）

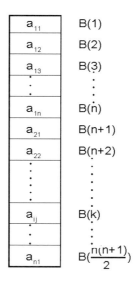

由上圖可得 a_{ij} 在 B 陣列中所對應的 k 值，也就是 a_{ij} 會存放在 B(k) 中，則 k 的值會等於第 1 列到第 i-1 列所有的元素個數減去第 1 列到第 i-2 列中所有值為零的元素個數加上 a_{ij} 所在的行數 j，即

$$k = n*(i-1) - \frac{(i-2)*((i-2)+1)}{2} + j$$

$$= n*(i-1) - \frac{(i-2)*(i-1)}{2} + j$$

2. 以行為主（Column-major）

由上圖可得 a_{ij} 在 B 陣列中所對應的 k 值，也就是 a_{ij} 會存放在 B(k) 中，則 k 的值會等於第 1 行到第 j-1 行的所有的元素個數減去第 1 行到第 j-2 行中所有值為零的元素個數加上 a_{ij} 所在的列數 i，即

$$k=n*(j-1)-\frac{(j-2)*(j-1)}{2}+i$$

範例 2.3.7 假如有一個 5*5 的左上三角形矩陣，以行為主對映到一維陣列 B，請問 a_{23} 所對映 B(k) 的 k 值為何？

解答 由公式可得 $k= n*(j-1)+i-\frac{(j-2)*(j-1)}{2}$

$$= 5*(3-1)+2-\frac{(3-2)*(3-1)}{2}$$

$$= 10+2-1=11$$

2-3-6　下三角形矩陣

下三角形矩陣與上三角形矩陣相反，就是一種對角線以上元素皆為 0 的 nxn 矩陣。其中也可分為左下三角形矩陣（Left Lower Triangular Matrix）和右下三角形矩陣（Right Lower Triangular Matrix）。我們分別討論如下：

⁂　左下三角形矩陣

即對 nxn 的矩陣 A，假如 i<j，那麼 A(i,j)=0 如下圖所示：

$$①A(i,j)\begin{cases} A(i,j)=0 & if\ i<j \\ A(i,j)=a_{ij} & if\ i\geq j \end{cases}$$

$$②共有 \frac{n(n+1)}{2} 個非零項目$$

同樣的，對映到一維陣列 $B(1:\frac{n*(n+1)}{2})$ 的方式，也可區分為以列為主及以行為主兩種陣列記憶體配置方式。

1.　以列為主

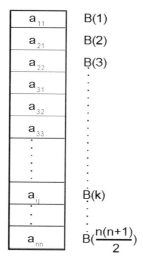

由左圖可知 a_{ij} 在 B 陣列中所對應的 k 值，也就是 a_{ij} 會存放在 B(k) 中。則 k 的值會等於第 1 列到第 i-1 列所有非零元素個數加上 a_{ij} 所在的行數 j。

$$k= \frac{i*(i-1)}{2} +j$$

2. 以行為主

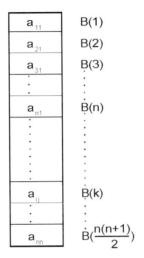

由圖可知 a_{ij} 在 B 陣列中所對應的 k 值，也就是 a_{ij} 會存放在 B(k) 中。則 k 的值會等於第 1 行到第 j-1 行所有非零元素個數減去第 1 行到第 j-1 行所有值為零的元素個數，再加上 a_{ij} 所在的列數 i。

$$k =n*(j-1)+i- \frac{(j-1)*[1+(j-1)]}{2}$$

$$=n*(j-1)+i- \frac{j*(j-1)}{2}$$

範例 **2.3.8** 有一 6x6 的左下三角形矩陣，以行為主的方式對映到一維陣列 B，求元素 a_{32} 所對映 B(k) 的大值為何？

解答 代入公式 $k =n*(j-1)+i- \frac{j*(j-1)}{2}$

$$=6*(2-1)+3- \frac{2*(2-1)}{2}$$

$$=6+3-1=8$$

範例 2.3.9

程式碼：CH02_09.py

```
01   # 下三角矩陣
02   global ARRAY_SIZE  #矩陣的維數大小
03   ARRAY_SIZE=5
04   #一維陣列的陣列宣告
05
06   num=int(ARRAY_SIZE*(1+ARRAY_SIZE)/2)
07   B=[None]*(num+1)
08
09   def getValue(i,j):
10       index=int(ARRAY_SIZE*i-i*(i+1)/2+j)
11       return B[index]
12
13   #下三角矩陣的內容
14   A=[[76, 0, 0, 0, 0],
15      [54, 51, 0, 0, 0],
16      [23, 8, 26, 0, 0],
17      [43, 35, 28, 18, 0],
18      [12, 9, 14, 35, 46]]
19
20   print("======================================\n")
21   print("下三角形矩陣:")
22   for i in range(ARRAY_SIZE):
23       for j in range(ARRAY_SIZE):
24           print('%d' %A[i][j],end='\t')
25       print()
26
27   #將左下三角矩陣壓縮為一維陣列 */
28   index=0
29   for i in range(ARRAY_SIZE):
30       for j in range(ARRAY_SIZE):
31           if(A[i][j]!=0):
32               index=index+1
33               B[index]=A[i][j]
34   print("======================================\n")
35   print("以一維的方式表示:\n")
36   print('[',end='')
37   for i in range(ARRAY_SIZE):
38       for j in range(i+1,ARRAY_SIZE+1):
39           print(' %d' %getValue(i,j),end='')
40   print(' ]')
```

【執行結果】

```
==========================================
下三角形矩陣：
76          0          0          0          0
54          51         0          0          0
23          8          26         0          0
43          35         28         18         0
12          9          14         35         46
==========================================

以一維的方式表示：

[ 76 54 51 23 8 26 43 35 28 18 12 9 14 35 46 ]
```

ChatGPT 解決觀點
提問畫面

請設計一Python程式，將左下三角形矩陣壓縮為一維陣列。

可以使用以下程式碼來實現將左下三角形矩陣壓縮為一維陣列的操作：

```python
# 定義左下三角形矩陣
matrix = [
    [ , , , ],
    [ , , , ],
    [ , , , ],
    [ , , , ]
]

# 定義壓縮後的一維陣列
compressed_array = []

# 進行壓縮
for i in range(len(matrix)):
    for j in range(i+ ):
        compressed_array.append(matrix[i][j])

# 列印壓縮後的一維陣列
print(compressed_array)
```

AI 參考程式名稱 CH02_09(CGPT).py

≫ 右下三角形矩陣

即對 nxn 的矩陣 A，假如 i<n-j+1，那麼 A(i,j)=0，如下圖所示

同樣的，對映到一維陣列 $B(1: \dfrac{n*(n+1)}{2})$ 的方式，也可區分為以列為主與以行為主兩種陣列記憶體配置方式。

1.   以列為主

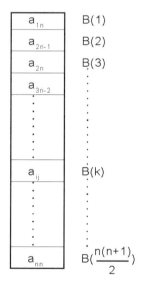

由上圖可知 a_{ij} 在 B 陣列中所對應的 k 值，也就是 a_{ij} 會存放在 B(k) 中。則 k 的值會等於第 1 列到第 i-1 列非零元素的個數加上 a_{ij} 所在的行數 j，再減去該行中所有值為零的個數：

$$k = \frac{(i\text{-}1)}{2} * [1 + (i\text{-}1)] + j - (n\text{-}i)$$

$$= \frac{[i*(i\text{-}1) + 2*i]}{2} + j - n$$

$$= \frac{i*(i+1)}{2} + j - n$$

2. 以行為主

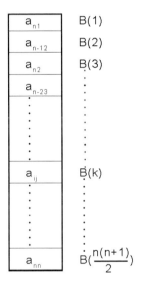

由上圖可知 a_{ij} 在 B 陣列中所對應的 k 值，也就是 a_{ij} 會存放在 B(k) 中。則 k 的值會等於第 1 行到第 j-1 行的非零元素個數加上 a_{ij} 所在的第 i 列減去該列中所有值為零的元素個數。

$$k = \frac{[(j\text{-}1)*[1 + (j\text{-}1)]}{2} + i - (n\text{-}j)$$

$$= \frac{j*(j+1)}{2} + i - n$$

範例 **2.3.10** 假設有一個 4x4 的右下三角形矩陣，以行為主對映到一維陣列 B，求元素 a_{32} 所對映 B(k) 的 k 值為何？

解答 代入公式 $k = \dfrac{j*(j+1)}{2} + i - n$

$\qquad = \dfrac{2*(2+1)}{2} + 3 - 4$

$\qquad = 2$

2-3-7　帶狀矩陣

帶狀矩陣（Band Matrix）是一種在應用上較為特殊且稀少的矩陣。定義就是在上三角形矩陣中，右上方的元素皆為零，在下三角形矩陣中，左下方的元素也為零，也就是除了第一列與第 n 列有兩個元素外，其餘每列都具有三個元素，使得中間主軸附近的值形成類似帶狀的矩陣。如下圖所示：

$$\begin{bmatrix} a_{11} & a_{21} & 0 & 0 & 0 \\ a_{12} & a_{22} & a_{32} & 0 & 0 \\ 0 & a_{23} & a_{33} & a_{43} & 0 \\ 0 & 0 & a_{34} & a_{44} & a_{54} \\ 0 & 0 & 0 & a_{45} & a_{55} \end{bmatrix}_{5 \times 5} \qquad a_{ij}=0,\ if\,|i-j|>|$$

由於本身也是稀疏矩陣，在儲存上也只將非零項目儲存到一維陣列中，對映關係同樣可分為以列為主及以行為主兩種。例如對以列為主的儲存方式而言，對一個 n*n 帶狀矩陣來說，除了第 1 及第 n 列為 2 個元素，其餘均為三個元素，因此非零項總數最多為 3n-2，而 a_{ij} 所對應到的 B(k)。

k=2+3+...+3+j-i+2

　=2+3i-6+j-i+2

　=2i+j-2

2-4 陣列與多項式

多項式是數學中相當重要的表現方式，通常如果使用電腦來處理多項式的各種相關運算，可以將多項式以陣列（Array）或鏈結串列（Linked List）來儲存。本節中，我們先來討論多項式以陣列結構表示的相關應用。

2-4-1 認識多項式

假如一個多項式 $P(x)=a_nx^n+a_{n-1}x^{n-1}+\ldots\ldots+a_1x+a_0$，則稱 $P(x)$ 為一 n 次多項式。而一個多項式使用陣列結構儲存在電腦中的話，可以使用底下兩種模式：

1. 使用一個 n+2 長度的一維陣列存放，陣列的第一個位置儲存最大指數 n，其他位置依照指數 n 遞減，依序儲存相對應的係數：

   $P=(n,a_n,a_{n-1},\ldots\ldots,a_1,a_0)$ 儲存在 A(1:n+2)，例如 $P(x)=2x^5+3x^4+5x^2+4x+1$，可轉換為成 A 陣列來表示，例如：

   > A={5,2,3,0,5,4,1}

   使用這種表示法的優點就是在電腦中運用時，對於多項式的各種運算（如加法與乘法）較為方便設計。不過如果多項式的係數為多半為零，如 $x^{100}+1$，就顯得太浪費空間了。

2. 只儲存多項式中非零項目。如果有 m 項非零項目則使用 2m+1 長的陣列來儲存每一個非零項的指數及係數，但陣列的第一個元素則為此多項式非零項的個數。

   例如 $P(x)=2x^5+3x^4+5x^2+4x+1$，可表示成 A(1:2m+1) 陣列，例如：

   > A={5,2,5,3,4,5,2,4,1,1,0}

   這種方法的優點是可以節省不必要的記憶空間浪費，但缺點則是在多項式各種演算法設計時，會較為複雜許多。

範例 2.3.11

程式碼：CH02_10.py

```
01   #將兩個最高次方相等的多項式相加後輸出結果
02   ITEMS=6
03   def PrintPoly(Poly,items):
04       MaxExp=Poly[0]
05       for i in range(1,Poly[0]+2):
06           MaxExp=MaxExp-1
07           if Poly[i]!=0:
08               if (MaxExp+1)!=0:
09                   print(' %dX^%d ' %(Poly[i],MaxExp+1), end='')
10               else:
11                   print(' %d' %Poly[i], end='')
12               if MaxExp>=0:
13                   print('%c' %'+', end='')
14       print()
15
16   def PolySum(Poly1, Poly2):
17       result=[None]*ITEMS
18       result[0]=Poly1[0]
19       for i in range(1,Poly1[0]+2):
20           result[i]=Poly1[i]+Poly2[i]    #等冪的係數相加
21       PrintPoly(result,ITEMS)
22
23   PolyA=[4,3,7,0,6,2]        #宣告多項式A
24   PolyB=[4,1,5,2,0,9]  #宣告多項式B
25   print('多項式A=> ', end='')
26   PrintPoly(PolyA,ITEMS)   #印出多項式A
27   print('多項式B=> ', end='')
28   PrintPoly(PolyB,ITEMS)    #印出多項式B
29   print('A+B=> ', end='')
30   PolySum(PolyA,PolyB)        #多項式A+多項式B
```

【執行結果】

```
多項式A=>   3X^4 + 7X^3 + 6X^1 + 2
多項式B=>   1X^4 + 5X^3 + 2X^2 + 9
A+B =>   4X^4 + 12X^3 + 2X^2 + 6X^1 + 11
```

ChatGPT 解決觀點

提問畫面

請設計一個Python程式，來進行兩多項式A(x)=3x^4+7x^3+6x+2，B(x)=x^4+5x^3+2x^2+9的加法運算：

以下是一個可以執行兩多項式加法運算的Python程式：

```python
def add_polynomials(poly1, poly2):
    """
    Function to add two polynomials.
    """
    # Get the degree of the two polynomials
    degree1 = len(poly1) - 1
    degree2 = len(poly2) - 1

    # Determine which polynomial has the highest degree
    max_degree = max(degree1, degree2)

    # Initialize the result list with zeros
    result = [0] * (max_degree + 1)

    # Add the coefficients of the polynomials
    for i in range(max_degree + 1):
        if i <= degree1:
            result[i] += poly1[i]
        if i <= degree2:
            result[i] += poly2[i]

    # Return the result
    return result
```

 AI 參考程式名稱 CH02_10(CGPT).py

課後評量

1. 密集串列（dense list）於某些應上相當方便，請問 1. 何種情況下不適用？ 2. 如果原有 n 筆資料，請計算插入一筆新資料，平均需要移動幾筆資料？

2. 試舉出 8 種線性串列常見的運算方式。

3. A(-3:5,-4:2) 陣列的起始位址 A(-3,-4)=100，以列排列為主，請問 Loc(A(1,1))= ？

4. 若 A(3,3) 在位置 121，A(6,4) 在位置 159，則 A(4,5) 的位置為何？（單位空間 d=1）

5. 若 A(1,1) 在位置 2，A(2,3) 在位置 18，A(3,2) 在位置 28，試求 A(4,5) 的位置？

6. 請說明稀疏矩陣的定義，並舉例說明之。

7. 假設陣列 A[-1:3,2:4,1:4,-2:1] 是以列為主排列，起始位址 α=200，每個陣列元素儲存空間為 5，請問 A [-1,2,1,-2]、A [3,4,4,1]、A [3,2,1,0] 的位置。

8. 求下圖稀疏矩陣的壓縮陣列表示法。

$$\begin{bmatrix} 0 & 0 & 0 & 0 & 3 \\ 1 & 0 & 0 & 0 & 0 \\ 0 & 0 & 0 & 4 & 0 \\ 6 & 0 & 0 & 0 & 7 \\ 0 & 5 & 0 & 0 & 0 \end{bmatrix}$$

9. 何謂帶狀矩陣（Band Matrix）？並舉例說明。

10. 解釋下列名詞：

    ①轉置矩陣　②稀疏矩陣　③左下三角形矩陣　④有序串列

11. 陣列結構型態通常包含那幾種屬性？

12. 陣列（Array）是以 PASCAL 語言來宣告，每個陣列元素佔用 4 個單位的記憶體。若起始位址是 255，在下列宣告中，所列元素存放位置為何？

    (1) VarA=array[-55...1,1...55]，求 A[1,12] 之位址。

    (2) VarA=array[5...20,-10...40]，求 A[5,-5] 之位址。

13. 假設我們以 FORTRAN 語言來宣告浮點數陣列 A[8][10]，且每個陣列元素佔用 4 個單位的記憶體，如果 A[0][0] 的起始位址是 200，則元素 A[5][6] 的位址為何？

14. 假設有一三維陣列宣告為 A(1:3,1:4,1:5)，A(1,1,1)=300，且 d=1，試問以行為主的排列方式下，求出 A(2,2,3) 的所在位址。

15. 有一個三維陣列 A(-3:2,-2:3,0:4)，以 Row-major 方式排列，陣列之起始位址是 1118，試求 Loc(A(1,3,3))= ？ (d=1)

16. 假設有一三維陣列宣告為 A(-3:2,-2:3,0:4)，A(1,1,1)=300，且 d=2，試問以行為主的排列方式下，求出 A(2,2,3) 的所在位址。

17. 一個下三角陣列（Lower Triangular Array），B 是一個 nxn 的陣列，其中 B[i,j]=0，i<j。

    (1) 求 B 陣列中不為 0 的最大個數。

    (2) 如何將 B 陣列以最經濟的方式儲存在記憶體中。

    (3) 寫出在 (2) 的儲存方式中，如何求得 B[i,j]，i>=j。

18. 請使用多項式的兩種陣列表示法來儲存 $P(x)=8x^5+7x^4+5x^2+12$。

19. 如何表示與儲存多項式 $P(x,y)=9x^5+4x^4y^3+14x^2y^2+13xy^2+15$ ？試說明之。

Note

3

Chapter

串列結構

　　串列（Linked List）或稱為鏈結串列是由許多相同資料型態的項目，依特定順序排列而成的線性串列，但特性是在電腦記憶體中位置是不連續、隨機（Random）的方式儲存，優點是資料的插入或刪除都相當方便。當有新資料加入就向系統要一塊記憶體空間，資料刪除後，就把空間還給系統，不需要移動大量資料。缺點就是設計資料結構時較為麻煩，另外在搜尋資料時，也無法像靜態資料一般可隨機讀取資料，必須循序找到該資料為止。

　　日常生活中有許多鏈結串列的抽象運用，例如可以把「單向串列」想像成自強號火車，有多少人就只掛多少節的車廂，當假日人多時，需要較多車廂時可多掛些車廂，人少了就把車廂數量減少，作法十分彈性。或者像遊樂場中的摩天輪也是一種「環狀鏈結串列」的應用，可以自由增加坐廂數量。

3-1 單向串列

　　在動態配置記憶體空間時，最常使用的就是「單向串列」（Single Linked List）。基本上，一個單向鏈結串列節點由兩個欄位，即資料欄及指標欄組成，而指標欄將會指向下一個元素的記憶體所在位置。如右圖所示：

| 1 | 資料欄位 |
| 2 | 鏈結欄位 |

　　在「單向鏈結串列」中第一個節點是「串列指標首」，而指向最後一個節點的鏈結欄位設為 None，表示它是「串列指標尾」，代表不指向任何地方。例如串列 A={a, b, c, d, x}，其單向串列資料結構如下：

t:為串列指標首

　　由於串列中所有節點都知道節點本身的下一個節點在那裡，但是對於前一個節點卻是沒有辦法知道，所以在串列的各種動作中，「串列指標首」就顯得相當重要，只要有串列首存在，就可以對整個串列進行走訪、加入及刪除節點等動作，並且除非必要否則不可移動串列指標首。

3-1-1 建立單向串列

在 Python 中，如果以動態配置產生鏈結串列的節點，必須先行自訂一個類別，接著在該類別中定義一個指標欄位，用意在指向下一個鏈結點，及至少一個資料欄位。例如我們宣告一學生成績串列節點的結構宣告，並且包含下面兩個資料欄位；姓名（name）、成績（score），與一個指標欄位（next）。在 Python 語言中可以宣告如下：

```
class student:
    def __init__(self):
        self.name=''
        self.score=0
        self.next=None
```

當各位完成節點類別的宣告後，就可以動態建立串列中的每個節點。假設我們現在要新增一個節點至串列的尾端，且 ptr 指向串列的第一個節點，在程式上必須設計四個步驟：

1. 動態配置記憶體空間給新節點使用。
2. 將原串列尾端的指標欄（next）指向新元素所在的記憶體位置。
3. 將 ptr 指標指向新節點的記憶體位置，表示這是新的串列尾端。
4. 由於新節點目前為串列最後一個元素，所以將它的指標欄（next）指向 None。

例如要將 s1 的 next 變數指向 s2，而且 s2 的 next 變數指向 None：

```
s1.next=s2;
s2.next=None;
```

由於串列的基本特性就是 next 變數將會指向下一個節點的記憶體位址，這時 s1 節點與 s2 節點間的關係就如下圖所示：

以下 Python 程式片段是建立學生節點的單向串列的演算法：

```python
head=student()  #建立串列首
head.next=None  #目前無下個元素
ptr=head  #設定存取指標位置
select=0

while select !=2:
    print('(1)新增 (2)離開=>')
    try:
        select=int(input('請輸入一個選項: '))
    except ValueError:
        print('輸入錯誤')
        print('請重新輸入\n')
    if select==1:
        new_data=student()  #新增下一元素
        new_data.name=input('姓名:')
        new_data.no=input('學號:')
        new_data.Math=eval(input('數學成績:'))
        new_data.Eng=eval(input('英文成績:'))
        ptr.next=new_data  #存取指標設定為新元素所在位置
        new_data.next=None  #下一元素的next先設定為None
        ptr=ptr.next
```

3-1-2　走訪單向串列

　　單向串列的走訪（traverse），是使用指標運算來拜訪串列中的每個節點。在此我們延續前節中的範例，如果要走訪已建立三個節點的單向鏈結串列，可利用結構指標 ptr 來作為串列的讀取旗標，一開始是指向串列首。每次讀完串列的一個節點，就將 ptr 往下一個節點位址移動，直到 ptr 指向 None 為止。如下圖所示：

　　Python 的程式片段如下：

```python
ptr=head.next  #設定存取指標從頭開始
while ptr !=None:
    print('姓名：%s\t學號:%s\t數學成績:%d\t英文成績:%d' \
          %(ptr.name,ptr.no,ptr.Math,ptr.Eng))
    Msum=Msum+ptr.Math
    Esum=Esum+ptr.Eng
    student_no=student_no+1
    ptr=ptr.next  #將ptr移往下一元素
```

範例 **3.1.1**

程式碼：CH03_01.py

```python
01  import sys
02
03  class student:
04      def __init__(self):
05          self.name=''
06          self.Math=0
07          self.Eng=0
08          self.no=''
09          self.next=None
10
11  head=student() #建立串列首
12  head.next=None
13  ptr=head
14  Msum=Esum=num=student_no=0
15  select=0
16
17  while select !=2:
18      print('(1)新增 (2)離開=>')
19      try:
20          select=int(input('請輸入一個選項: '))
21      except ValueError:
22          print('輸入錯誤')
23          print('請重新輸入\n')
24      if select==1:
25          new_data=student() #新增下一元素
26          new_data.name=input('姓名:')
27          new_data.no=input('學號:')
28          new_data.Math=eval(input('數學成績:'))
29          new_data.Eng=eval(input('英文成績:'))
30          ptr.next=new_data #存取指標設定為新元素所在位置
31          new_data.next=None #下一元素的next先設定為None
32          ptr=ptr.next
33          num=num+1
34
35  ptr=head.next #設定存取指標從頭開始
36  print()
37  while ptr !=None:
38      print('姓名:%s\t學號:%s\t數學成績:%d\t英文成績:%d' \
39          %(ptr.name,ptr.no,ptr.Math,ptr.Eng))
40      Msum=Msum+ptr.Math
41      Esum=Esum+ptr.Eng
42      student_no=student_no+1
43      ptr=ptr.next #將ptr移往下一元素
44
45  if student_no !=0:
46      print('---------------------------------------------------------------')
47      print('本串列學生數學平均成績:%.2f 英文平均成績:%.2f' \
48          %(Msum/student_no,Esum/student_no))
```

【執行結果】

```
(1)新增 (2)離開 =>
請輸入一個選項: 1
姓名:andy
學號:1
數學成績:98
英文成績:97
(1)新增 (2)離開 =>
請輸入一個選項: 1
姓名:may
學號:2
數學成績:95
英文成績:96
(1)新增 (2)離開 =>
請輸入一個選項: 2

姓名: andy        學號:1  數學成績:98          英文成
績:97
姓名: may 學號:2  數學成績:95        英文成績:96
-------------------------------------------------
-----------
本串列學生數學平均成績:96.50 英文平均成績:96.50
```

ChatGPT 解決觀點
提問畫面

A　請設計一Python程式，讓使用者輸入學生資料與建立一個單向鏈結串列。當使用者輸入結束後，可走訪此串列並顯示其內容，最後離開時，列出目前此串列中所有學生的數學與英文資料的平均成績。

以下是一個簡單的Python程式，讓使用者輸入學生資料與建立一個單向鏈結串列。程式會提示使用者輸入學生姓名、數學成績與英文成績，然後將這些資料存入一個Student類別的物件中，最後將這個物件加入鏈結串列中。

當使用者輸入結束後，程式會走訪此鏈結串列，並顯示每個學生的資料。最後，程式會計算出此串列中所有學生的數學與英文資料的平均成績。

```python
class Student:
    def __init__(self, name, math_score, english_score):
        self.name = name
        self.math_score = math_score
        self.english_score = english_score
        self.next = None


head = None
while True:
    name = input("請輸入學生姓名（按q結束輸入）:")
    if name == "q":
        break
    math_score = int(input("請輸入數學成績:"))
    english_score = int(input("請輸入英文成績:"))
    student = Student(name, math_score, english_score)
    if head is None:
```

AI 參考程式名稱　CH03_01(CGPT).py

3-1-3 單向串列插入新節點

在單向串列中插入新節點,如同一列火車中加入新的車箱,有三種情況:加於第 1 個節點之前、加於最後一個節點之後以及加於此串列中間任一位置。接下來,我們利用圖解方式說明如下:

新節點插入第一個節點之前,即成為此串列的首節點

只需把新節點的指標指向串列的原來第一個節點,再把串列指標首移到新節點上即可。

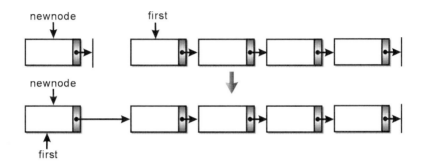

Python 的演算法如下:

```
newnode.next=first
first=newnode
```

新節點插入最後一個節點之後

只需把串列的最後一個節點的指標指向新節點,新節點再指向 None 即可。

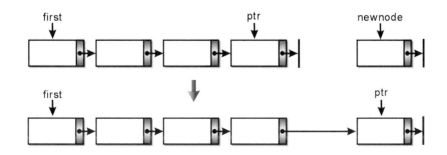

Python 的演算法如下：

```
ptr.next=newnode
newnode.next=None
```

▒ 將新節點插入串列中間的位置

例如插入的節點是在 X 與 Y 之間，只要將 X 節點的指標指向新節點，新節點的指標指向 Y 節點即可。如下圖所示：

接著把插入點指標指向的新節點：

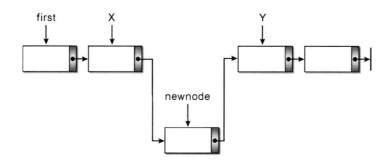

Python 的演算法如下：

```
newnode.next=x.next
x.next=newnode
```

範例 **3.1.2**

程式碼：CH03_02.py

```
01  import sys
02
03  class employee:
04      def __init__(self):
05          self.num=0
06          self.salary=0
07          self.name=''
08          self.next=None
09
10  def findnode(head,num):
11      ptr=head
12
13      while ptr!=None:
14          if ptr.num==num:
15              return ptr
16          ptr=ptr.next
17      return ptr
18
19  def insertnode(head,ptr,num,salary,name):
20      InsertNode=employee()
21      if not InsertNode:
22          return None
23      InsertNode.num=num
24      InsertNode.salary=salary
25      InsertNode.name=name
26      InsertNode.next=None
27      if ptr==None: #插入第一個節點
28          InsertNode.next=head
29          return InsertNode
30      else:
31          if ptr.next==None: #插入最後一個節點
32              ptr.next=InsertNode
33          else: #插入中間節點
34              InsertNode.next=ptr.next
35              ptr.next=InsertNode
36      return head
37
38  position=0
39  data=[[1001,32367],[1002,24388],[1003,27556],[1007,31299], \
40       [1012,42660],[1014,25676],[1018,44145],[1043,52182], \
41       [1031,32769],[1037,21100],[1041,32196],[1046,25776]]
42  namedata=['Allen','Scott','Marry','John','Mark','Ricky', \
43           'Lisa','Jasica','Hanson','Amy','Bob','Jack']
44  print('員工編號 薪水 員工編號 薪水 員工編號 薪水 員工編號 薪水')
```

```
45   print('-------------------------------------------------------')
46   for i in range(3):
47       for j in range(4):
48           print('[%4d] $%5d ' %(data[j*3+i][0],data[j*3+i][1]),end='')
49       print()
50   print('-------------------------------------------------------\n')
51   head=employee()  #建立串列首
52   head.next=None
53
54   if not head:
55       print('Error!! 記憶體配置失敗!!\n')
56       sys.exit(1)
57   head.num=data[0][0]
58   head.name=namedata[0]
59   head.salary=data[0][1]
60   head.next=None
61   ptr=head
62   for i in range(1,12):  #建立串列
63       newnode=employee()
64       newnode.next=None
65       newnode.num=data[i][0]
66       newnode.name=namedata[i]
67       newnode.salary=data[i][1]
68       newnode.next=None
69       ptr.next=newnode
70       ptr=ptr.next
71
72   while(True):
73       print('請輸入要插入其後的員工編號,如輸入的編號不在此串列中,')
74       position=int(input('新輸入的員工節點將視為此串列的串列首,要結束插入過程,
         請輸入-1：'))
75       if position==-1:
76           break
77       else:
78
79           ptr=findnode(head,position)
80           new_num=int(input('請輸入新插入的員工編號：'))
81           new_salary=int(input('請輸入新插入的員工薪水：'))
82           new_name=input('請輸入新插入的員工姓名: ')
83           head=insertnode(head,ptr,new_num,new_salary,new_name)
84       print()
85
86   ptr=head
87   print('\t員工編號     姓名\t薪水')
88   print('\t==============================')
89   while ptr!=None:
90       print('\t[%2d]\t[ %-7s]\t[%3d]' %(ptr.num,ptr.name,ptr.salary))
91       ptr=ptr.next
```

【執行結果】

```
員工編號 薪水 員工編號 薪水 員工編號 薪水 員工編號 薪水
-----------------------------------------------------------------
[1001] $32367 [1007] $31299 [1018] $44145 [1037] $21100
[1002] $24388 [1012] $42660 [1043] $52182 [1041] $32196
[1003] $27556 [1014] $25676 [1031] $32769 [1046] $25776
-----------------------------------------------------------------

請輸入要插入其後的員工編號,如輸入的編號不在此串列中,
新輸入的員工節點將被視為此串列的串列首,要結束插入過程,請輸入-1: 1041
請輸入新插入的員工薪水: 68000
請輸入新插入的員工姓名: Jane

請輸入要插入其後的員工編號,如輸入的編號不在此串列中,
新輸入的員工節點將被視為此串列的串列首,要結束插入過程,請輸入-1: -1
          員工編號      姓名    薪水
          ===================================
          [1001]    [ Allen  ]    [32367]
          [1002]    [ Scott  ]    [24388]
          [1003]    [ Marry  ]    [27556]
          [1007]    [ John   ]    [31299]
          [1012]    [ Mark   ]    [42660]
          [1014]    [ Ricky  ]    [25676]
          [1018]    [ Lisa   ]    [44145]
          [1043]    [ Jasica ]    [52182]
          [1031]    [ Hanson ]    [32769]
          [1037]    [ Amy    ]    [21100]
          [1041]    [ Bob    ]    [32196]
          [1088]    [ Jane   ]    [68000]
          [1046]    [ Jack   ]    [25776]
```

ChatGPT 解決觀點
提問畫面

A　請設計一個Python程式,建立一個員工資料的單向鏈結串列,並且允許可以在串列首、串列尾及串列中間等三種狀況下插入新節點。最後離開時,列出此串列的最後所有節點的資料欄內容

以下是根據您的要求設計的Python程式,可以建立一個員工資料的單向鏈結串列,並且允許在串列首、串列尾和串列中間插入新節點。最後程式會列出此串列中所有節點的資料欄內容:

```python
class Employee:
    def __init__(self, emp_id, name):
        self.emp_id = emp_id
        self.name = name
        self.next = None


def create_employee():
    emp_id = input("請輸入員工編號: ")
    name = input("請輸入員工姓名: ")
    return Employee(emp_id, name)


def insert_at_beginning(head, new_employee):
    new_employee.next = head
    return new_employee


def insert_at_end(head, new_employee):
    current = head
    while current.next:
```

AI 參考程式名稱　CH03_02(CGPT).py

3-1-4　單向串列刪除節點

在單向鏈結型態的資料結構中，如果要在串列中刪除一個節點，如同一列火車中拿掉原有的車箱，依據所刪除節點的位置會有三種不同的情形：

▓ 刪除串列的第一個節點

只要把串列指標首指向第二個節點即可。如下圖所示：

Python 的演算法如下：

```
top=head
head=head.next
```

▓ 刪除串列後的最後一個節點

只要指向最後一個節點 ptr 的指標，直接指向 None 即可。如下圖所示：

Python 的演算法如下：

```
ptr.next=tail
ptr.next=None
```

▓ 刪除串列內的中間節點

只要將刪除節點的前一個節點的指標，指向欲刪除節點的下一個節點即可。如下圖所示：

Python 的演算法如下：

```
Y=ptr.next
ptr.next=Y.next
```

範例 3.1.3

</> **程式碼：CH03_03.py**

```
01   import sys
02   class employee:
03       def __init__(self):
04           self.num=0
05           self.salary=0
06           self.name=''
07           self.next=None
08
09   def del_ptr(head,ptr):    #刪除節點副程式
10       top=head
11       if ptr.num==head.num:    #[情形1]:刪除點在串列首
12           head=head.next
13           print('已刪除第 %d 號員工 姓名:%s 薪資:%d' %(ptr.num,ptr.name,
             ptr.salary))
14       else:
15           while top.next!=ptr:    #找到刪除點的前一個位置
16               top=top.next
17           if ptr.next==None:      #刪除在串列尾的節點
18               top.next=None
19               print('已刪除第 %d 號員工 姓名:%s 薪資:%d' %(ptr.num,ptr.name,
                 ptr.salary))
20           else:
21               top.next=ptr.next #刪除在串列中的任一節點
22               print('已刪除第 %d 號員工 姓名:%s 薪資:%d' %(ptr.num,ptr.
                 name,ptr.salary))
23       return head    #回傳串列
24
25   def main():
26       findword=0
27       namedata=['Allen','Scott','Marry','John',\
28                 'Mark','Ricky','Lisa','Jasica',\
29                 'Hanson','Amy','Bob','Jack']
30       data=[[1001,32367],[1002,24388],[1003,27556],[1007,31299], \
```

```
31            [1012,42660],[1014,25676],[1018,44145],[1043,52182], \
32            [1031,32769],[1037,21100],[1041,32196],[1046,25776]]
33    print('員工編號 薪水 員工編號 薪水 員工編號 薪水 員工編號 薪水')
34    print('----------------------------------------------------------')
35    for i in range(3):
36        for j in range(4):
37            print('%2d  [%3d]   ' %(data[j*3+i][0],data[j*3+i][1]),
              end='')
38        print()
39    head=employee()  #建立串列首
40    if not head:
41        print('Error!! 記憶體配置失敗!!')
42        sys.exit(0)
43    head.num=data[0][0]
44    head.name=namedata[0]
45    head.salary=data[0][1]
46    head.next=None
47
48    ptr=head
49    for i in range(1,12):   #建立串列
50        newnode=employee()
51        newnode.num=data[i][0]
52        newnode.name=namedata[i]
53        newnode.salary=data[i][1]
54        newnode.num=data[i][0]
55        newnode.next=None
56        ptr.next=newnode
57        ptr=ptr.next
58
59    while(True):
60        findword=int(input('請輸入要刪除的員工編號,要結束刪除過程,請輸入-1：'))
61        if(findword==-1): #迴圈中斷條件
62            break
63        else:
64            ptr=head
65            find=0
66            while ptr!=None:
67                if ptr.num==findword:
68                    ptr=del_ptr(head,ptr)
69                    find=find+1
70                    head=ptr
71                ptr=ptr.next
72            if find==0:
73                print('######沒有找到######')
74
75    ptr=head
76    print('\t座號\t      姓名\t成績')     #列印剩餘串列資料
77    print('\t=============================')
78    while(ptr!=None):
79        print('\t[%2d]\t[ %-10s]\t[%3d]' %(ptr.num,ptr.name,ptr.salary))
80        ptr=ptr.next
81 main()
```

【執行結果】

```
員工編號 薪水 員工編號 薪水 員工編號 薪水 員工編號 薪水
-------------------------------------------------------
1001  [32367]   1007  [31299]   1018  [44145]   1037  [21100]
1002  [24388]   1012  [42660]   1043  [52182]   1041  [32196]
1003  [27556]   1014  [25676]   1031  [32769]   1046  [25776]
請輸入要刪除的員工編號,要結束刪除過程,請輸入-1:1041
已刪除第 1041 號員工  姓名:Bob 薪資:32196
請輸入要刪除的員工編號,要結束刪除過程,請輸入-1:-1
     座號           姓名 成績
     =================================
     [1001]   [ Allen    ]   [32367]
     [1002]   [ Scott    ]   [24388]
     [1003]   [ Marry    ]   [27556]
     [1007]   [ John     ]   [31299]
     [1012]   [ Mark     ]   [42660]
     [1014]   [ Ricky    ]   [25676]
     [1018]   [ Lisa     ]   [44145]
     [1043]   [ Jasica   ]   [52182]
     [1031]   [ Hanson   ]   [32769]
     [1037]   [ Amy      ]   [21100]
     [1046]   [ Jack     ]   [25776]
```

ChatGPT 解決觀點

提問畫面

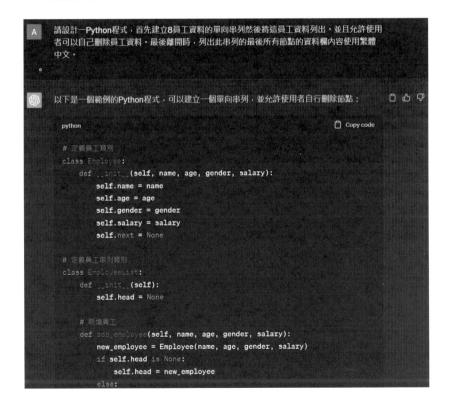

A 請設計一Python程式,首先建立8員工資料的單向串列然後將這員工資料列出。並且允許使用者可以自己刪除員工資料。最後離開時,列出此串列的最後所有節點的資料欄內容使用繁體中文。

以下是一個範例的Python程式,可以建立一個單向串列,並允許使用者自行刪除節點:

```python
# 定義員工類別
class Employee:
    def __init__(self, name, age, gender, salary):
        self.name = name
        self.age = age
        self.gender = gender
        self.salary = salary
        self.next = None

# 定義員工串列類別
class EmployeeList:
    def __init__(self):
        self.head = None

    # 新增員工
    def add_employee(self, name, age, gender, salary):
        new_employee = Employee(name, age, gender, salary)
        if self.head is None:
            self.head = new_employee
        else:
```

AI 參考程式名稱 CH03_03(CGPT).py

3-1-5　單向串列的反轉

　　看完了節點的刪除及插入後，各位可以發現在這種具有方向性的鏈結串列結構中增刪節點是相當容易的一件事。就是要從頭到尾列印整個串列似乎也不難，不過如果要反轉過來列印就真得需要某些技巧了。我們知道在鏈結串列中的節點特性是知道下一個節點的位置，可是卻無從得知它的上一個節點位置，不過如果要將串列反轉，則必須使用三個指標變數。請看下圖說明：

　　Python 的演算法如下：

```
class employee:
    def __init__(self):
        self.num=0
        self.salary=0
        self.name=''
        self.next=None

def invert(x):  #x為串列的開始指標
    p=x  #將p指向串列的開頭
    q=None  #q是p的前一個節點
    while p!=None:
        r=q  #將r接到q之後
        q=p  #將q接到p之後
        p=p.next  #p移到下一個節點
        q.next=r  #q連結到之前的節點
    return q
```

　　在以上演算法 invert(x) 中，我們使用了 p、q、r 三個指標變數，它的運算過程如下：

※ 執行 **while** 迴路前

※ 第一次執行 **while** 迴路

※ 第二次執行 **while** 迴路

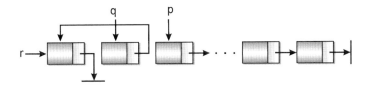

當執行到 p=None 時，整個串列也就整個反轉過來了。

範例 3.1.4

程式碼：**CH03_04.py**

```
01  #include <stdio.h>
02  #include <stdlib.h>
03  class employee:
04      def __init__(self):
05          self.num=0
06          self.salary=0
07          self.name=''
08          self.next=None
09
10  findword=0
11
12  namedata=['Allen','Scott','Marry','Jon', \
13           'Mark','Ricky','Lisa','Jasica', \
```

```
14              'Hanson','Amy','Bob','Jack']
15
16  data=[[1001,32367],[1002,24388],[1003,27556],[1007,31299], \
17        [1012,42660],[1014,25676],[1018,44145],[1043,52182], \
18        [1031,32769],[1037,21100],[1041,32196],[1046,25776]]
19
20  head=employee() #建立串列首
21  if not head:
22      print('Error!! 記憶體配置失敗!!')
23      sys.exit(0)
24
25  head.num=data[0][0]
26  head.name=namedata[0]
27  head.salary=data[0][1]
28  head.next=None
29  ptr=head
30  for i in range(1,12): #建立鏈結串列
31      newnode=employee()
32      newnode.num=data[i][0]
33      newnode.name=namedata[i]
34      newnode.salary=data[i][1]
35      newnode.next=None
36      ptr.next=newnode
37      ptr=ptr.next
38
39  ptr=head
40  i=0
41  print('原始員工串列節點資料：')
42  while ptr !=None:   #列印串列資料
43      print('[%2d %6s %3d]=> ' %(ptr.num,ptr.name,ptr.salary), end='')
44      i=i+1
45      if i>=3: #三個元素為一列
46          print()
47          i=0
48      ptr=ptr.next
49
50  ptr=head
51  before=None
52  print('\n反轉後串列節點資料：')
53  while ptr!=None: #串列反轉,利用三個指標
54      last=before
55      before=ptr
56      ptr=ptr.next
57      before.next=last
58
59  ptr=before
60  while ptr!=None:
61      print('[%2d %6s %3d]=> ' %(ptr.num,ptr.name,ptr.salary), end='')
62      i=i+1
63      if i>=3:
64          print()
65          i=0
66      ptr=ptr.next
```

【執行結果】

```
原始員工串列節點資料:
[1001    Allen 32367] => [1002    Scott 24388] => [1003    Marry 27556] =>
[1007      Jon 31299] => [1012     Mark 42660] => [1014    Ricky 25676] =>
[1018     Lisa 44145] => [1043  Jasica 52182] => [1031  Hanson 32769] =>
[1037      Amy 21100] => [1041      Bob 32196] => [1046     Jack 25776] =>

反轉後串列節點資料:
[1046     Jack 25776] => [1041      Bob 32196] => [1037      Amy 21100] =>
[1031  Hanson 32769] => [1043  Jasica 52182] => [1018     Lisa 44145] =>
[1014    Ricky 25676] => [1012     Mark 42660] => [1007      Jon 31299] =>
[1003    Marry 27556] => [1002    Scott 24388] => [1001    Allen 32367] =>
```

ChatGPT 解決觀點

提問畫面

A 請設計一Python程式，建立8員工資料的單向串列然後列出來。最後將員工資料的串列節點依照員工編號反轉列印出來並使用箭頭符號表示下一個節點。內容請使用繁體中文

以下是根據你的要求設計的Python程式碼。這個程式會建立一個包含8個員工資料的單向串列，然後列出來。最後，它會將員工資料的串列節點依照員工編號反轉列印出來，並使用箭頭符號表示下一個節點。

```python
# 員工類別
class Employee:
    def __init__(self, emp_id, name):
        self.emp_id = emp_id
        self.name = name
        self.next = None

# 建立串列
def create_linked_list():
    # 建立員工資料
    employees = [
        Employee(, "員工1"),
        Employee(, "員工2"),
        Employee(, "員工3"),
        Employee(, "員工4"),
        Employee(, "員工5"),
        Employee(, "員工6"),
        Employee(, "員工7"),
        Employee(, "員工8")
```

AI 參考程式名稱 CH03_04(CGPT).py

3-1-6　單向串列的連結功能

對於兩個或以上鏈結串列的連結（concatenation），其實作法也很容易；只要將串列的首尾相連即可。如下圖所示：

將 X,Y 兩串列合併成新的串列 Z

範例 3.1.5

</> 程式碼：CH03_05.py

```
01    #  [示範]:單向串列的連結功能
02    import sys
03
04    import random
05
06    def concatlist(ptr1,ptr2):
07        ptr=ptr1
08        while ptr.next!=None:
09            ptr=ptr.next
10        ptr.next=ptr2
11        return ptr1
12
13    class employee:
14        def __init__(self):
15            self.num=0
16            self.salary=0
17            self.name=''
18            self.next=None
19
20    findword=0
21    data=[[None]*2 for row in range(12)]
22
23    namedata1=['Allen','Scott','Marry','Jon', \
24              'Mark','Ricky','Lisa','Jasica', \
25              'Hanson','Amy','Bob','Jack']
26
27    namedata2=['May','John','Michael','Andy', \
28              'Tom','Jane','Yoko','Axel', \
29              'Alex','Judy','Kelly','Lucy']
30
31    for i in range(12):
32        data[i][0]=i+1
33        data[i][1]=random.randint(51,100)
34
35    head1=employee()    #建立第一組串列首
```

```
36    if not head1:
37        print('Error!! 記憶體配置失敗!!')
38        sys.exit(0)
39
40    head1.num=data[0][0]
41    head1.name=namedata1[0]
42    head1.salary=data[0][1]
43    head1.next=None
44    ptr=head1
45    for i in range(1,12):   #建立第一組鏈結串列
46        newnode=employee()
47        newnode.num=data[i][0]
48        newnode.name=namedata1[i]
49        newnode.salary=data[i][1]
50        newnode.next=None
51        ptr.next=newnode
52        ptr=ptr.next
53
54    for i in range(12):
55        data[i][0]=i+13
56        data[i][1]=random.randint(51,100)
57
58    head2=employee()     #建立第二組串列首
59    if not head2:
60        print('Error!! 記憶體配置失敗!!')
61        sys.exit(0)
62
63    head2.num=data[0][0]
64    head2.name=namedata2[0]
65    head2.salary=data[0][1]
66    head2.next=None
67    ptr=head2
68    for i in range(1,12):   #建立第二組鏈結串列
69        newnode=employee()
70        newnode.num=data[i][0]
71        newnode.name=namedata2[i]
72        newnode.salary=data[i][1]
73        newnode.next=None
74        ptr.next=newnode
75        ptr=ptr.next
76
77    i=0
78    ptr=concatlist(head1,head2)  #將串列相連
79    print('兩個鏈結串列相連的結果:')
80    while ptr!=None:  #列印串列資料
81        print('[%2d %6s %3d]=> ' %(ptr.num,ptr.name,ptr.salary),end='')
82        i=i+1
83        if i>=3:
84            print()
85            i=0
86        ptr=ptr.next
```

【執行結果】

```
兩個鏈結串列相連的結果:
[ 1   Allen   82] =>  [ 2    Scott   51] =>  [ 3   Marry    86] =>
[ 4     Jon   78] =>  [ 5     Mark   76] =>  [ 6   Ricky    52] =>
[ 7    Lisa   87] =>  [ 8  Jasica   55] =>  [ 9  Hanson    98] =>
[10     Amy   62] =>  [11      Bob   83] =>  [12    Jack    82] =>
[13     May   70] =>  [14     John   58] =>  [15 Michael    85] =>
[16    Andy   53] =>  [17      Tom   82] =>  [18    Jane    77] =>
[19    Yoko   94] =>  [20     Axel   97] =>  [21    Alex    71] =>
[22    Judy   71] =>  [23    Kelly   90] =>  [24    Lucy    77] =>
```

😊 ChatGPT 解決觀點

提問畫面

> **A** 請設計一Python程式,建立兩組學生成績並列出。然後將兩組學生成績串列連結起來,最後輸出新的學生成績串列。

> 以下是根據你的要求設計的Python程式碼。這個程式會建立兩組學生成績的串列,然後將它們連結起來,最後輸出新的學生成績串列。

```python
# 學生類別
class Student:
    def __init__(self, name, score):
        self.name = name
        self.score = score
        self.next = None

# 建立學生成績串列
def create_score_list(scores):
    head = Student(scores[0][0], scores[0][1])
    current = head

    for i in range(1, len(scores)):
        student = Student(scores[i][0], scores[i][1])
        current.next = student
        current = current.next

    return head

# 列印學生成績串列
def print_score_list(head):
    current = head
```

😊 AI 參考程式名稱　CH03_05(CGPT).py

範例 **3.1.6**

程式碼：CH03_06.py

```
01   class student:
02       def __init__ (self):
03           self.num=0
04           self.name=''
05           self.score=0
06           self.next=None
07
08   print('請輸入 5 筆學生資料：')
09   node=student()
10   if not node:
11       print('[Error!!記憶體配置失敗!]')
12       sys.exit(0)
13   node.num=eval(input('請輸入座號：'))
14   node.name=input('請輸入姓名：')
15   node.score=eval(input('請輸入成績：'))
16   ptr=node #保留串列首,以ptr為目前節點指標
17   for i in range(1,5):
18       newnode=student() #建立新節點
19       if not newnode:
20           print('[Error!!記憶體配置失敗!')
21           sys.exit(0)
22       newnode.num=int(input('請輸入座號：'))
23       newnode.name=input('請輸入姓名：')
24       newnode.score=int(input('請輸入成績：'))
25       newnode.next=None
26       ptr.next=newnode #把新節點加在串列後面
27       ptr=ptr.next    #讓ptr保持在串列的最後面
28
29   print('  學  生  成  績')
30   print(' 座號\t姓名\t成績\n====================')
31   ptr=node        #讓ptr回到串列首
32   while ptr!=None:
33       print('%3d\t%-s\t%3d' %(ptr.num,ptr.name,ptr.score))
34       node=ptr
35       ptr=ptr.next #ptr依序往後走訪串列
```

【執行結果】

```
請輸入 5 筆學生資料:
請輸入座號: 1
請輸入姓名: John
請輸入成績: 89
請輸入座號: 2
請輸入姓名: Michael
請輸入成績: 89
請輸入座號: 3
請輸入姓名: Andy
請輸入成績: 76
請輸入座號: 4
請輸入姓名: Jane
請輸入成績: 95
請輸入座號: 5
請輸入姓名: Axel
請輸入成績: 97
     學  生  成  績
 座號    姓名    成績
=====================
   1    John      89
   2    Michael   89
   3    Andy      76
   4    Jane      95
   5    Axel      97
```

ChatGPT 解決觀點

提問畫面

A　請設計一Python程式，讓使用者可以輸入五個學生成績的單向鏈結串列，並走訪每一個節點與列印姓名與成績。

以下是一個讓使用者輸入五個學生成績的單向鏈結串列的Python程式碼，並走訪每一個節點，列印姓名與成績:

```python
class Node:
    def __init__(self, name, score):
        self.name = name
        self.score = score
        self.next = None

# 建立學生成績的單向鏈結串列
head = None
for i in range(5):
    name = input("請輸入學生姓名: ")
    score = float(input("請輸入學生成績: "))

    # 建立節點
    node = Node(name, score)

    # 將節點插入串列尾端
    if head is None:
        head = node
    else:
        current = head
```

AI 參考程式名稱　CH03_06(CGPT).py

3-1-7 多項式串列表示法

在第二章中我們曾介紹過有關多項式的陣列表示法，不過使用陣列表示法經常會出現以下的困擾：

1. 多項式內容變動時，對陣列結構的影響相當大，演算法處理不易。

2. 由於陣列是靜態資料結構，所以事先必須尋找一塊連續夠大的記憶體，容易形成空間的浪費。

因為如果使用單向鏈結串列來表示多項式，就可以克服以上的問題。多項式的鏈結串列表示法主要是儲存非零項目，並且每一項均符合以下資料結構：

COEF：表示該變數的係數

EXP ：表示該變數的指數

LINK：表示指到下一個節點的指標

例如假設多項式有 n 個非零項，且 $P(x)=a_{n-1}x^{en-1}+a_{n-2}x^{en-2}+\cdots+a_0$，則可表示成：

$A(x)=3X^2+6X-2$ 的表示方法為：

另外關於多項式的加法也相當簡單，只要逐一比較 A、B 串列節點指數，把握指數相同者，係數相加，否則直接照抄入新串列的原則即可。

範例 3.1.7

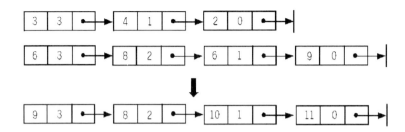

程式碼：CH03_07.py

```
01  class LinkedList:    #宣告串列結構
02      def __init__(self):
03          self.coef=0
04          self.exp=0
05          self.next=None
06  def create_link(data):  #建立多項式副程式
07      for i in range(4):
08          newnode=LinkedList()
09          if not newnode:
10              print("Error!! 記憶體配置失敗!!")
11              sys.exit(0)
12          if i==0:
13              newnode.coef=data[i]
14              newnode.exp=3-i
15              newnode.next=None
16              head=newnode
17              ptr=head
18          elif data[i]!=0:
19              newnode.coef=data[i]
20              newnode.exp=3-i
21              newnode.next=None
22              ptr.next=newnode
23              ptr=newnode
24      return head
25
26  def print_link(head):    #列印多項式副程式
27      while head !=None:
28          if head.exp==1 and head.coef!=0:    #X^1時不顯示指數
29              print("%dX + " %(head.coef), end='')
30          elif head.exp!=0 and head.coef!=0:
31              print("%dX^%d + " %(head.coef,head.exp), end='')
32          elif head.coef!=0: #X^0時不顯示變數
33              print("%d" %(head.coef))
```

```
34              head=head.next
35          print()
36
37      def sum_link(a,b): #多項式相加副程式
38          i=0
39          ptr=b
40          plus=[None]*4
41          while a!=None: #判斷多項式1
42              if a.exp==b.exp: #指數相等，係數相加
43                  plus[i]=a.coef+b.coef
44                  a=a.next
45                  b=b.next
46                  i=i+1
47              elif b.exp>a.exp: #B指數較大，指定係數給C
48                  plus[i]=b.coef
49                  b=b.next
50                  i=i+1
51              elif a.exp>b.exp: #A指數較大，指定係數給C
52                  plus[i]=a.coef
53                  a=a.next
54                  i=i+1
55          return create_link(plus)        #建立相加結果串列C
56
57      def main():
58          data1=[3,0,4,2]             #多項式A的係數
59          data2=[6,8,6,9]             #多項式B的係數
60          #c=LinkedList()
61          print("原始多項式：\nA=",end='')
62          a=create_link(data1)       #建立多項式A
63          b=create_link(data2)       #建立多項式B
64          print_link(a)              #列印多項式A
65          print("B=",end='')
66          print_link(b)              #列印多項式B
67          print("多項式相加結果：\nC=",end='')  #C為A、B多項式相加結果
68          print_link(sum_link(a,b))          #列印多項式C
69
70      main()
```

【執行結果】

```
原始多項式：
A=3X^3 + 4X + 2

B=6X^3 + 8X^2 + 6X + 9

多項式相加結果：
C=9X^3 + 8X^2 + 10X + 11
```

ChatGPT 解決觀點
提問畫面

```
A   設計一Python程式，求出以下兩多項式A(X)+B(X)的最後結果。次方0與1只顯示係數與變數並
    列出最大到最小的次方
    A=3X^3+4X+2
    B=6X^3+8X^2+6X+9

    以下是根据你的要求设计的Python程式码，用于计算多项式 A(X) + B(X) 的结果，并在次方为        ⧉ 👍 👎
    0和1的项上仅显示系数和变量，并按次方从大到小的顺序列出。

python                                                                    ⧉ Copy code

class Polynomial:
    def __init__(self, terms):
        self.terms = terms

    def add(self, other):
        result_terms = {}

        # 将多项式 A(X) 的项加入结果字典
        for term in self.terms:
            exponent = term[1]
            coefficient = term[0]
            if exponent in result_terms:
                result_terms[exponent] += coefficient
            else:
                result_terms[exponent] = coefficient

        # 将多项式 B(X) 的项加入结果字典
```

AI 參考程式名稱　CH03_07(CGPT).py

3-2 環狀串列

在單向鏈結串列中，維持串列首是相當重要的事，因為單向鏈結串列有方向性，所以如果串列首指標被破壞或遺失，則整個串列就會遺失，並且浪費整個串列的記憶體空間。

如果我們把串列的最後一個節點指標指向串列首，而不是指向 None，整個串列就成為一個單方向的環狀結構。如此一來便不用擔心串列首遺失的問題了，因為每一個節點都可以是串列首，也可以從任一個節點來追縱其他節點。通常可做為記憶體工作區與輸出入緩衝區的處理及應用。如右圖所示：

3-2-1 環狀串列的建立與走訪

　　簡單來說，環狀串列（Circular Linked List）的特點是在串列中的任何一個節點，都可以達到此串列內的各節點，建立的過程與單向鏈結串列相似，唯一的不同點是必須要將最後一個節點指向第一個節點。事實上，環狀鏈結串列的優點是可以從任何一個節點追蹤所有節點，而且回收整個串列所需時間是固定的，與長度無關，缺點是需要多一個鏈結空間，而且插入一個節點需要改變兩個鏈結。以下程式片段是建立學生節點的環狀鏈結串列的演算法：

```python
class student:
    def __init__(self):
        self.name=''
        self.no=''
        self.next=None

head=student()    #新增串列開頭元素
ptr=head          #設定存取指標位置
ptr.next=None     #目前無下個元素
select=0
while select!=2:
    select=int(input('(1)新增　(2)離開=>'))
    if select==2:
        break
    ptr.name=input('姓名 :')
    ptr.no=input('學號 :')
    new_data=student()    #新增下一元素
    ptr.next=new_data     #連接下一元素
    new_data.next=None    #下一元素的next先設定為None
    ptr=new_data      #存取指標設定為新元素所在位置
```

　　環狀串列的走訪與單向串列十分相似，不過檢查串列結束的條件是 ptr.next==head，以下 Python 程式片段是環狀鏈結串列節點走訪的演算法：

```python
ptr=head

while True:
    print('姓名:%s\t學號:%s\n' %(ptr.name,ptr.no))
    ptr=ptr.next    #將head移往下一元素
    if ptr.next==head:
        break
```

範例 3.2.1

程式碼：CH03_08.py

```
01   class student:
02       def __init__(self):
03           self.name=''
04           self.no=''
05           self.next=None
06
07   head=student()   #新增串列開頭元素
08   ptr=head         #設定存取指標位置
09   ptr.next=None       #目前無下個元素
10   select=0
11   while select!=2:
12       select=int(input('(1)新增  (2)離開=>'))
13       if select==2:
14           break
15       ptr.name=input('姓名 :')
16       ptr.no=input('學號 :')
17       new_data=student()   #新增下一元素
18       ptr.next=new_data      #連接下一元素
19       new_data.next=None   #下一元素的next先設定為None
20       ptr=new_data   #存取指標設定為新元素所在位置
21
22   ptr.next=head   #設定存取指標從頭開始
23   print()
24   ptr=head
25
26   while True:
27       print('姓名：%s\t學號:%s\n' %(ptr.name,ptr.no))
28       ptr=ptr.next   #將head移往下一元素
29       if ptr.next==head:
30           break
31   print('----------------------------------------------------------')
```

【執行結果】

```
(1)新增  (2)離開 =>1
姓名 :Patrick
學號 :1001
(1)新增  (2)離開 =>1
姓名 :Daniel
學號 :1002
(1)新增  (2)離開 =>2

姓名：Patrick     學號:1001

姓名：Daniel     學號:1002

----------------------------------------------------------
```

ChatGPT 解決觀點

提問畫面

> A 請設計一Python程式，可以讓使用者輸入資料來新增學生資料節點，與建立一個環狀串列，
> 當使用者輸入結束後，可走訪此串列並顯示其內容。

> 以下是一個可以讓使用者輸入資料來新增學生資料節點，並建立一個環狀串列的Python程式
> 碼。當使用者輸入結束後，程式會走訪此串列並顯示其內容：

```python
class Student:
    def __init__(self, name, id):
        self.name = name
        self.id = id
        self.next = None

# 建立一個環狀串列
head = None
current = None

while True:
    name = input("請輸入學生姓名（輸入 '結束' 表示結束輸入）: ")
    if name == '結束':
        break

    id = input("請輸入學生學號: ")

    # 建立學生節點
    student = Student(name, id)
```

AI 參考程式名稱 CH03_08(CGPT).py

3-2-2 環狀串列的插入新節點

對於環狀串列的節點插入，與單向串列的插入方式是有不同，由於每一個節點的指標欄都是指向下一個節點，所以沒有所謂從串列尾插入的問題。通常會出現兩種狀況：

將新節點插在第一個節點前成為串列首

首先將新節點 X 的指標指向原串列首節點，並移動整個串列，將串列首指向新節點。圖形如下：

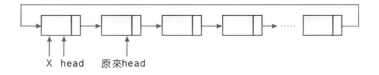

Python 的演算法如下：

```
x.next=head
CurNode=head
while CurNode.next!=head:
    CurNode=CurNode.next  #找到串列尾後將它的指標指向新增節點
CurNode.next=x
head=x #將串列首指向新增節點
```

※ 將新節點 X 插在串列中任意節點 I 之後

首先將新節 X 的指標指向 I 節點的下一個節點，並將 I 節點的指標指向 X 節點。圖形如下：

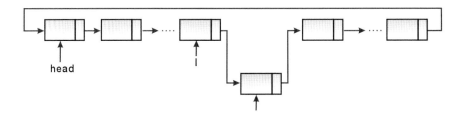

Python 的演算法如下：

```
X.next=I.next
I.next=X
```

範例 3.2.2

〈/〉 程式碼：CH03_09.py

```
01  class employee:
02      def __init__(self):
03          self.num=0
04          self.salary=0
05          self.name=''
06          self.next=None
07
08  def findnode(head, num):
09      ptr=head
10      while ptr.next !=head:
11          if ptr.num==num:
12              return ptr
13          ptr=ptr.next
```

```
14        return ptr
15
16   def insertnode(head,after,num,salary,name):
17        InsertNode=employee()
18        CurNode=None
19        InsertNode.num=num
20        InsertNode.salary=salary
21        InsertNode.name=name
22        InsertNode.next=None
23        if InsertNode==None:
24            print('記憶體配置失敗')
25            return None
26        else:
27            if head==None: #串列是空的
28                head=InsertNode
29                InsertNode.next=head
30                return head
31            else:
32                if after.next==head: #新增節點於串列首的位置
33                    #(1)將新增節點的指標指向串列首
34                    InsertNode.next=head
35                    CurNode=head
36                    while CurNode.next!=head:
37                        CurNode=CurNode.next
38                    #(2)找到串列尾後將它的指標指向新增節點
39                    CurNode.next=InsertNode
40                    #(3)將串列首指向新增節點
41                    head=InsertNode
42                    return head
43                else: #新增節點於串列首以外的地方
44                    #(1)將新增節點的指標指向after的下一個節點
45                    InsertNode.next=after.next
46                    #(2)將節點after的指標指向新增節點
47                    after.next=InsertNode
48                    return head
49
50   position=0
51   namedata=['Allen','Scott','Marry','John','Mark','Ricky', \
52            'Lisa','Jasica','Hanson','Amy','Bob','Jack']
53   data=[[1001,32367],[1002,24388],[1003,27556],[1007,31299], \
54       [1012,42660],[1014,25676],[1018,44145],[1043,52182], \
55       [1031,32769],[1037,21100],[1041,32196],[1046,25776]]
56
57   print('員工編號 薪水 員工編號 薪水 員工編號 薪水 員工編號 薪水')
58   print('------------------------------------------------------')
59   for i in range(3):
60       for j in range(4):
```

```
61             print('[%2d] [%3d]   ' %(data[j*3+i][0],data[j*3+i][1]),end='')
62         print()
63
64 head=employee()  #建立串列首
65 if not head:
66     print('Error!! 記憶體配置失敗!!')
67     sys.exit(0)
68
69 head.num=data[0][0]
70 head.name=namedata[0]
71 head.salary=data[0][1]
72 head.next=None
73 ptr=head
74 for i in range(1,12):   #建立串列
75     newnode=employee()
76     newnode.num=data[i][0]
77     newnode.name=namedata[i]
78     newnode.salary=data[i][1]
79     newnode.next=None
80     ptr.next=newnode  #將前一個節點指向新建立的節點
81     ptr=newnode  #新節點成為前一個節點
82
83 newnode.next=head#將最後一個節點指向頭節點就成了環狀鏈結
84
85 while True:
86     print('請輸入要插入其後的員工編號,如輸入的編號不在此串列中,')
87     position=int(input('新輸入的員工節點將視為此串列的第一個節點,要結束插入過
       程,請輸入-1：'))
88     if position==-1:   #迴圈中斷條件
89         break
90     else:
91         ptr=findnode(head,position)
92         new_num=int(input('請輸入新插入的員工編號：'))
93         new_salary=int(input('請輸入新插入的員工薪水：'))
94         new_name=input('請輸入新插入的員工姓名：')
95         head=insertnode(head,ptr,new_num,new_salary,new_name)
96
97 ptr=head #指向串列的開頭
98 print('\t員工編號     姓名\t薪水')
99 print('\t============================')
100
101 while True:
102     print('\t[%2d]\t[ %-10s]\t[%3d]' %(ptr.num,ptr.name,ptr.salary))
103     ptr=ptr.next#指向下一個節點
104     if head==ptr or head==head.next:
105         break
106
```

【執行結果】

```
員工編號 薪水 員工編號 薪水 員工編號 薪水 員工編號 薪水
-------------------------------------------------------------
[1001] [32367]  [1007] [31299]  [1018] [44145]  [1037] [21100]
[1002] [24388]  [1012] [42660]  [1043] [52182]  [1041] [32196]
[1003] [27556]  [1014] [25676]  [1031] [32769]  [1046] [25776]
請輸入要插入其後的員工編號,如輸入的編號不在此串列中,
新輸入的員工節點將視為此串列的第一個節點,要結束插入過程,請輸入-1:1037
請輸入新插入的員工編號:1039
請輸入新插入的員工薪水:52000
請輸入新插入的員工姓名:Daniel
請輸入要插入其後的員工編號,如輸入的編號不在此串列中,
新輸入的員工節點將視為此串列的第一個節點,要結束插入過程,請輸入-1:-1
            員工編號    姓名    薪水
        ==============================
        [1001]  [ Allen    ]   [32367]
        [1002]  [ Scott    ]   [24388]
        [1003]  [ Marry    ]   [27556]
        [1007]  [ John     ]   [31299]
        [1012]  [ Mark     ]   [42660]
        [1014]  [ Ricky    ]   [25676]
        [1018]  [ Lisa     ]   [44145]
        [1043]  [ Jasica   ]   [52182]
        [1031]  [ Hanson   ]   [32769]
        [1037]  [ Amy      ]   [21100]
        [1039]  [ Daniel   ]   [52000]
        [1041]  [ Bob      ]   [32196]
        [1046]  [ Jack     ]   [25776]
```

ChatGPT 解決觀點

提問畫面

AI 參考程式名稱 CH03_09(CGPT).py

3-2-3 環狀串列的刪除節點

環狀串列的節點刪除與插入方法類似，也可區分為兩種情況，分別討論如下：

刪除環狀串列的第一個節點

首先將串列首移到下一個節點，將最後一個節點的指標移到新的串列首，新的串列首是原串列的第二個節點。圖形如下：

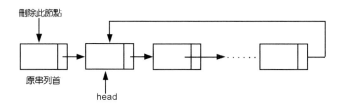

Python 的演算法如下：

```
CurNode=head
while CurNode.next!=head:
    CurNode=CurNode.next#找到最後一個節點並記錄下來
TailNode=CurNode #(1)將串列首移到下一個節點
head=head.next#(2)將串列最後一個節點的指標指向新的串列首
TailNode.next=head
```

刪除環狀串列的中間節點

首先找到節點 Y 的前一個節點 previous，將 previous 節點的指標指向節點 Y 的下一個節點。圖形如下：

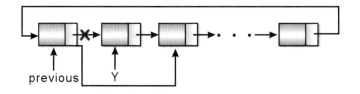

Python 的演算法如下：

```
CurNode=head
while CurNode.next!=delnode:
    CurNode=CurNode.next
```

```
#(1)找到要刪除節點的前一個節點並記錄下來
PreNode=CurNode#要刪除的節點
CurNode=CurNode.next
#(2)將要刪除節點的前一個指標指向要刪除節點的下一個節點
PreNode.next=CurNode.next
```

範例 3.2.3

程式碼：CH03_10.py

```
01   import sys
02
03   class employee:
04       def __init__(self):
05           self.num=0
06           self.salary=0
07           self.name=''
08           self.next=None
09
10   def findnode(head,num):
11       ptr=head
12       while ptr.next!=head:
13           if ptr.num==num:
14               return ptr
15           ptr=ptr.next
16       ptr=None
17       return ptr
18
19   def deletenode(head,delnode):
20       CurNode=employee()
21       PreNode=employee()
22       TailNode=employee()
23       CurNode=None
24       PreNode=None
25       TailNode=None
26
27       if head==None:
28           print('[環狀串列已經空了]')
29           return None
30       else:
31           if delnode==head: #要刪除的節點是串列首
32               CurNode=head
33               while CurNode.next!=head:
34                   CurNode=CurNode.next
35                   #找到最後一個節點並記錄下來
36                   TailNode=CurNode
```

```
37                    #(1)將串列首移到下一個節點
38                    head=head.next
39                    #(2)將串列最後一個節點的指標指向新的串列首
40                    TailNode.next=head
41                    return head
42          else: #要刪除的節點不是串列首
43              CurNode=head
44              while CurNode.next!=delnode:
45                  CurNode=CurNode.next
46              #(1)找到要刪除節點的前一個節點並記錄下來
47              PreNode=CurNode
48              #要刪除的節點
49              CurNode=CurNode.next
50              #(2)將要刪除節點的前一個指標指向要刪除節點的下一個節點
51              PreNode.next=CurNode.next
52              return head
53
54  position=0
55  namedata=['Allen','Scott','Marry','John', \
56           'Mark','Ricky','Lisa','Jasica', \
57           'Hanson','Amy','Bob','Jack']
58  data=[[1001,32367],[1002,24388],[1003,27556],[1007,31299], \
59        [1012,42660],[1014,25676],[1018,44145],[1043,52182], \
60        [1031,32769],[1037,21100],[1041,32196],[1046,25776]]
61  print('\n員工編號 薪水 員工編號 薪水 員工編號 薪水 員工編號 薪水')
62  print('-----------------------------------------------------')
63  for i in range(3):
64      for j in range(4):
65          print('[%2d] [%3d]   ' %(data[j*3+i][0],data[j*3+i][1]),end='')
66      print()
67  head=employee() #建立串列首
68  if not head:
69      print('Error!! 串列首建立失敗!!')
70      sys.exit(1)
71
72  head.num=data[0][0]
73  head.name=namedata[0]
74  head.salary=data[0][1]
75  head.next=None
76  ptr=head
77  for i in range(1,12):   #建立串列
78      newnode=employee()
79      newnode.num=data[i][0]
80      newnode.name=namedata[i]
81      newnode.salary=data[i][1]
82      newnode.next=None
83      ptr.next=newnode #將前一個節點指向新建立的節點
```

```
84        ptr=newnode #新節點成為前一個節點
85
86  newnode.next=head #將最後一個節點指向頭節點就成了環狀鏈結
87  while True:
88        position=int(input('請輸入要刪除的員工編號,要結束插入過程,請輸入-1：'))
89        if position==-1:
90            break #迴圈中斷條件
91        else:
92            ptr=findnode(head,position)
93            if ptr==None:
94                print('-----------------------')
95                print('串列中沒這個節點....')
96                break
97            else:
98                head=deletenode(head,ptr)
99                print('已刪除第 %d 號員工 姓名：%s 薪資:%d' %(ptr.num,ptr.
    name,ptr.salary))
100
101 ptr=head #指向串列的開頭
102 print('\t員工編號    姓名\t薪水')
103 print('\t=============================')
104
105 while True:
106     print('\t[%2d]\t[ %-10s]\t[%3d]' %(ptr.num,ptr.name,ptr.salary))
107     ptr=ptr.next #指向下一個節點
108     if head==ptr or head==head.next:
109         break
```

【執行結果】

```
員工編號 薪水 員工編號 薪水 員工編號 薪水 員工編號 薪水
--------------------------------------------------
[1001] [32367]   [1007] [31299]   [1018] [44145]   [1037] [21100]
[1002] [24388]   [1012] [42660]   [1043] [52182]   [1041] [32196]
[1003] [27556]   [1014] [25676]   [1031] [32769]   [1046] [25776]
請輸入要刪除的員工編號,要結束插入過程,請輸入-1：1018
已刪除第 1018 號員工 姓名：Lisa 薪資:44145
請輸入要刪除的員工編號,要結束插入過程,請輸入-1：-1
        員工編號      姓名    薪水
        =============================
        [1001]  [ Allen     ]    [32367]
        [1002]  [ Scott     ]    [24388]
        [1003]  [ Marry     ]    [27556]
        [1007]  [ John      ]    [31299]
        [1012]  [ Mark      ]    [42660]
        [1014]  [ Ricky     ]    [25676]
        [1043]  [ Jasica    ]    [52182]
        [1031]  [ Hanson    ]    [32769]
        [1037]  [ Amy       ]    [21100]
        [1041]  [ Bob       ]    [32196]
        [1046]  [ Jack      ]    [25776]
```

😃 ChatGPT 解決觀點
└ 提問畫面

A　請設計一 Python程式，建立一個員工資料的環狀串列，並且允許在串列首及串列中間刪除節點。最後離開時，列出此串列的最後所有節點的資料欄內容。

🔆　以下是一個建立員工資料環狀串列，並允許在串列首及中間刪除節點的Python程式範例。最後會列出串列的最後所有節點的資料欄內容。

```python
python                                                    🗐 Copy code

class Employee:
    def __init__(self, empid, name, salary):
        self.empid = empid
        self.name = name
        self.salary = salary
        self.next = None


def add_employee(head):
    empid = input("請輸入員工編號：")
    name = input("請輸入員工姓名：")
    salary = input("請輸入員工薪水：")
    new_emp = Employee(empid, name, salary)
    if head == None:
        head = new_emp
        head.next = head
    else:
        cur = head
        while cur.next != head:
            cur = cur.next
```

😃 AI 參考程式名稱　CH03_10(CGPT).py

3-2-4　環狀串列的連結

　　相信各位對於單向串列的連結功能各位已經清楚，就是只要改變一個指標就可以了，如下圖所示：

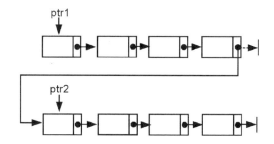

但如果是兩個環狀串列要連結在一起的話該怎麼做呢？其實並沒有想像中那麼複雜。因為環狀串列沒有頭尾之分，所以無法直接把串列 1 的尾指向串列 2 的頭。但是就因為不分頭尾，所以不需走訪串列去尋找串列尾，直接改變兩個指標就可以把兩個環狀串列連結在一起了，如下圖所示：

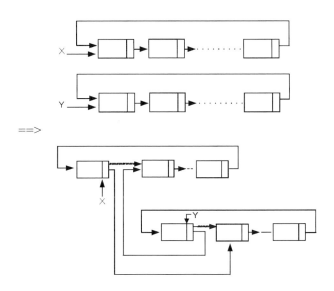

範例 3.2.4

</> 程式碼：CH03_11.py

```
01   import sys
02   import random
03
04   class student:     #宣告串列結構
05       def __init__(self):
06           self.num=0
07           self.score=0
08           self.next=None
09
10   def create_link(data,num): #建立串列副程式
11       for i in range(num):
12           newnode=student()
13           if not newnode:
14               print('Error!! 記憶體配置失敗!!')
15               sys.exit(0)
16           if i==0:   #建立串列首
17               newnode.num=data[i][0]
18               newnode.score=data[i][1]
19               newnode.next=None
20               head=newnode
```

```
21              ptr=head
22          else:  #建立串列其他節點
23              newnode.num=data[i][0]
24              newnode.score=data[i][1]
25              newnode.next=None
26              ptr.next=newnode
27              ptr=newnode
28          newnode.next=head
29      return ptr      #回傳串列
30
31  def print_link(head):  #列印串列副程式
32      i=0
33      ptr=head.next
34      while True:
35          print('[%2d-%3d]=> ' %(ptr.num,ptr.score),end='\t')
36          i=i+1
37          if i>=3 :  #每行列印三個元素
38              print()
39              i=0
40          ptr=ptr.next
41          if ptr==head.next:
42              break
43
44  def concat(ptr1,ptr2):  #連結串列副程式
45      head=ptr1.next   #在ptr1及ptr2中，各找任意一個節點
46      ptr1.next=ptr2.next   #把兩個節點的next對調即可
47      ptr2.next=head
48      return ptr2
49
50  data1=[[None] * 2 for row in range(6)]
51  data2=[[None] * 2 for row in range(6)]
52
53  for i in range(1,7):
54      data1[i-1][0]=i*2-1
55      data1[i-1][1]=random.randint(41,100)
56      data2[i-1][0]=i*2
57      data2[i-1][1]=random.randint(41,100)
58
59  ptr1=create_link(data1,6)      #建立串列1
60  ptr2=create_link(data2,6)      #建立串列2
61  i=0
62  print('\n原 始 串 列 資 料：')
63  print('座號 成績     \t座號 成績     \t座號 成績')
64  print('=======================================')
65  print('    串列 1 ：')
66  print_link(ptr1)
67  print('    串列 2 ：')
68  print_link(ptr2)
69  print('=======================================')
70  print('連結後串列：')
71  ptr=concat(ptr1,ptr2)      #連結串列
72  print_link(ptr)
```

【執行結果】

```
原 始 串 列 資 料 :
座號 成績         座號 成績         座號 成績
=============================================
   串列 1 :
[ 1- 86] =>      [ 3- 72] =>      [ 5- 94] =>
[ 7- 45] =>      [ 9- 63] =>      [11- 89] =>
   串列 2 :
[ 2- 95] =>      [ 4- 61] =>      [ 6- 66] =>
[ 8- 79] =>      [10- 74] =>      [12- 66] =>
=============================================
連結後串列:
[ 1- 86] =>      [ 3- 72] =>      [ 5- 94] =>
[ 7- 45] =>      [ 9- 63] =>      [11- 89] =>
[ 2- 95] =>      [ 4- 61] =>      [ 6- 66] =>
[ 8- 79] =>      [10- 74] =>      [12- 66] =>
```

🤖 ChatGPT 解決觀點
↳ 提問畫面

> **A** 請設計一Python程式。列出二組學生成績的環狀串列，並用箭頭來表示下一個指標。最後列印兩組學生成績與座號連接後的新串列。

> 🤖 以下是一個範例程式，可以建立兩組學生成績的環狀串列，並且將兩組環狀串列連接起來：

```python
class Node:
    def __init__(self, score, id):
        self.score = score
        self.id = id
        self.next = None

def print_list(head):
    if not head:
        return
    node = head
    while True:
        print(f"學號：{node.id}，成績：{node.score}", end=" -> ")
        node = node.next
        if node == head:
            break
    print("")

# 建立第一組學生成績的環狀串列
head1 = Node(86, 1)
node = head1
for i in range(2, 6):
```

🤖 AI 參考程式名稱 CH03_11(CGPT).py

3-2-5　環狀串列與稀疏矩陣表示法

在第二章中，我們曾經利用 3-tuple<row, col,value> 的陣列結構來表示稀疏矩陣（Sparse Matrix），雖然優點為節省時間，但是當非零項目要增刪時，會造成大量移動及程式碼的撰寫不易。例如右圖的稀疏矩陣：

$$A = \begin{bmatrix} 0 & 0 & 0 \\ 12 & 0 & 0 \\ 0 & 0 & -2 \end{bmatrix}_{3*3}$$

如果以 3-tuple 的陣列表示如右：

	1	2	3
A（0）	3	3	3
A（1）	2	1	12
A（2）	3	3	-2

使用鏈環狀結串列法的最大優點，在更動矩陣內的資料時，不需大量移動資料，主要的技巧是可用節點來表示非零項，由於是二維的矩陣，每個節點除了必須有 3 個資料欄位：row（列）、col（行）及 value（資料）外，還必須有兩個鏈結欄位：right、down，其中 right 指標可用來連結同一列的節點，而 down 指標則可用來連結同一行的節點。如右圖所示：

down	row (i)	col (j)	right
	value(a$_{ij}$)		

value:　表示此非零項的值

row:　以 i 表示非零項元素所在列數

col:　以 j 表示非零項元素所在行數

down:　為指向同一行中下一個非零項元素的指標

right:　為指向同一列中下一個非零項元素的指標

如以下 3*3 稀疏矩陣：

$$A= \begin{bmatrix} 0 & 0 & 0 \\ 12 & 0 & 0 \\ 0 & 0 & -2 \end{bmatrix}_{3*3}$$

下圖是以環狀鏈結串列表示：

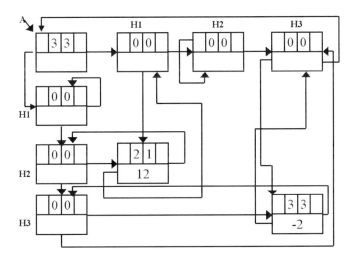

　　各位可發現，在此稀疏矩陣的資料結構中，每一列與每一行必須用一個環狀串列附加一個串列首 A 來表示，這個串列首節點內是存放此稀疏矩陣的列與行。上方 H1、H2、H3 為行首節點，最左方 H1、H2、H3 為列首節點，其它的兩個節點分別對應到陣列中的非零項。此外為了模擬二維的稀疏矩陣，所以每一個非零節點會指回列或行的首節點形成環狀鏈結串列。

3-3　雙向串列

　　單向串列和環狀串列都是屬於擁有方向性的串列，不過只能單向走訪，萬一不幸其中有一個鏈結斷裂，那麼後面的串列資料便會遺失而無法復原了。因此我們可以將兩個方向方向不同的鏈結串列結合起來，除了存放資料的欄位外，它有兩個指標欄位，其中一個指標指向後面的節點，另一個則指向前面節點，這稱為雙向串列（Double Linked List）。

　　由於每個節點都有兩個指標所以可以雙向通行，所以能夠輕鬆找到前後節點，同時從串列中任一節點也可以找到其他節點，而不需經過反轉或比對節點等處理，執行速度較快。另外如果任一節點的鏈結斷裂，可經由反方向串列走訪，快速完整重建鏈結。

　　雙向串列的最大優點是有兩個指標分別指向節點前後兩個節點，所以能夠輕鬆找到前後節點，同時從串列中任一節點也可以找到其他節點，而不需經過反轉或比對節點等處理，執行速度較快。缺點是由於雙向鏈結串列有兩個鏈結，所以在加入或刪除節點時都得花更多時間來移動指標，不過較為浪費空間。

3-3-1　雙向串列的建立與走訪

　　首先來介紹雙向鏈結串列的資料結構。對每個節點而言，具有三個欄位，中間為資料欄位。左右各有兩個鏈結欄位，分別為 llink 及 rlink，其中 rlink 指向下一個節點，llink 指向上一個節點。如右圖所示：

| llink | data | rlink |

　　事實上，雙向串列可以是環狀，也可以不是環狀，如果最後一個節點的右指標欄指向首節點，而首節點的左指標欄指向最後節點，就稱為環狀雙向鏈結串列。另外為了使用方便，通常加上一個串列首，資料欄不存放任何資料，其左邊鏈結欄指向串列最後一個節點，而右邊鏈結指向第一個節點。至於建立雙向鏈結串列，其實主要就是多了一個指標欄。Python 的演算法如下：

```
class student:
    def __init__(self):
        self.name=''
        self.Math=0
```

```
        self.Eng=0
        self.no=''
        self.rlink=None
        self.llink=None

head=student()
head.llink=None
head.rlink=None
ptr=head #設定存取指標開始位置
select=0
while True:
    select=int(input('(1)新增 (2)離開=>'))
    if select==2:
        break;
    new_data=student()
    new_data.name=input('姓名: ')
    new_data.no=input('學號: ')
    new_data.Math=eval(input('數學成績: '))
    new_data.Eng=eval(input('英文成績: '))
    #輸入節點結構中的資料
    ptr.rlink=new_data
    new_data.rlink=None #下一元素的next先設定為None
    new_data.llink=ptr #存取指標設定為新元素所在位置
    ptr=new_data
```

雙向串列的走訪相當靈活，因為可以有往右或往左兩方向來進行的兩種方式，如果是向右走訪，則和單向鏈結串列的走訪相似。走訪節點演算法如下：

```
ptr=head.rlink      #設定存取指標從串列首的右指標欄所指節點開始
print()
while ptr!=None:
    print('姓名:%s\t學號:%s\t數學成績:%d\t英文成績:%d'  \
          %(ptr.name,ptr.no,ptr.Math,ptr.Eng))
    ptr=ptr.rlink   #將ptr移往右邊下一元素
```

範例 **3.3.1**

程式碼：CH03_12.py

```
01   select=0
02   class student:
03       def __init__(self):
04           self.name=''
05           self.Math=0
06           self.Eng=0
07           self.no=''
```

```
08              self.rlink=None
09              self.llink=None
10
11   head=student()
12   head.llink=None
13   head.rlink=None
14   ptr=head #設定存取指標開始位置
15   select=0
16   while True:
17       select=int(input('(1)新增  (2)離開=>'))
18       if select==2:
19           break;
20       new_data=student()
21       new_data.name=input('姓名: ')
22       new_data.no=input('學號: ')
23       new_data.Math=eval(input('數學成績: '))
24       new_data.Eng=eval(input('英文成績: '))
25       #輸入節點結構中的資料
26       ptr.rlink=new_data
27       new_data.rlink=None #下一元素的next先設定為None
28       new_data.llink=ptr #存取指標設定為新元素所在位置
29       ptr=new_data
30
31   ptr=head.rlink        #設定存取指標從串列首的右指標欄所指節點開始
32   print()
33   while ptr!=None:
34       print('姓名：%s\t學號:%s\t數學成績:%d\t英文成績:%d'  \
35                 %(ptr.name,ptr.no,ptr.Math,ptr.Eng))
36       ptr=ptr .rlink   #將ptr移往右邊下一元素
```

【執行結果】

```
(1)新增  (2)離開 =>1
姓名: Daniel
學號: 1001
數學成績: 98
英文成績: 97
(1)新增  (2)離開 =>1
姓名: Anderson
學號: 1002
數學成績: 96
英文成績: 94
(1)新增  (2)離開 =>2

姓名：Daniel      學號:1001      數學成績:98      英文成績:97
姓名：Anderson    學號:1002      數學成績:96      英文成績:94
```

ChatGPT 解決觀點
提問畫面

A　請設計一Python程式來建立一個雙向串列，並讓使用者輸入資料來新增學生資料節點。當使用者輸入結束後，可走訪此串列並顯示其內容。

以下是一個範例程式，可以建立一個雙向串列，並允許使用者輸入資料來新增學生資料節點。在使用者輸入結束後，程式會走訪此串列並顯示其內容。

```python
class Student:
    def __init__(self, id, name):
        self.id = id
        self.name = name
        self.next = None
        self.prev = None

def print_list(head):
    if head is None:
        print("串列為空。")
        return

    current = head
    while current is not None:
        print("學生編號：{}，學生姓名：{}".format(current.id, current.name))
        current = current.next

def create_double_linked_list():
    head = None
    tail = None
```

AI 參考程式名稱　CH03_12(CGPT).py

範例 3.3.2

程式碼：CH03_13.py

```
01  select=0
02  class student:
03      def __init(self):
04          self.name=''
05          self.Math=0
06          self.Eng=0
07          self.no=''
08          self.rlink=None
09          self.llink=None
10
11  head=student()
```

```
12    head.llink=None
13    head.rlink=None
14    ptr=head  #設定存取指標開始位置
15    select=0
16    while True:
17        select=int(input('(1)新增  (2)離開=>'))
18        if select==2:
19            break;
20        new_data=student()
21        new_data.name=input('姓名: ')
22        new_data.no=input('學號: ')
23        new_data.Math=eval(input('數學成績: '))
24        new_data.Eng=eval(input('英文成績: '))
25        #輸入節點結構中的資料
26        ptr.rlink=new_data
27        new_data.rlink=None #下一元素的next先設定為None
28        new_data.llink=ptr #存取指標設定為新元素所在位置
29        ptr=new_data
30
31    print('-----向右走訪所有節點-----')
32    ptr=head.rlink      #設定存取指標從串列首的右指標欄所指節點開始
33    while ptr!=None:
34        print('姓名：%s\t學號:%s\t數學成績:%d\t英文成績:%d'  \
35                %(ptr.name,ptr.no,ptr.Math,ptr.Eng))
36        if ptr.rlink==None:
37            break
38        ptr=ptr .rlink      #將ptr移往右邊下一元素
39
40    print('-----向左走訪所有節點-----')
41    while ptr !=None:
42        print('姓名：%s\t學號:%s\t數學成績:%d\t英文成績:%d'  \
43                %(ptr.name,ptr.no,ptr.Math,ptr.Eng))
44        if(ptr.llink==head):
45            break
46        ptr=ptr .llink
```

【執行結果】

```
 (1)新增  (2)離開 =>1
姓名: Julia
學號: 1001
數學成績: 97
英文成績: 93
 (1)新增  (2)離開 =>1
姓名: Peter
學號: 1002
數學成績: 97
英文成績: 91
 (1)新增  (2)離開 =>2
-----向右走訪所有節點-----
姓名：Julia        學號:1001          數學成績:97          英文成績:93
姓名：Peter        學號:1002          數學成績:97          英文成績:91
-----向左走訪所有節點-----
姓名：Peter        學號:1002          數學成績:97          英文成績:91
姓名：Julia        學號:1001          數學成績:97          英文成績:93
```

提問畫面

> A　請設計一Python程式，請將所建立的雙向串列中所有學生資料節點，輸出向右走訪的所有節點，接著再輸出向左走訪的所有節點。

> 以下是一個可以將雙向串列向右走訪並向左走訪的Python程式，假設我們已經建立了一個名為 `dllist` 的雙向串列：

```python
# 定義雙向串列節點
class Node:
    def __init__(self, data):
        self.data = data
        self.next = None
        self.prev = None

# 定義雙向串列
class DoublyLinkedList:
    def __init__(self):
        self.head = None
        self.tail = None

    def add_node(self, data):
        new_node = Node(data)
        if self.head is None:
            self.head = new_node
            self.tail = new_node
        else:
```

AI 參考程式名稱 CH03_13(CGPT).py

3-3-2　雙向串列加入新節點

　　雙向串列的節點加入與單向鏈結串列相似，對於雙向鏈結串列的節點加入有三種可能情況：

▓ 將新節點加入此串列的第一個節點前

　　將新節點的右鏈結（rlink）指向原串列的第一個節點，接著再將原串列第一個節點的左鏈結（llink）指向新節點，將原串列的串列首指向新節點。如下圖所示：

head(新節點)　　　串列原來的第一個節點

Python 的演算法如下：

```
X.rlink=head
head.llink=X
head=X
```

將新節點加入此串列的最後

　　將原串列的最後一個節點的右鏈結指向新節點，將新節點的左鏈結指向原串列的最後一個節點，並將新節點的右鏈結指向 None。如下圖所示：

Python 的演算法如下：

```
ptr.rlink=X
X.rlink=None
X.llink=ptr
```

將新節點加入到串列中的 ptr 節點之後

　　首先將 ptr 節點的右鏈結指向新節點，再將新節點的左鏈結指向 ptr 節點，接著又將 ptr 節點的下一個節點的左鏈結指向新節點，最後將新節點的右鏈結指向 ptr 的下一個節點。如下圖所示：

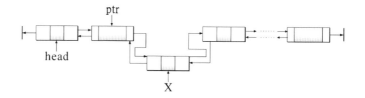

Python 的演算法如下：

```
ptr.rlink.llink=X
X.rlink=ptr.rlink
X.llink=ptr
ptr.rlink=X
```

範例 **3.3.3**

程式碼：CH03_14.py

```
01  class employee:
02      def __init__(self):
03          self.num=0
04          self.salary=0
05          self.name=''
06          self.llink=None    #左指標欄
07          self.rlink=None    #右指標欄
08
09  def findnode(head,num):
10      ptr=head
11      while ptr!=None:
12          if ptr.num==num:
13              return ptr
14          ptr=ptr.rlink
15      return ptr
16
17  def insertnode(head,ptr,num,salary,name):
18      newnode=employee()
19      newhead=employee()
20      newnode.num=num
21      newnode.salary=salary
22      newnode.name=name
23      if head==None: #雙向串列是空的
24          newhead.num=num
25          newhead.salary=salary
26          newhead.name=name
27          return newhead
28      else:
29          if ptr==None:
30              head.llink=newnode
31              newnode.rlink=head
32              head=newnode
33          else:
34              if ptr.rlink==None: #插入串列尾的位置
35                  ptr.rlink=newnode
36                  newnode.llink=ptr
37              else:   #插入中間節點的位置
38                  newnode.rlink=ptr.rlink
39                  ptr.rlink.llink=newnode
40                  ptr.rlink=newnode
41                  newnode.llink=ptr
42      return head
43
```

```
44  llinknode=None
45  newnode=None
46  position=0
47  data=[[1001,32367],[1002,24388],[1003,27556],[1007,31299], \
48        [1012,42660],[1014,25676],[1018,44145],[1043,52182], \
49        [1031,32769],[1037,21100],[1041,32196],[1046,25776]]
50  namedata=['Allen','Scott','Marry','John','Mark','Ricky', \
51          'Lisa','Jasica','Hanson','Amy','Bob','Jack']
52
53  print('員工編號 薪水 員工編號 薪水 員工編號 薪水 員工編號 薪水')
54  print('-----------------------------------------------------')
55  for i in range(3):
56      for j in range(4):
57          print('[%2d] [%3d]   ' %(data[j*3+i][0],data[j*3+i][1]),end='')
58      print()
59
60  head=employee()   #建立串列首
61  if head==None:
62      print('Error!! 記憶體配置失敗!!')
63      sys.exit(0)
64  else:
65      head.num=data[0][0]
66      head.name=namedata[0]
67      head.salary=data[0][1]
68      llinknode=head
69      for i in range(1,12):   #建立串列
70          newnode=employee()
71          newnode.num=data[i][0]
72          newnode.name=namedata[i]
73          newnode.salary=data[i][1]
74          llinknode.rlink=newnode
75          newnode.llink=llinknode
76          llinknode=newnode
77
78  while True:
79      print('請輸入要插入其後的員工編號,如輸入的編號不在此串列中,')
80      position=int(input('新輸入的員工節點將視為此串列的串列首,要結束插入過程,請
        輸入-1：'))
81      if position==-1: #迴圈中斷條件
82          break
83      else:
```

```
84          ptr=findnode(head,position)
85          new_num=int(input('請輸入新插入的員工編號：'))
86          new_salary=int(input('請輸入新插入的員工薪水：'))
87          new_name=input('請輸入新插入的員工姓名：')
88          head=insertnode(head,ptr,new_num,new_salary,new_name)
89
90   print('\t員工編號     姓名\t薪水')
91   print('\t=============================')
92   ptr=head
93   while ptr!=None:
94       print('\t[%2d]\t[ %-10s]\t[%3d]' %(ptr.num,ptr.name,ptr.salary))
95       ptr=ptr.rlink
```

【執行結果】

```
員工編號 薪水  員工編號 薪水  員工編號 薪水  員工編號 薪水
------------------------------------------------------------
[1001] [32367]  [1007] [31299]  [1018] [44145]  [1037] [21100]
[1002] [24388]  [1012] [42660]  [1043] [52182]  [1041] [32196]
[1003] [27556]  [1014] [25676]  [1031] [32769]  [1046] [25776]
請輸入要插入其後的員工編號,如輸入的編號不在此串列中,
新輸入的員工節點將視為此串列的串列首,要結束插入過程,請輸入-1：1046
請輸入新插入的員工編號：1050
請輸入新插入的員工薪水：45000
請輸入新插入的員工姓名：Patrick
請輸入要插入其後的員工編號,如輸入的編號不在此串列中,
新輸入的員工節點將視為此串列的串列首,要結束插入過程,請輸入-1：-1
      員工編號      姓名    薪水
      =============================
      [1001]    [ Allen     ]    [32367]
      [1002]    [ Scott     ]    [24388]
      [1003]    [ Marry     ]    [27556]
      [1007]    [ John      ]    [31299]
      [1012]    [ Mark      ]    [42660]
      [1014]    [ Ricky     ]    [25676]
      [1018]    [ Lisa      ]    [44145]
      [1043]    [ Jasica    ]    [52182]
      [1031]    [ Hanson    ]    [32769]
      [1037]    [ Amy       ]    [21100]
      [1041]    [ Bob       ]    [32196]
      [1046]    [ Jack      ]    [25776]
      [1050]    [ Patrick   ]    [45000]
```

💬 **ChatGPT 解決觀點**

└─ 提問畫面

> A　請設計一Python程式，首先建立6員工資料的雙向鏈結串列然後將這員工資料列出。並且允許
> 使用者可以自己插入新節點的員工資料到想要的位子。最後離開時，列出此串列的最後所有
> 節點的資料欄內容使用繁體中文。
>
> ⬆　以下是一個以繁體中文設計的Python程式，用於建立6個員工資料的雙向鏈結串列，並允許使　🗐 👍 👎
> 用者插入新節點到指定位置。程式運行結束時，會列出串列中所有節點的資料欄內容。
>
> ```python                                              🗐 Copy code
> class Employee:
>     def __init__(self, emp_id, name):
>         self.emp_id = emp_id
>         self.name = name
>         self.next = None
>         self.prev = None
>
>
> class EmployeeLinkedList:
>     def __init__(self):
>         self.head = None
>         self.tail = None
>
>     def display_list(self):
>         if self.head is None:
>             print("串列是空的")
>         else:
>             current = self.head
>             while current:
>                 print(f"員工編號: {current.emp_id}, 姓名: {current.name}")
>                 current = current.next
> ```

💬 **AI 參考程式名稱**　CH03_14(CGPT).py

3-3-3　雙向串列刪除節點

　　雙向鏈結串列的節點刪除，跟單向鏈結串列相似，也可區分為三種情況，分別介紹如下：

▨ 刪除串列的第一個節點

　　將串列首指標 head 指到原串列的第二個節點，再將新的串列首左指標欄指向 None。如下圖所示：

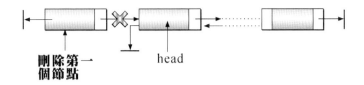

Python 的演算法如下：

```
head=head.rlink
head.llink=None
```

❖ 刪除此串列的最後一個節點 **X**

將原串列最後一個節點之前一個節點的右鏈結指向 None 即可。如下圖所示：

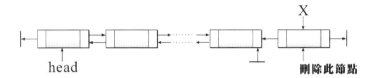

Python 的演算法如下：

```
X.llink.rlink=None
```

❖ 刪除此雙向鏈結串列的中間節點 **X**

將 X 節點的前一個節點右鏈結指向 X 節點的下一個節，再將 ptr 節點的下一個節點左鏈結指向 ptr 節點的上一個節點。如下圖所示：

Python 的演算法如下：

```
X.llink.rlink=X.rlink
X.rlink.llink=X.llink
```

範例 3.3.4

程式碼：CH03_15.py

```python
01   class employee:
02       def __init__(self):
03           self.num=0
04           self.salary=0
05           self.name=''
06           self.llink=None   #左指標欄
07           self.rlink=None   #右指標欄
08
09   def findnode(head,num):
10       ptr=head
11       while ptr!=None:
12           if ptr.num==num:
13               return ptr
14           ptr=ptr.rlink
15       return ptr
16
17   def deletenode(head,del_node):
18       if head==None:   #雙向串列是空的
19           print('[串列是空的]')
20           return None
21       if del_node==None:
22           print('[錯誤:不是串列中的節點]')
23           return None
24       if del_node==head:
25           head=head.rlink
26           head.llink=None
27       else:
28           if del_node.rlink==None:   #刪除串列尾
29               del_node.llink.rlink=None
30           else:   #刪除中間節點
31               del_node.llink.rlink=del_node.rlink
32               del_node.rlink.llink=del_node.llink
33       return head
34
35   llinknode=None
36   newnode=None
37   position=0
38   data=[[1001,32367],[1002,24388],[1003,27556],[1007,31299], \
39         [1012,42660],[1014,25676],[1018,44145],[1043,52182], \
40         [1031,32769],[1037,21100],[1041,32196],[1046,25776]]
41   namedata=['Allen','Scott','Mary','John','Mark','Ricky', \
42             'Lisa','Jasica','Hanson','Amy','Bob','Jack']
```

```
43
44   print('員工編號 薪水 員工編號 薪水 員工編號 薪水 員工編號 薪水')
45   print('----------------------------------------------------')
46
47   for i in range(3):
48       for j in range(4):
49           print('[%2d] [%3d]   ' %(data[j*3+i][0],data[j*3+i][1]),end='')
50       print()
51
52   head=employee()    #建立串列首
53   if head==None:
54       print('Error!! 記憶體配置失敗!!')
55       sys.exit(0)
56   else:
57       head.num=data[0][0]
58       head.name=namedata[0]
59       head.salary=data[0][1]
60       llinknode=head
61       for i in range(1,12):    #建立串列
62           newnode=employee()
63           newnode.num=data[i][0]
64           newnode.name=namedata[i]
65           newnode.salary=data[i][1]
66           llinknode.rlink=newnode
67           newnode.llink=llinknode
68           llinknode=newnode
69
70   while True:
71       position=int(input('\n請輸入要刪除的員工編號,要結束插入過程,請輸入-1：'))
72       if position==-1: #迴圈中斷條件
73           break
74       else:
75           ptr=findnode(head,position)
76           head=deletenode(head,ptr)
77
78   print('\t員工編號     姓名\t薪水')
79   print('\t============================')
80   ptr=head
81   while ptr!=None:
82       print('\t[%2d]\t[ %-10s]\t[%3d]' %(ptr.num,ptr.name,ptr.salary))
83       ptr=ptr.rlink
```

【執行結果】

```
員工編號 薪水  員工編號 薪水  員工編號 薪水  員工編號 薪水
------------------------------------------------------------
[1001] [32367]  [1007] [31299]  [1018] [44145]  [1037] [21100]
[1002] [24388]  [1012] [42660]  [1043] [52182]  [1041] [32196]
[1003] [27556]  [1014] [25676]  [1031] [32769]  [1046] [25776]

請輸入要刪除的員工編號,要結束插入過程,請輸入-1: 1031

請輸入要刪除的員工編號,要結束插入過程,請輸入-1: -1
        員工編號      姓名    薪水
        ==============================
        [1001]    [ Allen    ]    [32367]
        [1002]    [ Scott    ]    [24388]
        [1003]    [ Mary     ]    [27556]
        [1007]    [ John     ]    [31299]
        [1012]    [ Mark     ]    [42660]
        [1014]    [ Ricky    ]    [25676]
        [1018]    [ Lisa     ]    [44145]
        [1043]    [ Jasica   ]    [52182]
        [1037]    [ Amy      ]    [21100]
        [1041]    [ Bob      ]    [32196]
        [1046]    [ Jack     ]    [25776]
```

ChatGPT 解決觀點

提問畫面

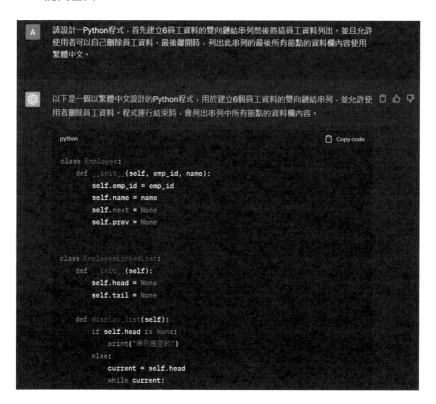

A　請設計一Python程式，首先建立6員工資料的雙向鏈結串列然後將這員工資料列出。並且允許使用者可以自己刪除員工資料。最後離開時，列出此串列的最後所有節點的資料欄內容使用繁體中文。

以下是一個以繁體中文設計的Python程式，用於建立6個員工資料的雙向鏈結串列，並允許使用者刪除員工資料。程式運行結束時，會列出串列中所有節點的資料欄內容。

```python
class Employee:
    def __init__(self, emp_id, name):
        self.emp_id = emp_id
        self.name = name
        self.next = None
        self.prev = None


class EmployeeLinkedList:
    def __init__(self):
        self.head = None
        self.tail = None

    def display_list(self):
        if self.head is None:
            print("串列是空的")
        else:
            current = self.head
            while current:
```

AI 參考程式名稱　CH03_15(CGPT).py

課後評量

1. 如下圖,請利用 Python 語言,試寫出新增一個節點 I 演算法。

2. 稀疏矩陣可以環狀鏈結串列來表示,請用繪圖表示下列稀疏矩陣:

$$\begin{bmatrix} 0 & 0 & 11 & 0 \\ -12 & 0 & 0 & 0 \\ 0 & -4 & 0 & 0 \\ 0 & 0 & 0 & -5 \end{bmatrix} 4 \times 4$$

3. 何謂 Storage pool ?試寫出 Return_Node(x) 的演算法。

4. 在 n 筆資料的鏈結串列(Linked List)中搜尋一筆資料,若以平均所花的時間考量,其時間複雜度為何?

5. 試說明環狀串列的優缺點。

6. 請以圖形說明環狀串列的反轉演算法。

7. 如何使用陣列來表示與儲存多項式 $P(x,y)=9x^5+4x^4y^3+14x^2y^2+13xy^2+15$?試說明之。

8. 請設計一串列資料結構表示如下多項式:
$P(x,y,z)=x^{10}y^3z^{10}+2x^8y^3z^2+3x^8y^2z^2+x^4y^4z+6x^3y^4z+2yz$

9. 請分別使用多項式的兩種陣列表示法來儲存 $P(x)=8x^5+7x^4+5x^2+12$。

10. 假設一鏈結串列的節點結構如下：

　　來表示多項式 $X^A Y^B Z^C$ 之項。

(1) 請繪出多項式 $X^6 - 6XY^5 + 5Y^6$ 的鏈結串列圖。

(2) 繪出多項式 "0" 的鏈結串列圖。

(3) 繪出多項式 $X^6 - 3X^5 - 4X^4 + 2X^3 + 3X + 5$ 的鏈結串列圖。

11. 請設計一學生成績雙向鏈結串列節點，並說明雙向串列結構的意義。

4

Chapter

堆疊

堆疊（Stack）是一群相同資料型態的組合，所有的動作均在頂端進行，並且具「後進先出」（Last In, First Out: LIFO）的特性。堆疊在電腦中的應用相當廣泛，時常被用來解決電腦的問題，例如前面所談到的遞迴呼叫、副程式的呼叫，至於在日常生活中的應用也隨處可以看到，例如大樓電梯、貨架上的貨品等等，都是類似堆疊的資料結構原理。

電梯搭乘方式就是一種堆疊的應用

4-1 堆疊簡介

自助餐中餐盤的存取方式也具備堆疊後進先出的特性

談到所謂後進先出（Last In, Frist Out）的觀念，其實就如同自助餐中餐盤由桌面往上一個一個疊放，且取用時由最上面先拿，這就是一種典型堆疊概念的應用。由於堆疊是一種抽象型資料結構（Abstract Data Type, ADT），它有下列特性：

1. 只能從堆疊的頂端存取資料。
2. 資料的存取符合「後進先出」（LIFO, Last In First Out）的原則。

堆疊的基本運算可以具備以下五種工作定義：

CREATE	建立一個空堆疊。
PUSH	存放頂端資料，並傳回新堆疊。
POP	刪除頂端資料，並傳回新堆疊。
EMPTY	判斷堆疊是否為空堆疊，是則傳回 true，不是則傳回 false。
FULL	判斷堆疊是否已滿，是則傳回 true，不是則傳回 false。

堆疊在 Python 程式設計領域中，包含以下兩種設計方式，分別是陣列結構（在 Python 語言是以串列 List 模擬陣列結構）與鏈結串列結構，分別介紹如下。

4-1-1 陣列實作堆疊

以串列結構來製作堆疊的好處是製作與設計的演算法都相當簡單，但因為如果堆疊本身是變動的話，串列大小並無法事先規劃宣告，太大時浪費空間，太小則不夠使用。

Python 的相關演算法如下：

```
#判斷是否為空堆疊
def isEmpty():
    if top==-1:
        return True
    else:
        return False
```

```
#將指定的資料存入堆疊
def push(data):
    global top
    global MAXSTACK
    global stack
    if top>=MAXSTACK-1:
        print('堆疊已滿,無法再加入')
    else:
        top +=1
        stack[top]=data  #將資料存入堆疊
```

```
#從堆疊取出資料*/
def pop():
    global top
    global stack
    if isEmpty():
        print('堆疊是空')
    else:
        print('彈出的元素為: %d' % stack[top])
        top=top-1
```

範例 4.1.1

程式碼：CH04_01.py

```
01  MAXSTACK=100 #定義最大堆疊容量
02  global stack
03  stack=[None]*MAXSTACK   #堆疊的陣列宣告
04  top=-1 #堆疊的頂端
05
06  #判斷是否為空堆疊
07  def isEmpty():
08      if top==-1:
09          return True
10      else:
11          return False
12
13  #將指定的資料存入堆疊
14  def push(data):
15      global top
16      global MAXSTACK
17      global stack
18      if top>=MAXSTACK-1:
19          print('堆疊已滿,無法再加入')
20      else:
21          top +=1
22          stack[top]=data #將資料存入堆疊
23
24  #從堆疊取出資料*/
25  def pop():
26      global top
27      global stack
28      if isEmpty():
29          print('堆疊是空')
30      else:
```

```
31            print('彈出的元素為: %d' % stack[top])
32            top=top-1
33
34   #主程式
35   i=2
36   count=0
37   while True:
38       i=int(input('要推入堆疊,請輸入1,彈出則輸入0,停止操作則輸入-1: '))
39       if i==-1:
40           break
41       elif i==1:
42           value=int(input('請輸入元素值:'))
43           push(value)
44       elif i==0:
45           pop()
46
47   print('==========================')
48   if top <0:
49       print('\n 堆疊是空的')
50   else:
51       i=top
52       while i>=0:
53           print('堆疊彈出的順序為:%d' %(stack[i]))
54           count +=1
55           i=i-1
56       print
57
58   print('==========================')
```

【執行結果】

```
要推入堆疊,請輸入1,彈出則輸入0,停止操作則輸入-1: 1
請輸入元素值:5
要推入堆疊,請輸入1,彈出則輸入0,停止操作則輸入-1: 1
請輸入元素值:6
要推入堆疊,請輸入1,彈出則輸入0,停止操作則輸入-1: 1
請輸入元素值:7
要推入堆疊,請輸入1,彈出則輸入0,停止操作則輸入-1: 0
彈出的元素為: 7
要推入堆疊,請輸入1,彈出則輸入0,停止操作則輸入-1: -1
==========================
堆疊彈出的順序為:6
堆疊彈出的順序為:5
==========================
```

ChatGPT 解決觀點

提問畫面

A　請利用陣列結構與迴圈來控制準備推入(push)或取出(pop)的元素，並模擬堆疊的各種工作運算，此堆疊最多可容納100個元素，其中必須包括推入(push)與彈出(pop)函數，能夠讓使用者輸入元素值及最後輸出所有堆疊內的元素。

以下是使用Python程式碼來模擬堆疊（stack）的推入（push）和彈出（pop）操作，並讓使用者輸入元素值以及最後輸出堆疊內的所有元素：

```python
class Stack:
    def __init__(self):
        self.stack = []

    def push(self, item):
        if len(self.stack) >= 100:
            print("堆疊已滿，無法推入新元素。")
        else:
            self.stack.append(item)

    def pop(self):
        if len(self.stack) == 0:
            print("堆疊已空，無法彈出元素。")
        else:
            return self.stack.pop()

    def display(self):
        if len(self.stack) == 0:
            print("堆疊內無元素。")
```

AI 參考程式名稱　CH04_01(CGPT).py

範例 4.1.2

程式碼：CH04_02.py

```
01    import random
02    global top
03
04    top=-1
05    k=0
06
07    def push(stack,MAX,val):
08        global top
```

```
09        if top>=MAX-1:
10            print('[堆疊已經滿了]')
11        else:
12            top=top+1
13            stack[top]=val
14
15 def pop(stack):
16     global top
17     if top<0:
18         print('[堆疊已經空了]')
19     else:
20         top=top-1
21         return stack[top]
22
23 def shuffle(old):
24     result=[]
25     while old:
26         p=random.randrange(0,len(old))
27         result.append(old[p])
28         old.pop(p)
29     return result
30
31 card=[None]*52
32 card_new=[None]*52
33 stack=[0]*52
34 for i in range(52):
35     card[i]=i+1
36
37 print('[洗牌中...請稍後!]')
38
39 card_new=shuffle(card)
40
41 i=0
42 while i!=52:
43     push(stack,52,card_new[i])    #將52張牌推入堆疊
44     i=i+1
45
46 print('[逆時針發牌]')
47 print('[顯示各家牌子] 東家\t   北家\t    西家\t    南家')
48 print('==============================')
49
50 while top>=0:
51     #print(stack[top])
52     style=(stack[top]) % 4    #計算牌子花色
53     #print('style=', style)
54     if style==0:   #梅花
55         ascVal='club'
```

```
56          elif style==1:    #方塊
57              ascVal='diamond'
58          elif style==2:    #紅心
59              ascVal='heart'
60          elif style==3:
61              ascVal='spade'     #黑桃
62
63          print('[%s%3d]\t' % (ascVal,stack[top]%13+1),end='')
64          if top%4==0:
65              print()
66          top-=1
```

【執行結果】

```
[洗牌中...請稍後!]
[逆時針發牌]
[顯示各家牌子] 東家      北家        西家        南家
=================================
[spade 12]        [heart 12]        [heart  4]        [heart  9]

[diamond  4]      [diamond  1]      [spade 13]        [club 10]

[spade  1]        [diamond  6]      [heart 13]        [heart  6]

[heart  8]        [club  8]         [club  9]         [heart  2]

[diamond 13]      [club 11]         [club 13]         [heart  5]

[spade  2]        [spade  4]        [club  4]         [club  1]

[club  2]         [spade  5]        [club  6]         [diamond  2]

[club  3]         [diamond 12]      [spade 11]        [diamond  8]

[diamond  5]      [diamond 11]      [heart  3]        [club  7]

[diamond  9]      [heart 11]        [spade  7]        [diamond 10]

[club  5]         [spade  3]        [spade  9]        [heart  7]

[club 12]         [spade  6]        [diamond  3]      [spade  8]

[heart  1]        [spade 10]        [heart 10]        [diamond  7]
```

└→提問畫面

> A 請設計一Python程式，以陣列模擬撲克牌洗牌及發牌的過程。請以亂數取得撲克牌後放入堆 ✎
> 疊，放滿52張牌後開始發牌，同樣的使用堆疊功能來發牌給四個人。

> 以下是使用Python程式碼來模擬撲克牌洗牌及發牌的過程，並使用堆疊功能來發牌給四個 ⧉ 👍 👎
> 人：

```python
import random

class Stack:
    def __init__(self):
        self.stack = []

    def push(self, item):
        self.stack.append(item)

    def pop(self):
        if len(self.stack) == 0:
            return None
        else:
            return self.stack.pop()

    def is_empty(self):
        return len(self.stack) == 0

    def size(self):
        return len(self.stack)
```

😊 **AI 參考程式名稱**   CH04_02(CGPT).py

4-1-2   串列實作堆疊

鍵結串列來製作堆疊的優點是隨時可以動態改變串列長度，能有效利用記憶體資源，不過缺點是設計時，演算法較為複雜。

Python 的相關演算法如下：

```
class Node:    #堆疊鏈結節點的宣告
    def __init__(self):
        self.data=0    #堆疊資料的宣告
        self.next=None    #堆疊中用來指向下一個節點

top=None
```

```
def isEmpty():
    global top
    if(top==None):
        return 1
    else:
        return 0
```

```
#將指定的資料存入堆疊
def push(data):
    global top
    new_add_node=Node()
    new_add_node.data=data#將傳入的值指定為節點的內容
    new_add_node.next=top#將新節點指向堆疊的頂端
    top=new_add_node#新節點成為堆疊的頂端
```

```
#從堆疊取出資料
def pop():
    global top
    if isEmpty():
        print('===目前為空堆疊===')
        return -1
    else:
        ptr=top#指向堆疊的頂端
        top=top.next#將堆疊頂端的指標指向下一個節點
        temp=ptr.data#取出堆疊的資料
        return temp#將從堆疊取出的資料回傳給主程式
```

範例 4.1.3

程式碼：CH04_03.py

```
01  class Node:    #堆疊鏈結節點的宣告
02      def __init__(self):
03          self.data=0    #堆疊資料的宣告
04          self.next=None    #堆疊中用來指向下一個節點
05
06  top=None
07
08  def isEmpty():
09      global top
10      if(top==None):
11          return 1
12      else:
13          return 0
14
15  #將指定的資料存入堆疊
```

```
16  def push(data):
17      global top
18      new_add_node=Node()
19      new_add_node.data=data#將傳入的值指定為節點的內容
20      new_add_node.next=top#將新節點指向堆疊的頂端
21      top=new_add_node#新節點成為堆疊的頂端
22
23
24  #從堆疊取出資料
25  def pop():
26      global top
27      if isEmpty():
28          print('===目前為空堆疊===')
29          return -1
30      else:
31          ptr=top#指向堆疊的頂端
32          top=top.next#將堆疊頂端的指標指向下一個節點
33          temp=ptr.data#取出堆疊的資料
34          return temp#將從堆疊取出的資料回傳給主程式
35
36  #主程式
37  while True:
38      i=int(input('要推入堆疊,請輸入1,彈出則輸入0,停止操作則輸入-1: '))
39      if i==-1:
40          break
41      elif i==1:
42          value=int(input('請輸入元素值:'))
43          push(value)
44      elif i==0:
45          print('彈出的元素為%d' %pop())
46
47  print('===========================')
48  while(not isEmpty()):  #將資料陸續從頂端彈出
49      print('堆疊彈出的順序為:%d' %pop())
50  print('===========================')
```

【執行結果】

```
要推入堆疊,請輸入1,彈出則輸入0,停止操作則輸入-1: 1
請輸入元素值:5
要推入堆疊,請輸入1,彈出則輸入0,停止操作則輸入-1: 1
請輸入元素值:6
要推入堆疊,請輸入1,彈出則輸入0,停止操作則輸入-1: 1
請輸入元素值:8
要推入堆疊,請輸入1,彈出則輸入0,停止操作則輸入-1: 0
彈出的元素為8
要推入堆疊,請輸入1,彈出則輸入0,停止操作則輸入-1: 0
彈出的元素為6
要推入堆疊,請輸入1,彈出則輸入0,停止操作則輸入-1: -1
===========================
堆疊彈出的順序為:5
===========================
```

ChatGPT 解決觀點
提問畫面

> **A** 請利用鏈結串列結構來設計一Python程式，利用迴圈來控制準備推入或取出的元素，其中必須包括推入(push)與彈出(pop)函數，及最後輸出所有堆疊內的元素。

> 以下是使用鏈結串列結構設計的Python程式碼，其中包含推入（push）、彈出（pop）函數以及輸出堆疊內元素的功能：

```python
class Node:
    def __init__(self, data):
        self.data = data
        self.next = None


class Stack:
    def __init__(self):
        self.top = None

    def push(self, item):
        new_node = Node(item)
        if self.top is None:
            self.top = new_node
        else:
            new_node.next = self.top
            self.top = new_node

    def pop(self):
        if self.top is None:
```

AI 參考程式名稱　CH04_03(CGPT).py

4-2 堆疊的應用

堆疊在計算機領域的應用相當廣泛，主要特性是限制了資料插入與刪除的位置和方法，屬於有序串列應用。可以將它列舉如下：

1. 二元樹及森林的走訪運算，例如中序追蹤（Inorder）、前序追蹤（Preorder）等。
2. 電腦中央處理單元（CPU）的中斷處理（Interrupt Handling）。
3. 圖形的深度優先（DFS）追蹤法。

4. 某些所謂堆疊計算機（Stack Computer），是一種採用空位址（zero-address）指令，其指令沒有運算元欄，大部份透過彈出（Pop）及壓入（Push）兩個指令來處理程式。

5. 遞迴式的呼叫及返回：在每次遞迴之前，須先將下一個指令的位址、及變數的值保存到堆疊中。當以後遞迴回來（Return）時，則循序從堆疊頂端取出這些相關值，回到原來執行遞迴前的狀況，再往下執行。

6. 算術式的轉換和求值，例如中序法轉換成後序法。

7. 呼叫副程式及返回處理，例如要執行呼叫的副程式前，必須先將返回位置（即下一道指令的位址）儲存到堆疊中，然後才執行呼叫副程式的動作，等到副程式執行完畢後，再從堆疊中取出返回位址。

8. 編譯錯誤處理（Compiler Syntax Processing）：例如當編譯程式發生錯誤或警告訊息時，會將所在的位址推入堆疊中，才顯示出錯誤相關的訊息對照表。

範例 **4.2.1** 考慮如下所示的鐵路交換網路：

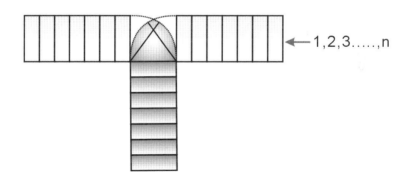

在圖右邊為編號 1,2,3,...,n 的火車廂。每一車廂被拖入堆疊，並可以在任何時候將它拖出。如 n=3，我們可以拖入 1，拖入 2，拖入 3 然後再將車廂拖出，此時可產生新的車廂順序 3,2,1。請問

1. 當 n=3 時，分別有那幾種排列的方式？那幾種排序方式不可能發生？

2. 當 n=6 時，325641 這樣的排列是否可能發生？或者 154236？或者 154623？又當 n=5 時，32154 這樣的排列是否可能發生？

3. 找出一個公式 S_n，當有 n 節車廂時，共有幾種排方式？

1. 當 n=3 時，可能的排列方式有五種，分別是 123,132,213,231,321。不可能的排列方式有 312。

2. 依據堆疊後進先出的原則，所以 325641 的車廂號碼順序是可以達到。至於 154263 與 154623 都不可能發生。當 n=5 時，可以產生 32154 的排列。

3. $Sn = \dfrac{1}{n+1} \dbinom{2n}{n}$

$$= \dfrac{1}{n+1} * \dfrac{(2n)!}{n! * n!}$$

4-2-1　遞迴演算法

遞迴是種很特殊的演算法，簡單來說對程式設計師而言，「函數」（或稱副程式）不單純只是能夠被其它函數呼叫（或引用）的程式單元，在某些語言還提供了自身引用的功能，這種功用就是所謂的「遞迴」。遞迴在早期人工智慧所用的語言。如 Lisp、Prolog 幾乎都是整個語言運作的核心，當然在 Java 中也有提供這項功能，因為它們的繫結時間可以延遲至執行時才動態決定。

「何時才是使用遞迴的最好時機？」，是不是遞迴只能解決少數問題？事實上，任何可以用選擇結構和重複結構來編寫的程式碼，都可以用遞迴來表示和編寫。

※　遞迴的定義

談到遞迴的定義，我們可以正式這樣形容，假如一個函數或副程式，是由自身所定義或呼叫的，就稱為遞迴（Recursion），它至少要定義 2 種條件，包括一個可以反覆執行的遞迴過程，與一個跳出執行過程的出口。

例如我們知道階乘函數是數學上很有名的函數，對遞迴式而言，也可以看成是很典型的範例，我們一般以符號 "！" 來代表階乘。如 4 階乘可寫為 4!，n! 可以寫成：

```
n!=n×(n-1)*(n-2)……*1
```

各位可以一步分解它的運算過程，觀察出一定的規律性：

```
5! = (5 * 4!)
   = 5 *(4 * 3!)
   = 5 * 4 *(3 * 2!)
   = 5 * 4 * 3 *(2 * 1)
   = 5 * 4 *(3 * 2)
   = 5 *(4 * 6)
   = (5 * 24)
   = 120
```

至於 Python 的遞迴函數演算法可以寫成如下：

```python
def factorial(i):
    if i==0:
        return 1
    else:
        ans=i * factorial(i-1)  #反覆執行的遞迴過程
    return ans
```

範例 4.2.2

程式碼：CH04_04.py

```python
01  # 以for迴圈計算 n!
02  sum=1
03  n=int(input('請輸入n='))
04  for i in range(0,n+1):
05      for j in range(i,0,-1):
06          sum *=j     # sum=sum*j
07      print('%d!=%3d' %(i,sum))
08      sum=1
```

【執行結果】

```
請輸入n=10
0!=  1
1!=  1
2!=  2
3!=  6
4!= 24
5!=120
6!=720
7!=5040
8!=40320
9!=362880
10!=3628800
```

☁ ChatGPT 解決觀點
└・提問畫面

```python
def factorial_range(n):
    results = []
    factorial = 1
    for i in range(n + 1):
        if i > 0:
            factorial *= i
        results.append(factorial)
    return results

n = int(input("請輸入 n 的值:"))
factorials = factorial_range(n)
for i, factorial in enumerate(factorials):
    print(f"{i}! = {factorial}")
```

在這個程式中，我們定義了一個 `factorial_range` 函式，該函式接受一個整數 `n` 作為輸入。使用一個 for 迴圈，我們從 0 開始迭代到 `n`，並計算每個數字的階乘。將計算結果存儲在 `results` 列表中。

在迴圈中，我們使用一個變數 `factorial` 來保存當前的階乘值，並在每次迭代中根據當前數字 `i` 更新 `factorial` 的值。我們將 `factorial` 添加到 `results` 列表中。

☁ AI 參考程式名稱　CH04_04(CGPT).py

範例 4.2.3

〈/〉 程式碼：CH04_05.py

```
01   #用遞迴函數求 n階乘的值
02
03   def factorial(i):
04       if i==0:
05           return 1
06       else:
07           product=i * factorial(i-1)  # sum=n*(n-1)!所以直接呼叫本身
08           return product
09
10   n=int(input('請輸入階乘數:'))
11   for i in range(n+1):
12       print('%d !值為 %3d' %(i,factorial(i)))
```

【執行結果】

```
請輸入階乘數:10
0 ！值為    1
1 ！值為    1
2 ！值為    2
3 ！值為    6
4 ！值為   24
5 ！值為  120
6 ！值為  720
7 ！值為 5040
8 ！值為 40320
9 ！值為 362880
10 ！值為 3628800
```

ChatGPT 解決觀點
提問畫面

AI 參考程式名稱　CH04_05(CGPT).py

此外，遞迴因為呼叫對象的不同，可以區分為以下兩種：

直接遞迴（Direct Recursion）

指遞迴函數中，允許直接呼叫該函數本身，稱為直接遞迴（Direct Recursion）。
如下例：

```
def Fun(...):
    .
    .
    if ... :
        Fun(...)
    .
    .
}
```

※ 間接遞迴

指遞迴函數中,如果呼叫其他遞迴函數,再從其他遞迴函數呼叫回原來的遞迴函數,我們就稱做間接遞迴(Indirect Recursion)。

```
def Fun1(...):          def Fun2(...):
    .                       .
    .                       .
    if ... :                if ... :
        Fun2(...)               Fun1(...)
    .                       .
    .                       .
```

 Tips

「尾歸遞迴」(Tail Recursion)就是程式的最後一個指令為遞迴呼叫,因為每次呼叫後,再回到前一次呼叫的第一行指令就是 return,所以不需要再進行任何計算工作。

※ 費伯那序列

以上遞迴應用的介紹是利用階乘函數的範例來說明遞迴式的運作。相信各位應該不會再對遞迴有陌生的感覺了吧!我們再來看一個很有名氣的費伯那序列(Fibonacci Polynomial),首先看看費伯那序列的基本定義:

$$F_n = \begin{cases} 0 & n=0 \\ 1 & n=1 \\ F_{n-1}+F_{n-2} & n=2,3,4,5,6\cdots\cdots(\text{n 為正整數}) \end{cases}$$

　　簡單來說，就是一序列的第零項是 0、第一項是 1，其它每一個序列中項目的值是由其本身前面兩項的值相加所得。從費伯那序列的定義，也可以嘗試把它轉成遞迴的形式：

```
def fib(n):  # 定義函數fib()
    if n==0 :
        return 0 # 如果n=0 則傳回 0
    elif n==1 or n==2:
        return 1
    else:   # 否則傳回 fib(n-1)+fib(n-2)
        return (fib(n-1)+fib(n-2))
```

範例 4.2.4

程式碼：CH04_06.py

```
01   def fib(n):  # 定義函數fib()
02       if n==0 :
03           return 0 # 如果n=0 則傳回 0
04       elif n==1 or n==2:
05           return 1
06       else:   # 否則傳回 fib(n-1)+fib(n-2)
07           return (fib(n-1)+fib(n-2))
08
09   n=int(input('請輸入所要計算第幾個費式數列:'))
10   for i in range(n+1):# 計算前n個費氏數列
11       print('fib(%d)=%d' %(i,fib(i)))
```

【執行結果】

```
請輸入所要計算第幾個費式數列:10
fib(0)=0
fib(1)=1
fib(2)=1
fib(3)=2
fib(4)=3
fib(5)=5
fib(6)=8
fib(7)=13
fib(8)=21
fib(9)=34
fib(10)=55
```

ChatGPT 解決觀點

提問畫面

> A　請設計一個計算第n項費伯那序列的遞迴程式，並列出所有n項波那契數列的值。
>
> 以下是使用遞迴方式設計計算第 n 項費波那契數列的程式，並列出所有 n 項費波那契數列的值：
>
> ```python
> def fibonacci_recursive(n):
>     if n <= 0:
>         return 0
>     elif n == 1:
>         return 1
>     else:
>         return fibonacci_recursive(n - 1) + fibonacci_recursive(n - 2)
>
> n = int(input("請輸入 n 的值："))
>
> fibonacci_sequence = []
> for i in range(n):
>     value = fibonacci_recursive(i)
>     fibonacci_sequence.append(value)
>     print(f"第 {i+1} 項費波那契數列的值為：{value}")
>
> print(f"前 {n} 項費波那契數列的值：{fibonacci_sequence}")
> ```
>
> 在這個程式中，我們定義了一個 `fibonacci_recursive` 函式，該函式使用遞迴的方式計算第 n 項費波那契數列的值。

AI 參考程式名稱　CH04_06(CGPT).py

4-2-2 動態規劃演算法

　　動態規劃演算邏輯（Dynamic Programming Algorithm, DPA）與遞迴法十分類似，由 20 世紀 50 年代初美國數學家 R. E. Bellman 所發明，用來研究多階段決策過程的優化過程與求得一個問題的最佳解。動態規劃演算法主要的邏輯是如果一個問題答案與子問題相關的話，就能將大問題拆解成各個小問題，其中與遞迴法最大不同的地方是可以讓每一個子問題的答案先被儲存起來，以供下次求解時直接取用。這樣的作法不但能減少再次需要計算的時間，並將這些解組合成大問題的解答，故使用動態規劃則可以解決重覆計算的缺點。

　　動態規劃算是分治法的延伸，當遞迴分割出來的問題，一而再、再而三出現，就運用記憶法儲存這些問題的，與遞迴法不同的地方在於，動態規劃多使用了記憶（memorization）的機制，將處理過的子問題答案記錄下來，避免重複計算。例如前面費伯那數列是用遞迴法解決，如果改用動態規劃寫法，已計算過資料而不必計算，也不會在往下遞迴，會達到增進效能的目的，例如我們想求取第 4 個費伯那數 Fib(4)，它的遞迴過程可以利用以下圖形表示：

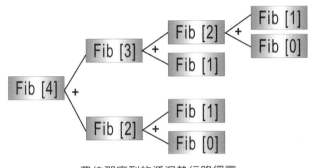

費伯那序列的遞迴執行路徑圖

　　從路徑圖中可以得知遞迴呼叫 9 次，而執行加法運算 4 次，Fib(1) 執行了 3 次，浪費了執行效能，我們依據動態規劃法的精神，依照這演算法可以繪製出如下的示意圖：

　　為了達到這個目的，我們可以先設置一個用來紀綠該費伯那數是否已計算過的陣列 output，該陣列中每一個元素是用來紀錄已被計算過的費伯那數，不過在計算之前，該 output 陣列的初值全部設定指向空的值（以 C 語言為例為 NULL，Python 為 None），但是當該費伯那數已被計算過後，就必須將該費伯那數計算而得的值儲存到 output 陣列中，舉例來說，我們可以將 F(0) 紀錄到 output[0]，F(1) 紀錄到 output[2]…以此類推。

不過每當要計算每一個費伯那數會先從 output 陣列中判斷，如果是空的值，就進行費伯那數的計算，再將計算得到的費伯那數儲存到對應索引的 output 陣列中，因此可以確保每一個費伯那數只被計算過一次。演算過程如下：

1. 第一次計算 F(0)，依照費伯那數的定義，得到數值為 0，記得將此值存入用來紀錄已計算費伯那數的陣列中，即 output[0]=0。

2. 第一次計算 F(1)，依照費伯那數的定義，得到數值為 1，記得將此值存入用來紀錄已計算費伯那數的陣列中，即 output[1]=1。

3. 第一次計算 F(2)，依照費伯那數的定義，得到數值為 F(1)+F(0)，因為這兩個數值都已計算過，因此可以直接計算 output[1]+ output[0]=1+0=1 記得將此值存入用來紀錄已計算費伯那數的陣列中，即 output[2]=1。

4. 第一次計算 F(3)，依照費伯那數的定義，得到數值為 F(2)+F(1)，因為這兩個數值都已計算過，因此可以直接計算 output[2]+ output[1]=1+1=2 記得將此值存入用來紀錄已計算費伯那數的陣列中，即 output[3]=2。

5. 第一次計算 F(4)，依照費伯那數的定義，得到數值為 F(3)+F(2)，因為這兩個數值都已計算過，因此可以直接計算 output[3]+ output[2]=2+1=3 記得將此值存入用來紀錄已計算費伯那數的陣列中，即 output[4]=3。

第一次計算 F(5)，依照費伯那數的定義，得到數值為 F(4)+F(3)，因為這兩個數值都已計算過，因此可以直接計算 output[4]+ output[3]=3+2=5 記得將此值存入用來紀錄已計算費伯那數的陣列中，即 output[5]=5。以此類推……。

從路徑圖中可以得知遞迴呼叫 9 次，而執行加法運算 4 次，Fib(1) 與 Fib(0) 共執行了 3 次，浪費了執行效能，我們依據動態規劃法的精神，演算法可以修改如下：

```
output=[None]*1000    #fibonacci的暫存區

def Fibonacci(n):
    result=output[n]
```

```
if result==None:
    if n==0:
        result=0
    elif n==1:
        result=1
    else:
        result=Fibonacci(n - 1) + Fibonacci(n - 2)
    output[n]=result
return result
```

4-2-3 河內塔問題

　　法國數學家 Lucas 在 1883 年介紹了一個十分經典的河內塔（Tower of Hanoil）智力遊戲，是典型使用遞迴式與堆疊觀念來解決問題的範例，內容是説在古印度神廟，廟中有三根木樁，天神希望和尚們把某些數量大小不同的圓盤，由第一個木樁全部移動到第三個木樁。

　　更精確來説，河內塔問題可以這樣形容：假設有 A、B、C 三個木樁和 n 個大小均不相同的套環（Disc），由小到大編號為 1,2,3...n，編號越大直徑越大。開始的時候，n 個套環境套在 A 木樁上，現在希望能找到將 A 木樁上的套環藉著 B 木樁當中間橋樑，全部移到 C 木樁上最少次數的方法。不過在搬動時還必須遵守下列規則：

1. 直徑較小的套環永遠置於直徑較大的套環上。

2. 套環可任意地由任何一個木樁移到其他的木樁上。

3. 每一次僅能移動一個套環，而且只能從最上面的套環開始移動。

　　現在我們考慮 n=1~3 的狀況，以圖示方式為各位示範處理河內塔問題的步驟：

※ n=1 個套環

（當然是直接把盤子從 1 號木樁移動到 3 號木樁。）

※ n=2 個套環

1. 將套環從 1 號木樁移動到 2 號木樁

2. 將套環從 1 號木樁移動到 3 號木樁

3. 將套環從 2 號木樁移動到 3 號木樁,就完成了

完成

結論:移動了 $2^2-1=3$ 次,盤子移動的次序為 1,2,1(此處為盤子次序)

步驟為:$1 \rightarrow 2$,$1 \rightarrow 3$,$2 \rightarrow 3$(此處為木樁次序)

▓ n=3 個套環

1. 將套環從 1 號木樁移動到 3 號木樁

2. 將套環從 1 號木樁移動到 2 號木樁

3.　將套環從 3 號木樁移動到 2 號木樁

4.　將套環從 1 號木樁移動到 3 號木樁

5.　將套環從 2 號木樁移動到 1 號木樁

6.　將套環從 2 號木樁移動到 3 號木樁

7. 將套環從 1 號木樁移動到 3 號木樁，就完成了

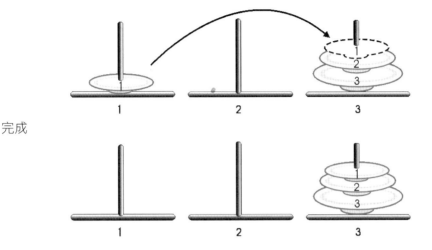

完成

結論：移動了 $2^3\text{-}1\text{=}7$ 次，盤子移動的次序為 1,2,1,3,1,2,1（盤子次序）

步驟為 $1 \rightarrow 3$，$1 \rightarrow 2$，$3 \rightarrow 2$，$1 \rightarrow 3$，$2 \rightarrow 1$，$2 \rightarrow 3$，$1 \rightarrow 3$（木樁次序）

　　當有 4 個盤子時，我們實際操作後（在此不作圖說明），盤子移動的次序為 121312141213121，而移動木樁的順序為 $1 \rightarrow 2$，$1 \rightarrow 3$，$2 \rightarrow 3$，$1 \rightarrow 2$，$3 \rightarrow 1$，$3 \rightarrow 2$，$1 \rightarrow 2$，$1 \rightarrow 3$，$2 \rightarrow 3$，$2 \rightarrow 1$，$3 \rightarrow 1$，$2 \rightarrow 3$，$1 \rightarrow 2$，$1 \rightarrow 3$，$2 \rightarrow 3$，而移動次數為 $2^4\text{-}1\text{=}15$。

　　當 n 不大時，各位可以逐步用圖示解決，但 n 的值較大時，那可就十分傷腦筋了。事實上，我們可以得到一個結論，例如當有 n 個盤子時，可將河內塔問題歸納成三個步驟：

步驟 1：將 n-1 個盤子，從木樁 1 移動到木樁 2。
步驟 2：將第 n 個最大盤子，從木樁 1 移動到木樁 3。
步驟 3：將 n-1 個盤子，從木樁 2 移動到木樁 3。

步驟1
移動(n-1)個盤子

步驟3
移動(n-1)個盤子

(n-1)個盤子

(n-1)個盤子

【1號木樁】　【2號木樁】　【3號木樁】

步驟2　移動第n個最大盤子

由上圖中，各位應該發現河內塔問題是非常適合以遞迴式與堆疊來解決。因為它滿足了遞迴的兩大特性①有反覆執行的過程②有停止的出口。以下則以遞迴式來表示河內塔遞迴函數演算法：

```
def hanoi(n, p1, p2, p3):
    if n==1: # 遞迴出口
        print('套環從 %d 移到 %d' %(p1, p3))
    else:
        hanoi(n-1, p1, p3, p2)
        print('套環從 %d 移到 %d' %(p1, p3))
        hanoi(n-1, p2, p1, p3)
```

範例 4.2.5

程式碼：CH04_07.py

```
01  def hanoi(n, p1, p2, p3):
02      if n==1: # 遞迴出口
03          print('套環從 %d 移到 %d' %(p1, p3))
04      else:
05          hanoi(n-1, p1, p3, p2)
06          print('套環從 %d 移到 %d' %(p1, p3))
07          hanoi(n-1, p2, p1, p3)
08
09  j=int(input('請輸入所移動套環數量：'))
10  hanoi(j,1, 2, 3)
```

【執行結果】

```
請輸入所移動套環數量：4
套環從 1 移到 2
套環從 1 移到 3
套環從 2 移到 3
套環從 1 移到 2
套環從 3 移到 1
套環從 3 移到 2
套環從 1 移到 2
套環從 1 移到 3
套環從 2 移到 3
套環從 2 移到 1
套環從 3 移到 1
套環從 2 移到 3
套環從 1 移到 2
套環從 1 移到 3
套環從 2 移到 3
```

ChatGPT 解決觀點

提問畫面

A　請設計一個Python程式，以遞迴式來實作河內塔演算法的求解。

以下是使用遞迴方式實作河內塔演算法的程式：

```python
def hanoi(n, source, destination, auxiliary):
    if n == 1:
        print(f"移動圓盤 1 從 {source} 到 {destination}")
    else:
        hanoi(n-1, source, auxiliary, destination)
        print(f"移動圓盤 {n} 從 {source} 到 {destination}")
        hanoi(n-1, auxiliary, destination, source)

n = int(input("請輸入圓盤的數量："))
hanoi(n, 'A', 'C', 'B')
```

在這個程式中，我們定義了一個 `hanoi` 函式，該函式使用遞迴的方式求解河內塔問題。函式接受四個參數：`n` 表示圓盤的數量，`source` 表示起始柱子，`destination` 表示目標柱子，`auxiliary` 表示輔助柱子。

遞迴的基本情況是當只有一個圓盤時，直接將圓盤從起始柱子移動到目標柱子。

AI 參考程式名稱　CH04_07(CGPT).py

4-2-4　回溯法 - 老鼠走迷宮

回溯法（Backtracking）也算是枚舉法中的一種，對於某些問題而言，回溯法是一種可以找出所有（或部分）解的一般性演算法，是隨時避免枚舉不正確的數值，一旦發現不正確的數值，就不遞迴至下一層，而是回溯至上一層來節省時間，這種走不通就退回再走的方式。主要是在搜尋過程中尋找問題的解，當發現已不滿足求解條件時，就回溯返回，嘗試別的路徑，避免無效搜索。

例如老鼠走迷宮就是一種回溯法（Backtracking）與堆疊的應用，我們應該提出討論，就是實驗心理學中有名的「老鼠走迷宮」問題。老鼠走迷宮問題的陳述是假設把一隻大老鼠被放在一個沒有蓋子的大迷宮盒的入口處，盒中有許多牆使得大部份的路徑都被擋住而無法前進。老鼠可以依照嘗試錯誤的方法找到出口。不過這老鼠必須具備走錯路時就會重來一次並把走過的路記起來，避免重複走同樣的路，就這樣直到找到出口為止。簡單說來，老鼠行進時，必須遵守以下三個原則：

1. 一次只能走一格。
2. 遇到牆無法往前走時，則退回一步找找看是否有其他的路可以走。
3. 走過的路不會再走第二次。

我們之所以對這個問題感興趣，就是它可以提供一種典型堆疊應用的思考方向，國內許多大學曾舉辦所謂「電腦鼠」走迷宮的比賽，就是要設計這種利用堆疊技巧走迷宮的程式。在建立走迷宮程式前，我們先來了解如何在電腦中表現一個模擬迷宮的方式。這時可以利用二維陣列 MAZE[row][col]，並符合以下規則：

MAZE[i][j] =1 表示 [i][j] 處有牆，無法通過
　　　　　 =0 表示 [i][j] 處無牆，可通行
MAZE[1][1] 是入口，MAZE[m][n] 是出口

下圖就是一個使用 10x12 二維陣列的模擬迷宮地圖表示圖：

【迷宮原始路徑】

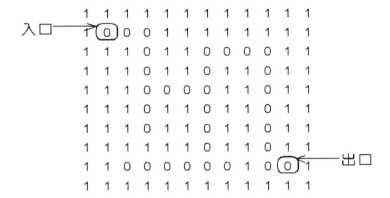

假設老鼠由左上角的 MAZE[1][1] 進入，由右下角的 MAZE[8][10] 出來，老鼠目前位置以 MAZE[x][y] 表示，那麼我們可以將老鼠可能移動的方向表示如下：

如上圖所示，老鼠可以選擇的方向共有四個，分別為東、西、南、北。但並非每個位置都有四個方向可以選擇，必須視情況來決定，例如 T 字型的路口，就只有東、西、南三個方向可以選擇。

　　我們可以利用鏈結串列來記錄走過的位置，並且將走過的位置的陣列元素內容標示為 2，然後將這個位置放入堆疊再進行下一次的選擇。如果走到死巷子並且還沒有抵達終點，那麼就必退出上一個位置，並退回去直到回到上一個叉路後再選擇其他的路。由於每次新加入的位置必定會在堆疊的最末端，因此堆疊末端指標所指的方格編號便是目前搜尋迷宮出口的老鼠所在的位置。如此一直重覆這些動作直到走到出口為止。如下圖是以小球來代表迷宮中的老鼠：

在迷宮中搜尋出口　　　　　　　　　終於找到迷宮出口

　　上面這樣的一個迷宮搜尋的概念，底下利用 Python 演算法來加以描述：

```
if 上一格可走:
    加入方格編號到堆疊
    往上走
    判斷是否為出口
elif 下一格可走:
    加入方格編號到堆疊
    往下走
    判斷是否為出口
elif 左一格可走:
    加入方格編號到堆疊
    往左走
    判斷是否為出口
elif 右一格可走:
    加入方格編號到堆疊
    往右走
    判斷是否為出口
else:
    從堆疊刪除一方格編號
    從堆疊中取出一方格編號
    往回走
```

　　上面的演算法是每次進行移動時所執行的內容，其主要是判斷目前所在位置的上、下、左、右是否有可以前進的方格，若找到可移動的方格，便將該方格的編號加入到記錄移動路徑的堆疊中，並往該方格移動，而當四週沒有可走的方格時，也就是目前所在的方格無法走出迷宮，必須退回前一格重新再來檢查是否有其它可走的路徑。

範例 **4.2.6**

程式碼：**CH04_08.py**

```
01  #===============Program Description===============
02  #程式目的： 老鼠走迷宮
03
04  class Node:
05      def __init__(self,x,y):
06          self.x=x
07          self.y=y
08          self.next=None
09
10  class TraceRecord:
11      def __init__(self):
12          self.first=None
13          self.last=None
14
15      def isEmpty(self):
16              return self.first==None
17
18      def insert(self,x,y):
19          newNode=Node(x,y)
20          if self.first==None:
21              self.first=newNode
22              self.last=newNode
23          else:
24              self.last.next=newNode
25              self.last=newNode
26
27      def delete(self):
28          if self.first==None:
29              print('[佇列已經空了]')
30              return
31          newNode=self.first
32          while newNode.next!=self.last:
33              newNode=newNode.next
34          newNode.next=self.last.next
35          self.last=newNode
```

```
36
37    ExitX=8  #定義出口的X座標在第八列
38    ExitY=10#定義出口的Y座標在第十行
39    #宣告迷宮陣列
40    MAZE=[[1,1,1,1,1,1,1,1,1,1,1,1], \
41          [1,0,0,0,1,1,1,1,1,1,1,1], \
42          [1,1,1,0,1,1,0,0,0,0,1,1], \
43          [1,1,1,0,1,1,0,1,1,0,1,1], \
44          [1,1,1,0,0,0,0,1,1,0,1,1], \
45          [1,1,1,0,1,1,0,1,1,0,1,1], \
46          [1,1,1,0,1,1,0,1,1,0,1,1], \
47          [1,1,1,1,1,1,0,1,1,0,1,1], \
48          [1,1,0,0,0,0,0,0,1,0,0,1], \
49          [1,1,1,1,1,1,1,1,1,1,1,1]]
50
51    def chkExit(x,y,ex,ey):
52        if x==ex and y==ey:
53            if(MAZE[x-1][y]==1 or MAZE[x+1][y]==1 or MAZE[x][y-1]==1 or
      MAZE[x][y+1]==2):
54                return 1
55            if(MAZE[x-1][y]==1 or MAZE[x+1][y]==1 or MAZE[x][y-1]==2 or
      MAZE[x][y+1]==1):
56                return 1
57            if(MAZE[x-1][y]==1 or MAZE[x+1][y]==2 or MAZE[x][y-1]==1 or
      MAZE[x][y+1]==1):
58                return 1
59            if(MAZE[x-1][y]==2 or MAZE[x+1][y]==1 or MAZE[x][y-1]==1 or
      MAZE[x][y+1]==1):
60                return 1
61        return 0
62
63    #主程式
64
65
66    path=TraceRecord()
67    x=1
68    y=1
69
70    print('[迷宮的路徑(0的部分)]')
71    for i in range(10):
72        for j in range(12):
73            print(MAZE[i][j],end='')
74        print()
75    while x<=ExitX and y<=ExitY:
76        MAZE[x][y]=2
77        if MAZE[x-1][y]==0:
78            x -=1
```

```
79              path.insert(x,y)
80          elif MAZE[x+1][y]==0:
81              x+=1
82              path.insert(x,y)
83          elif MAZE[x][y-1]==0:
84              y-=1
85              path.insert(x,y)
86          elif MAZE[x][y+1]==0:
87              y+=1
88              path.insert(x,y)
89          elif chkExit(x,y,ExitX,ExitY)==1:
90              break
91          else:
92              MAZE[x][y]=2
93              path.delete()
94              x=path.last.x
95              y=path.last.y
96      print('[老鼠走過的路徑(2的部分)]')
97      for i in range(10):
98          for j in range(12):
99              print(MAZE[i][j],end='')
100         print()
```

【執行結果】

```
[迷宮的路徑(0的部分)]
111111111111
100011111111
110011000011
111011011011
111000011011
111011011011
111011011011
111111011011
110000001001
111111111111
[老鼠走過的路徑(2的部分)]
111111111111
122211111111
111211222211
111211211211
111222211211
111211011211
111211011211
111111011211
110000001221
111111111111
```

ChatGPT 解決觀點

提問畫面

> A　請設計迷宮問題的 **Python** 程式實作使用回溯法。
>
> 以下是使用回溯法解決迷宮問題的 **Python** 程式碼示例：

```python
def solve_maze(maze, start, end):
    rows = len(maze)
    cols = len(maze[0])
    visited = [[False] * cols for _ in range(rows)]
    path = []

    def backtrack(row, col):
        if row < 0 or row >= rows or col < 0 or col >= cols or maze[row][col
            return False

        visited[row][col] = True
        path.append((row, col))

        if (row, col) == end:
            return True

        # 搜尋上、下、左、右四個方向。
        if backtrack(row - 1, col) or backtrack(row + 1, col) or backtrack(r
            return True

        # 若該位置無法達到目標點，則將該位置從路徑中移除
```

AI 參考程式名稱　CH04_08(CGPT).py

4-2-5　八皇后問題

八皇后問題也是一種常見的堆疊應用實例。在西洋棋中的皇后可以在沒有限定一步走幾格的前題下，對棋盤中的其它棋子直吃、橫吃及對角斜吃（左斜吃或右斜吃皆可），只要後放入的新皇后，放入前必須考慮所放位置直線方向、橫線方向或對角線方向是否已被放置舊皇后，否則就會被先放入的舊皇后吃掉。

利用這種觀念，我們可以將其應用在 4*4 的棋盤，就稱為 4-皇后問題；應用在 8*8 的棋盤，就稱為 8-皇后問題。應用在 N*N 的棋盤，就稱為 N-皇后問題。要解決 N- 皇后問題（在此我們以 8-皇后為例），首先當於棋盤中置入一個新皇后，且這個位置不會被先前放置的皇后吃掉，就將這個新皇后的位置存入堆疊。

　　但是如果當您放置新皇后的該行（或該列）的 8 個位置，都沒有辦法放置新皇后（亦即一放入任何一個位置，就會被先前放置的舊皇后給吃掉）。此時，就必須由堆疊中取出前一個皇后的位置，並於該行（或該列）中重新尋找另一個新的位置放置，再將該位置存入堆疊中，而這種方式就是一種回溯（Backtracking）演算法的應用概念。

　　N-皇后問題的解答，就是配合堆疊及回溯兩種資料結構的概念，以逐行（或逐列）找新皇后位置（如果找不到，則回溯到前一行找尋前一個皇后另一個新的位置，以此類推）的方式，來尋找 N- 皇后問題的其中一組解答。

　　底下分別是 4-皇后及 8-皇后在堆疊存放的內容及對應棋盤的其中一組解。

4-皇后堆疊內容　　　　　　4-皇后的其中一組解

8-皇后堆疊內容　　　　　　8-皇后的其中一組解

範例 4.2.7

程式碼：CH04_09.py

```
01   global queen
02   global number
03   EIGHT=8  #定義最大堆疊容量
04   queen=[None]*8  #存放8個皇后之列位置
05
06   number=0#計算總共有幾組解的總數
07   #決定皇后存放的位置
08   #輸出所需要的結果
09   def print_table():
10       global number
11       x=y=0
12       number+=1
13       print('')
14       print('八皇后問題的第%d組解\t' %number)
15       for x in range(EIGHT):
16           for y in range(EIGHT):
17               if x==queen[y]:
18                   print('<q>',end='')
19               else:
20                   print('<->',end='')
21           print('\t')
22       input('\n..按下任意鍵繼續..\n')
23
24   #測試在(row,col)上的皇后是否遭受攻擊
25   #若遭受攻擊則傳回值為1,否則傳回0
26   def attack(row,col):
27       global queen
28       i=0
29       atk=0
30       offset_row=offset_col=0
31       while (atk!=1)and i<col:
32           offset_col=abs(i-col)
33           offset_row=abs(queen[i]-row)
34           #判斷兩皇后是否在同一列在同一對角線上
35           if queen[i]==row or offset_row==offset_col:
36               atk=1
37           i=i+1
38       return atk
39
40   def decide_position(value):
41       global queen
```

```
42      i=0
43      while i<EIGHT:
44          if attack(i,value)!=1:
45              queen[value]=i
46              if value==7:
47                  print_table()
48              else:
49                  decide_position(value+1)
50          i=i+1
51
52  #主程式
53  decide_position(0)
```

【執行結果】

```
八皇后問題的第1組解
<q><-><-><-><-><-><-><->
<-><-><-><-><-><-><q><->
<-><-><-><-><q><-><-><->
<-><-><-><-><-><-><-><q>
<-><q><-><-><-><-><-><->
<-><-><-><q><-><-><-><->
<-><-><-><-><-><q><-><->
<-><-><q><-><-><-><-><->

..按下任意鍵繼續..

八皇后問題的第2組解
<q><-><-><-><-><-><-><->
<-><-><-><-><-><-><q><->
<-><-><-><q><-><-><-><->
<-><-><-><-><-><q><-><->
<-><-><-><-><-><-><-><q>
<-><q><-><-><-><-><-><->
<-><-><-><-><q><-><-><->
<-><-><q><-><-><-><-><->

..按下任意鍵繼續..
```

ChatGPT 解決觀點

提問畫面

A　請設計一Python程式，來求取八皇后問題的解決方法。

　　以下是一個使用回溯法解決八皇后問題的Python程式碼示例：

```python
def solve_n_queens(n):
    # 初始化棋盤
    board = [[0] * n for _ in range(n)]
    solutions = []

    def is_safe(board, row, col):
        # 檢查同列是否有皇后
        for i in range(row):
            if board[i][col] == 1:
                return False

        # 檢查左上至右下對角線是否有皇后
        i, j = row - 1, col - 1
        while i >= 0 and j >= 0:
            if board[i][j] == 1:
                return False
            i -= 1
            j -= 1

        # 檢查右上至左下對角線是否有皇后
        i, j = row - 1, col + 1
        while i >= 0 and j < n:
            if board[i][j] == 1:
                return False
```

AI 參考程式名稱　　CH04_09(CGPT).py

4-3　算術運算式的表示法

　　在程式中經常將變數或常數等「運算元」（Operands），利用系統預先定義好的「運算子」（Operators）來進行各種算術運算（如＋、－、×、÷ 等）、邏輯判斷（如 AND、OR、NOT 等）與關係運算（如＞、＜、＝ 等），以求取一個執行結果。對於程式中這些運算元及運算子的組合，就稱為「運算式」。其中＝、＋、＊ 及 / 符號稱為運算子，而變數 A、B、C 及常數 10、3 都屬於運算元。

運算式種類如果依據運算子在運算式中的位置，可區分以下三種表示法：

1. **中序法（Infix）**：運算子在兩個運算元中間，例如 A+B、(A+B)*(C+D) 等都是中序表示法。

2. **前序法（Prefix）**：運算子在運算元的前面，例如 +AB、*+AB+CD 等都是前序表示法。

3. **後序法（Postfix）**：運算子在運算元的後面，例如 AB+、AB+CD+* 等都是後序表示法。

由於我們一般日常生活中所表示都是中序法，但是中序法有運算符號的優先權結合問題，再加上複雜的括號困擾，對於電腦編譯器處理上較為複雜。解決之道是將它轉換成後序法（較常用）或前序法，尤其後序法只需一個堆疊暫存器（而前序法需要 2 個），所以計算機中多半使用後序法。

堆疊原理也可運用在運算式的計算與轉換，就是用來解決所謂中序、後序及前序三種之間的轉換，或者是進行轉換後的求值。

4-3-1 中序轉為前序與後序

通常如果要將中序式轉換為前序式或後序式，可以利用兩種方式，就是括號轉換法與堆疊法。括號轉換法適合人工手動操作，堆疊法則普遍使用在電腦的作業系統或系統程式中。相關介紹如下：

一、括號轉換法

括號法就是先用括號把中序式的運算子優先順序分出來，再進行運算子的移動，最後把括號拿掉就可完成中序轉後序或中序轉前序了。以下假設某程式語言運算子中運算子的優先順序：

優先順序	運算子
1	.、[]
2	++、--、!、~、+（正）、-（負）
3	*、/、%
4	+（加）、-（減）

優先順序	運算子
5	<< 、>> 、>>>
6	< 、<= 、> 、>=
7	= = 、!=
8	&
9	^
10	|
11	&&
12	||
13	?:
14	=
15	+= 、-= 、*= 、/= 、%= 、&= 、|= 、^=

現在我們就來練習以括號把下列中序式轉成前序及後序式：

6+2*9/3+4*2-8

中序→前序（Infix → Prefix）

1. 先把運算式依照運算子優先順序以括號括起來。
2. 針對運算子，把括號內的運算子取代所有的左括號，以最近者為優先。
3. 將所有右括號去掉，即得前序式結果。

$$(((6+((2*9)/3))+(4*2))-8)$$

前序式：-++6/*293*428

中序→後序（infix → postfix）

1. 先把運算式依照運算子優先順序以括號括起來。
2. 針對運算子，把括號內的運算子取代所有的右括號，以最近者為優先。

3. 將所有左括號去掉，即得後序式結果。

$$(((6 + ((2 * 9) / 3)) + (4 * 2)) - 8)$$

後序式：629*3/+42*+8-

範例 **4.3.1** 請將中序式 A/B**C+D*E-A*C，利用括號法轉換成前序式與後序式。

解答 首先請按照前面的括號法說明，將中序式括號後，可以得到下列式子，並移動運算子來取代左括號：

$$(((A / (B ** C)) + (D * E)) - (A * C))$$

最後去掉所有右括號，可得下式：

→前序式：-+/A**BC*DE*AC

接著要轉換成後序法也一樣，將中序式分別括號完後，移動運算子來取代右括號：

$$(((A / (B ** C)) + (D * E)) - (A * C))$$

最後再去掉所有左括號，可得下式：

→後序式：ABC**/DE*+AC*-

二、堆疊法

這個方法必須使用到運算子堆疊的協助，也就是使用堆疊配合運算子優先順序來進行轉換。

▒ 中序→前序（Infix → Prefix）

1. 由右至左讀進中序運算式的每個字元（token）。

2. 如果讀進的字元為運算元，則直接輸出輸出到前序式中。

3. 如果遇到 '('，則彈出堆疊內的運算子，直到彈出到一個 ')'，兩者互相抵銷止。

4. ")" 的優先權在堆疊內比任何運算子都小，任何運算子都可壓過它，不過在堆疊外卻是優先權最高者。

5. 當運算子準備進入堆疊內時，並須和堆疊頂端的運算子比較，如果外面的運算子優先權大於或等於頂端的運算子則推入，如果較小就彈出，直到遇到優先權較小者或堆疊為空時，就把外面這個運算子推入。

6. 中序式讀完後，如果運算子堆疊不是空，則將其內的運算子逐一彈出，輸出到前序式。

以下我們將練習把中序式 (A+B)*D+E/(F+A*D)+C 以堆疊法轉換成前序式。首先請右至左讀取字元，並將步驟繪出表格如下：

讀入字元	運算子堆疊內容	輸出
None	Empty	None
C	Empty	C
+	+	C
)	)+	C
D	)+	DC
*	*)+	DC
A	*)+	ADC
+	+)+	*ADC
F	+)+	F*ADC
(	+	+ F*ADC
/	/+	+ F*ADC
E	/+	E+ F*ADC
+	++	/E+ F*ADC
D	++	D/E+ F*ADC
*	*++	D/E+ F*ADC
)	)*++	D/E+ F*ADC
B	)*++	B D/E+ F*ADC
+	+)*++	B D/E+ F*ADC
A	+)*++	A B D/E+ F*ADC
(	*++	+A B D/E+ F*ADC
None	empty	++*+A B D/E+ F*ADC

中序 -> 後序（Infix->Postfix）

1. 由左至右讀進中序運算式的每個字元（token）。

2. 如果讀進的字元為運算元，則直接輸出輸出到後序式中。

3. 如果遇到 ')'，則彈出堆疊內的運算子，直到彈出到一個 '('，兩者互相抵銷止。

4. "(" 的優先權在堆疊內比任何運算子都小，任何運算子都可壓過它，不過在堆疊外卻是優先權最高者。

5. 當運算子準備進入堆疊內時，並須和堆疊頂端的運算子比較，如果外面的運算子優先權大於頂端的運算子則推入，如果較小或等於就彈出，直到遇到優先權較小者或堆疊為空時，就把外面這個運算子推入。

6. 中序式讀完後，如果運算子堆疊不是空，則將其內的運算子逐一彈出，輸出到後序式。

以下我們將練習把中序式 (A+B)*D+E/(F+A*D)+C 以堆疊法轉換成後序式。首先請左至右讀取字元，並將步驟繪出表格如下：

讀入字元	堆疊內容	輸出
None	Empty	None
(	(	
A	(	A
+	+(	A
B	+(	AB
)	Empty	AB+
*	*	AB+
D	*	AB+D
+	+	AB+D*
E	+	AB+D*E
/	/+	AB+D*E
(	(/+	AB+D*E
F	(/+	AB+D*EF
+	+(/+	AB+D*EF
A	+(/+	AB+D*EFA
*	*+(/+	AB+D*EFA

讀入字元	堆疊內容	輸出
D	*+(/+	AB+D*EFAD
)	/+	AB+D*EFAD*+/
+	+	AB+D*EFAD*+/+
C	+	AB+D*EFAD*+/+C
None	Empty	AB+D*EFAD*+/+C+

範例 4.2.2

程式碼：CH04_10.py

```
01    MAX=50
02    infix_q=['']*MAX
03
04    #運算子優先權的比較,若輸入運算子小於堆疊中運算子
05    #,則傳回值為1,否則為0
06
07    #在中序表示法佇列及暫存堆疊中,運算子的優先順序表,
08    #其優先權值為INDEX/2
09    def compare(stack_o, infix_o):
10        infix_priority=['']*9
11        stack_priority=['']*8
12        index_s=index_i=0
13        infix_priority[0]='q'; infix_priority[1]=')'
14        infix_priority[2]='+'; infix_priority[3]='-'
15        infix_priority[4]='*'; infix_priority[5]='/'
16        infix_priority[6]='^'; infix_priority[7]=' '
17        infix_priority[8]='('
18
19        stack_priority[0]='q'; stack_priority[1]='('
20        stack_priority[2]='+'; stack_priority[3]='-'
21        stack_priority[4]='*'; stack_priority[5]='/'
22        stack_priority[6]='^'; stack_priority[7]=' '
23
24        while stack_priority[index_s] !=stack_o:
25            index_s+=1
26
27        while infix_priority[index_i] !=infix_o:
28            index_i+=1
29
30        if int(index_s/2) >=int(index_i/2):
31            return 1
32        else:
33            return 0
34
35    def infix_to_postfix():
36        global MAX
37        global infix_q
```

```
38        rear=0; top=0; i=0
39        #flag=0
40        index=-1
41        stack_t=['']*MAX    #以堆疊儲存還不必輸出的運算子
42
43        str_=str(input('請開始輸入中序運算式: '))
44
45        while i <len(str_):
46            index+=1
47            infix_q[index]=str_[i]
48            i+=1
49
50        infix_q[index+1]='q'  #以q符號作為佇列的結束符號
51
52        print('後序表示法 : ', end='')
53        stack_t[top]='q'    #於堆疊最底端加入q為結束符號
54
55        for flag in range(index+2):
56            if infix_q[flag]==')': #輸入為)，則輸出堆疊內運算子，直到堆疊內為(
57                while stack_t[top]!='(':
58                    print('%c' %stack_t[top],end='')
59                    top-=1
60                top-=1
61                #break
62                #輸入為q，則將堆疊內還未輸出的運算子輸出
63            elif infix_q[flag]=='q':
64                while stack_t[top]!='q':
65                    print('%c' %stack_t[top],end='')
66                    top -=1
67                #break
68                #輸入為運算子，若小於TOP在堆疊中所指運算子，
69                #則將堆疊所指運算子輸出，若大於等於TOP在堆疊
70                #中所指運算子，則將輸入之運算子放入堆疊
71            elif infix_q[flag]=='(' or infix_q[flag]=='^' or \
72                 infix_q[flag]=='*' or infix_q[flag]=='/' or \
73                 infix_q[flag]=='+' or infix_q[flag]=='-' :
74
75                while compare(stack_t[top], infix_q[flag])==1:
76                    print('%c' %stack_t[top], end='')
77                    top-=1
78                top+=1
79                stack_t[top]=infix_q[flag]
80                #break
81                #輸入為運算元，則直接輸出
82            else:
83                print('%c' %infix_q[flag],end='')
84                #break
85
86    #主程式
87    print('-----------------------------------------')
88    print('中序運算式轉成後序運算式')
89    print('可以使用的運算子包括:^,*,+,-,/,(,)等 ')
```

```
90   print('-------------------------------------------')
91
92   infix_to_postfix()
```

【執行結果】

```
-------------------------------------------
中序運算式轉成後序運算式
可以使用的運算子包括:^,*,+,-,/,(,)等
-------------------------------------------
請開始輸入中序運算式: 6*5+9/2
後序表示法 : 65*92/+
```

ChatGPT 解決觀點
提問畫面

A　請設計一Python程式,使用堆疊法來將所輸入的中序運算式轉換為後序式。

以下是使用堆疊法將中序運算式轉換為後序式的Python程式碼示例:

python　　　　　　　　　　　　　　　　　　　　　　　Copy code

```python
def infix_to_postfix(expression):
    precedence = {'+': 1, '-': 1, '*': 2, '/': 2, '^': 3}
    operators = []
    postfix = ''

    for char in expression:
        if char.isalnum():
            # 若為數字或字母,直接加入後序式
            postfix += char
        elif char == '(':
            # 若為左括號,將其壓入堆疊
            operators.append(char)
        elif char == ')':
            # 若為右括號,將堆疊中的運算子依序彈出,直到遇到左括號
            while operators and operators[-1] != '(':
                postfix += operators.pop()
            operators.pop()  # 彈出左括號
        else:
            # 若為運算子,彈出堆疊中優先權大於等於當前運算子的運算子,再將當前運算子壓入
            while operators and operators[-1] != '(' and precedence[char] <=
                postfix += operators.pop()
            operators.append(char)
```

AI 參考程式名稱　CH04_10(CGPT).py

4-3-2　前序與後序轉為中序

　　經過了前面的解說與範例示範，相信各位對於如何將中序運算式表示成前序與後序已經有所認識，我們一樣可以使用括號法及堆疊法來將前序式與後序式轉為中序式，不過方法上則有些微的差異。

一、括號轉換法

　　以括號法來求得運算式（前序式與後序式）的反轉為中序式的作法，必須遵守以下規則：

▒ 前序→中序（Prefix->Infix）

　　適當的以「運算子＋運算元」方式括號。依次將每個運算子，以最近為原則取代後方的右括號，最後再去掉所有左括號。例如：將 -+/A**BC*DE*AC 轉為中序法，結果是 A/B**C+D*E-A*C：

$$(-(+(/A)(** B)C)(* D)E)(* A) C$$

▒ 後序→中序（Postfix->Infix）

　　適當的以「運算元＋運算子」方式括號，依次將每個運算子，以最近為原則取代前方的左括號，最後再去掉所有右括號。例如將 ABC↑/DE*+AC*- 轉為中序法，結果是 A/B↑C+D*E-A*C。

$$\rightarrow A (B (C↑) /) (D (E*) +) (A (C*) -)$$

二、堆疊法

　　前序、後序轉換為中序的反向運算做法和前面小節所陳述的堆疊法是有些不同，必須遵照下列規則：

1. 若要將前序式轉為中序式，由右至左讀進運算式的每個字元（token）；若是要將後序式轉換成中序式，則讀取方向改成由左至右。

2. 辨別讀入字元，若為運算元則放入此堆疊中。

3. 辨別讀入字元，若為運算子則從堆疊中取出兩個字元，結合成一個基本的中序運算式（<運算元 ><運算子 ><運算元 >）後，再把結果放入堆疊。

4. 在轉換過程中，前序和後序的結合方式是不同的，前序式的順序是是 <運算元 2><運算子 ><運算元 1> 而後序式是 <運算元 1>< 運算子 >< 運算元 2>，如下圖所示：

前序轉中序：<OP$_2$>< 運算子 ><OP$_1$>

後序轉中序：<OP$_1$>< 運算子 ><OP$_2$>

例如以下我們將利用堆疊法將前序式 -+/A**BC*DE*AC 轉為中序式結果是 A/B**C+D*E-A*C，步驟如下：

例如以下我們將利用堆疊法將後序式 AB+C*DE-FG+*- 轉為中序式結果是 (A+B)*C-(D-E)*(F+G)

<OP1>運算子<OP2>

整理括號後得

→(A+B)*C-(D-E)*(F+G)

行文至此，相信各位可以非常清楚的知道前序、中序、後序運算式的特色及相互之間的轉換關係。而轉換的方法也各有巧妙不同。一般而言我們只需牢記一種轉換的方式即可，至於要如何選擇就看您認為那種方法最方便簡單了。

4-3-3 中序表示法求值

由中序表示法來求值，請依照以下五個步驟：

1. 建立兩個堆疊，分別存放運算子及運算元。

2. 讀取運算子時，必須先比較堆疊內的運算子優先權，若堆疊內運算子的優先權較高，則先計算堆疊內運算子的值。

3. 計算時，取出一個運算子及兩個運算元進行運算，運算結果直接存回運算元堆疊中，當成一個獨立的運算元。

4. 當運算式處理完畢後，一步一步清除運算子堆疊，直到堆疊空了為止。

5. 取出運算元堆疊中的值就是計算結果。

現在就以上述五個步驟，來求取中序表示法 2+3*4+5 的值。

作法如下：

運算式必須使用兩個堆疊分別存放運算子及運算元，並依優先順序進行運算：

運算子：				
運算元：				

步驟 1 依序將運算式存入堆疊，遇到兩個運算子時比較優先權再決定是否要先行運算：

運算子：	+			
運算元：	2	3		

步驟 2 遇到運算子 *，與堆疊中最後一個運算子 + 比較，優先權較高故存入堆疊：

運算子：	+	＊		
運算元：	2	3	4	

步驟 3 遇到運算子 +，與堆疊中最後一個運算子 * 比較，優先權較低，故先計算運算子 * 的值。取出運算子 * 及兩個運算元進行運算，運算完畢則存回運算元堆疊：

運算子：	+			
運算元：	2	(3*4)		

步驟 4 把運算子 + 及運算元 5 存入堆疊，等運算式完全處理後，開始進行清除堆疊內運算子的動作，等運算子清理完畢結果也就完成了：

運算子：	+	+		

運算元：	2	(3*4)	5	

步驟 5 取出一個運算子及兩個運算元進行運算，運算完畢存入運算元堆疊：

運算子：	+			

運算元：	2	(3*4)+5	

完 成 取出一個運算子及兩個運算元進行運算，運算完畢存入運算元堆疊，直到運算子堆疊空了為止。

4-3-4 前序法的求值運算

通常使用中序表示法來求值，必須考慮到運算子的優先順序，所以要建立兩個堆疊，分別存放運算子及運算元。但如果使用前序法求值的好處是不需考慮括號及優先權問題，所以可以直接使用一個堆疊來處理運算式即可，不需把運算元及運算子分開處理。接著來實作前序運算式 +*23*45 如何使用堆疊來運算的步驟：

前序運算式堆疊：	+	*	2	3	*	4	5

步驟 1 從堆疊中取出元素：

前序運算式堆疊：	+	*	2	3	*	

運算元堆疊：	5	4		

步驟 2 從堆疊中取出元素，遇到運算子則進行運算，結果存回運算元堆疊：

前序運算式堆疊：	+	*	2	3		

運算元堆疊：	5*4		

步驟 3　從堆疊中取出元素：

前序運算式堆疊：

+	*				

運算元堆疊：

20	3	2			

步驟 4　從堆疊中取出元素，遇到運算子則從運算元取出兩個運算元進行運算，運算結果存回運算元堆疊：

前序運算式堆疊：

+					

運算元堆疊：

20	3*2				

完　成　把堆疊中最後一個運算子取出，從運算元取出兩個運算元進行運算，運算結果存回運算元堆疊。最後取出運算元堆疊中的值即為運算結果。

前序運算式堆疊：

運算元堆疊：

20+6					

4-3-5　後序法的求值運算

後序運算式具有和前序運算式類似的好處，沒有優先權的問題，而且後序運算式可以直接在電腦上進行運算，而不需先全數放入堆疊後再讀回運算。另外在後序運算式中，它使用迴圈直接讀取運算式，如果遇到運算子就從堆疊中取出運算元進行運算。我們繼續來實作後序表示法 23*45*+ 的求值運算：

步驟 1　直接讀取運算式，遇到運算子則進行運算：

運算元堆疊：

2	3				

放入 2 及 3 後取回 *，這時取回堆疊內兩個運算元進行運算，完畢後放回堆疊中。

2*3=6

步驟 2 接著放入 4 及 5 遇到運算子 *，取回兩個運算元進行運算，運算完後放回堆疊中：

運算元堆疊： | 6 | 20 | | | | |

4*5=20

完 成 最後取回運算子，重複上述步驟。

運算元堆疊： | 6 | 20 | | | | |

4*5=20

4*5=20

6+20=26

課後評量

1. 請將下列中序算術式轉換為前序與後序算術式

   (1) (A/B*C-D)+E/F/(G+H)

   (2) (A+B)*C-(D-E)*(F+G)

2. 請將下列中序算術式轉換為前序與後序表示式。

   (a) (A+B)*D+E/(F+A*D)+C

   (b) A↑B↑C

   (c) A↑-B+C

3. 以堆疊法求中序式 A-B*(C+D)/E 的後序法與前序法。

4. 利用括號法求 A-B*(C+D)/E 的前序式和後序式。

5. 請利用堆疊法來解決求下列中序式 (A+B)*D-E/(F+C)+G 的後序式。

6. 請練習利用堆疊法來將中序式 A*(B+C)*D 轉成為前序式及後序式

7. 將下列中序式改為後序法。

   (a) A**-B+C

   (b) ¬(A&¬(B<C or C>D))or C<E

8. 請將前序式 +*23*45 轉換為中序式。

9. 請將下列中序式，改成前序式與後序式。

   (a) A**B**C

   (b) A**B-B+C

   (c) (A&B)orCor¬(E>F)

10. 請將 6+2*9/3+4*2-8 用括號法轉成前序法或後序法。

11. 請計算下列後序式 abc-d+/ea-*c* 的值？（a=2,b=3,c=4,d=5,e=6）

12. 請利用堆疊法將 AB*CD+-A/ 轉為中序法。

13. 下列哪個算術表示法不符合前序表示法的語法規則？

    (a) +++ab*cde　　(b) -+ab+cd*e　　(C) +-**abcde　　(D) +a*-+bcde

14. 如果主程式呼叫副程式 A，A 再呼叫副程式 B，在 B 完成後，A 再呼叫副程式 C，試以堆疊的方法說明呼叫過程。

15. 請舉出至少七種常見的堆疊應用。

16. 何謂多重堆疊（Multi Stack）？試說明定義與目的？

17. 下式為一般的數學式子，其中 "*" 表示乘法，"/" 表示除法。

    A*B+(C/D)

    請回答下列問題：

    (1) 寫出上式的前置式（Prefix Form）。

    (2) 若改變各運算符號的計算優先次序為：

    　a. 優先次序完全一樣，且為左結合律運算。

    　b. 括號 "()" 內的符號最先計算。

    　則上式的前置式為何？

    (3) 欲寫一程式完成上述的轉換，下列資料結構何者較合適？

    　1. 佇列（Queue）　　　2. 堆疊（Stack）

    　3. 串列（List）　　　4. 環（Ring）

18. 試寫出利用兩個堆疊（Stack）執行下列算術式的每一個步驟。

    a+b*(c-1)+5

19. 若 A=1,B=2,C=3，求出下面後序式之值。

    (1) ABC+*CBA-+*

    (2) AB+C-AB+*

20. 解釋下列名詞：

    (1) 堆疊（Stack）

    (2) TOP(PUSH(i,s)) 之結果為何？

    (3) POP(PUSH(i,s)) 之結果為何？

21. 請問河內塔問題中，移動 n 個盤子需的最小移動次數？試說明之。

22. 試述「尾歸遞迴」（Tail Recursion）的意義。

23. 以下程式是遞迴程式的應用，請問輸出結果為何？

```python
def dif2(x):
    if x:
        dif1(x)

def dif1(y):
    if y>0:
        dif2(y-3)
    print(y,end=' ')

dif1(21)
print()
```

24. 將下面的中序法轉成前序與後序算術式：（以下皆用堆疊法）

A/B ↑ C+D*E-A*C

5

Chapter

佇列

佇列（Queue）和堆疊都是一種有序串列，也屬於抽象型資料型態（ADT），它所有加入與刪除的動作都發生在不同的兩端，並且符合「先進先出」（First In, First Out）的特性。佇列的觀念就好比搭捷運時買票的隊伍，先到的人當然可以優先買票，買完後就從前端離去準備搭捷運，而隊伍的後端又陸續有新的乘客加入排隊。

捷運買票的隊伍就是佇列原理的應用

5-1　認識佇列

各位也同樣可以使用陣列或串列來建立一個佇列。不過堆疊只需一個 top，指標指向堆疊頂，而佇列則必須使用 front 和 rear 兩個指標分別指向前端和尾端，如下圖所示：

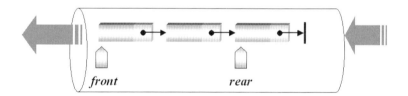

佇列在電腦領域的應用也相當廣泛，例如計算機的模擬（simulation）、CPU 的工作排程（Job Scheduling）、線上同時週邊作業系統的應用與圖形走訪的先廣後深搜尋法（BFS）。

5-1-1　佇列的工作運算

由於佇列是一種抽象型資料結構（Abstract Data Type, ADT），它有下列特性：

1. 具有先進先出（FIFO）的特性。
2. 擁有兩種基本動作加入與刪除，而且使用 front 與 rear 兩個指標來分別指向佇列的前端與尾端。

佇列的基本運算可以具備以下五種工作定義：

CREATE	建立空佇列。
ADD	將新資料加入佇列的尾端，傳回新佇列。
DELETE	刪除佇列前端的資料，傳回新佇列。
FRONT	傳回佇列前端的值。
EMPTY	若佇列為空集合，傳回真，否則傳回偽。

5-1-2 佇列的應用

佇列在電腦領域的應用也相當廣泛，例如：

1. 如在圖形的走訪的先廣後深搜尋法（BFS），就是利用佇列。
2. 可用於計算機的模擬（simulation）；在模擬過程中，由於各種事件（event）的輸入時間不一定，可以利用佇列來反應真實狀況。
3. 可作為 CPU 的工作排程（Job Scheduling）。利用佇列來處理，可達到先到先做的要求。
4. 例如「線上同時週邊作業系統」的應用，也就是讓輸出入的資料先在高速磁碟機中完成，也就是把磁碟當成一個大型的工作緩衝區（buffer），如此可讓輸出入動作快速完成，也縮短了反應的時間，接下來將磁碟資料輸出到列表機是由系統軟體主動負責，這也是應用了佇列的工作原理。

5-1-3 陣列實作佇列

以陣列結構（在 Python 是以 List 串列來實作陣列資料結構）來製作佇列的好處是演算法相當簡單，不過與堆疊不同之處是需要擁有兩種基本動作加入與刪除，而且使用 front 與 rear 兩個註標來分別指向佇列的前端與尾端，缺點是陣列大小並無法事先規劃宣告。首先我們需要宣告一個有限容量的陣列，並以下列圖示說明：

```
MAXSIZE=4
queue=[0]*MAXSIZE   #佇列大小為4
front=-1
rear=-1
```

1. 當開始時，我們將 front 與 rear 都預設為 -1，當 front=rear 時，則為空佇列。

事件說明	front	rear	Q(0)	Q(1)	Q(2)	Q(3)
空佇列 Q	-1	-1				

2. 加入 dataA，front=-1，rear=0，每加入一個元素，將 rear 值加 1：

加入 dataA	-1	0	dataA			

3. 加入 dataB、dataC，front=-1，rear=2：

加入 dataB、C	-1	1	dataA	dataB	dataC	

4. 取出 dataA，front=0，rear=2，每取出一個元素，將 front 值加 1：

取出 dataA	0	2		dataB	dataC	

5. 加入 dataD，front=0，rear=3，此時當 rear=MAXSIZE-1，表示佇列已滿。

加入 dataD	0	3		dataB	dataC	dataD

6. 取出 dataB，front=1，rear=3

取出 dataB	1	3			dataC	dataD

　　從以上實作的過程，我們可以將相關以陣列操作佇列的 Python 的相關演算法如下：

```
MAX_SIZE=100 # 佇列的最大容量
queue=[0]*MAX_SIZE
front=-1
rear=-1 # 空佇列時，front=-1，rear=-1
```

```
def enqueue(item): #將新資料加入Q的尾端，傳回新佇列
    global rear
    global MAX_SIZE
    global queue
```

```
        if rear==MAX_SIZE-1:
            print('佇列已滿！')
        else:
            rear+=1
            queue[rear]=item   # 加新資料到佇列的尾端
```

```
def dequeue(item):  #刪除佇列前端資料，傳回新佇列
    global rear
    global MAX_SIZE
    global front
    global queue
    if front==rear:
        print('佇列已空！')
    else:
        front+=1
        item=queue[front]  # 刪除佇列前端資料
```

```
def FRONT_VALUE(Queue):   #傳回佇列前端的值
    global rear
    global front
    global queue
    if front==rear:
        print('這是空佇列')
    else:
        print(queue[front])  # 傳回佇列前端的值
```

範例 **5.1.1**

程式碼：**CH05_01.py**

```
01   import sys
02
03   MAX=10            #定義佇列的大小
04   queue=[0]*MAX
05   front=rear=-1
06   choice=''
07   while rear<MAX-1 and choice !='e':
08       choice=input('[a]表示存入一個數值[d]表示取出一個數值[e]表示跳出此程式: ')
09       if choice=='a':
10           val=int(input('[請輸入數值]: '))
11           rear+=1
12           queue[rear]=val
13       elif choice=='d':
14           if rear>front:
15               front+=1
```

```
16                print('[取出數值為]: [%d]' %(queue[front]))
17                queue[front]=0
18            else:
19                print('[佇列已經空了]')
20                sys.exit(0)
21        else:
22            print()
23
24  print('-------------------------------------------')
25  print('[輸出佇列中的所有元素]:')
26
27  if rear==MAX-1:
28      print('[佇列已滿]')
29  elif front>=rear:
30      print('沒有')
31      print('[佇列已空]')
32  else:
33      while rear>front:
34          front+=1
35          print('[%d] ' %queue[front],end='')
36      print()
37      print('-------------------------------------------')
38  print()
```

【執行結果】

```
[a]表示存入一個數值[d]表示取出一個數值[e]表示跳出此程式: a
[請輸入數值]: 15
[a]表示存入一個數值[d]表示取出一個數值[e]表示跳出此程式: a
[請輸入數值]: 68
[a]表示存入一個數值[d]表示取出一個數值[e]表示跳出此程式: a
[請輸入數值]: 45
[a]表示存入一個數值[d]表示取出一個數值[e]表示跳出此程式: d
[取出數值為]: [15]
[a]表示存入一個數值[d]表示取出一個數值[e]表示跳出此程式: e

-------------------------------------------
[輸出佇列中的所有元素]:
[68] [45]
-------------------------------------------
```

提問畫面

> A 請設計一Python程式，來實作佇列的工作運算，加入資料時請輸入"a"，要取出資料時可輸入"d"，將會直接印出佇列前端的值，要結束請按"e"。

> 以下是一個使用 Python 實作佇列（Queue）的程式，可讓使用者進行加入資料、取出資料的操作，並在使用者輸入 "e" 時結束程式：

```python
class Queue:
    def __init__(self):
        self.queue = []

    def enqueue(self, item):
        self.queue.append(item)
        print(f"加入資料: {item}")

    def dequeue(self):
        if len(self.queue) == 0:
            print("佇列為空")
        else:
            item = self.queue.pop(0)
            print(f"取出資料: {item}")

    def print_queue(self):
        if len(self.queue) == 0:
            print("佇列為空")
        else:
            print("佇列內容:")
            for item in self.queue:
                print(item)
```

AI 參考程式名稱　CH05_01(CGPT).py

5-1-4 串列實作佇列

　　佇列除了能以陣列的方式來實作外，我們也可以鏈結串列來實作佇列。在宣告佇列類別中，除了和佇列類別中相關的方法外，還必須有指向佇列前端及佇列尾端的指標，即 front 及 rear。例如我們以學生姓名及成績的結構資料來建立佇列串列的節點，及 front 與 rear 指標宣告如下：

```
class student:
    def __init__(self):
        self.name=' '*20
        self.score=0
        self.next=None
```

```
front=student()
rear=student()
front=None
rear=None
```

　　至於在佇列串列中加入新節點，等於加入此串列的最後端，而刪除節點就是將此串列最前端的節點刪除。Python 的加入與刪除運算法如下：

```
def enqueue(name, score):    # 置入佇列資料
    global front
    global rear
    new_data=student()  # 配置記憶體給新元素
    new_data.name=name  # 設定新元素的資料
    new_data.score=score
    if rear==None:  # 如果rear為None，表示這是第一個元素
        front=new_data
    else:
        rear.next=new_data       # 將新元素連接至佇列尾端

    rear=new_data       # 將rear指向新元素，這是新的佇列尾端
    new_data.next=None      # 新元素之後無其它元素
```

```
def dequeue():  # 取出佇列資料
    global front
    global rear
    if front==None:
        print('佇列已空！')
    else:
        print('姓名：%s\t成績：%d ....取出' %(front.name, front.score))
        front=front.next       # 將佇列前端移至下一個元素
```

範例 5.1.2

程式碼：CH05_02.py

```
01  class student:
02      def __init__(self):
03          self.name=' '*20
04          self.score=0
05          self.next=None
06
07  front=student()
08  rear=student()
09  front=None
```

```
10   rear=None
11
12   def enqueue(name, score):   # 置入佇列資料
13       global front
14       global rear
15       new_data=student()   # 配置記憶體給新元素
16       new_data.name=name   # 設定新元素的資料
17       new_data.score=score
18       if rear==None: # 如果rear為None，表示這是第一個元素
19           front=new_data
20       else:
21           rear.next=new_data       # 將新元素連接至佇列尾端
22
23       rear=new_data       # 將rear指向新元素，這是新的佇列尾端
24       new_data.next=None       # 新元素之後無其它元素
25
26   def dequeue():  # 取出佇列資料
27       global front
28       global rear
29       if front==None:
30           print('佇列已空！')
31       else:
32           print('姓名：%s\t成績：%d ....取出' %(front.name, front.score))
33           front=front.next       # 將佇列前端移至下一個元素
34
35   def show():       # 顯示佇列資料
36       global front
37       global rear
38       ptr=front
39       if ptr==None:
40           print('佇列已空！')
41       else:
42           while ptr !=None: # 由front往rear走訪佇列
43               print('姓名：%s\t成績：%d' %(ptr.name, ptr.score))
44               ptr=ptr.next
45
46   select=0
47   while True:
48       select=int(input('(1)存入 (2)取出 (3)顯示 (4)離開=> '))
49       if select==4:
50           break
51       if select==1:
52           name=input('姓名: ')
53           score=int(input('成績: '))
54           enqueue(name, score)
55       elif select==2:
56           dequeue()
57       else:
58           show()
```

【執行結果】

```
(1)存入 (2)取出 (3)顯示 (4)離開 => 1
姓名: andy
成績: 98
(1)存入 (2)取出 (3)顯示 (4)離開 => 1
姓名: Jane
成績: 84
(1)存入 (2)取出 (3)顯示 (4)離開 => 3
姓名:andy          成績:98
姓名:Jane          成績:84
(1)存入 (2)取出 (3)顯示 (4)離開 => 4
```

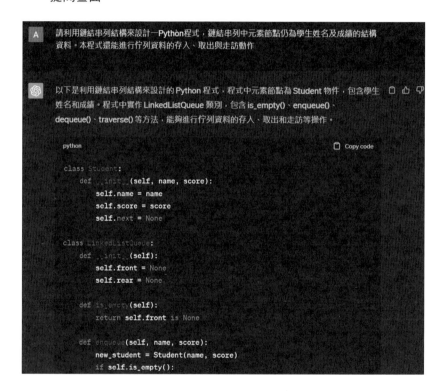

🙂 ChatGPT 解決觀點

提問畫面

🙂 AI 參考程式名稱　CH05_02(CGPT).py

5-2 環狀佇列、雙向佇列與優先佇列

　　接下來我們繼續看在上述 5-1-2 節中,當執行到步驟 6 之後,這個佇列狀態如下圖所示:

取出 dataB	1	3			dataC	dataD

不過這裏出現一個問題就，是這個佇列事實上根本還有空間，即是 Q(0) 與 Q(1) 兩個空間，不過因為 rear=MAX_SIZE-1=3，這樣會使的新資料無法加入。怎麼辦？解決之道有二，請看以下說明：

1. 當佇列已滿時，便將所有的元素向前（左）移到 Q(0) 為止，不過如果佇列中的資料過多，搬移時將會造成時間的浪費。如下圖：

移動 dataB、C	-1	1	dataB	dataC		

2. 利用環狀佇列（Circular Queue），讓 rear 與 front 兩種指標能夠永遠介於 0 與 n-1 之間，也就是當 rear=MAXSIZE-1，無法存入資料時，如果仍要存入資料，就可將 rear 重新指向索引值為 0 處。

5-2-1　環狀佇列

所謂環狀佇列（Circular Queue），其實就是一種環形結構的佇列，它仍是以一種 Q(0:n-1) 的線性一維陣列，同時 Q(0) 為 Q(n-1) 的下一個元素，可以用來解決佇列無法判斷是否滿溢的問題。指標 front 永遠以逆時鐘方向指向佇列中第一個元素的前一個位置，rear 則指向佇列目前的最後位置。一開始 front 和 rear 均預設為 -1，表示為空佇列，也就是說如果 front=rear 則為空佇列。另外有：

rear ← (rear+1)mod n
front ← (front+1)mod n

上述之所以將 front 指向佇列中第一個元素前一個位置，原因是環狀佇列為空佇列和滿佇列時，front 和 rear 都會指向同一個地方，如此一來我們便無法利用 front 是否等於 rear 這個判斷式來決定到底目前是空佇列或滿佇列。

為了解決此問題，除了上述方式僅允許佇列最多只能存放 n-1 個資料（亦即犧牲最後一個空間），當 rear 指標的下一個是 front 的位置時，就認定佇列已滿，無法再將資料加入，如下圖便是填滿的環狀佇列外觀：

以下我們將整個過程以下圖來為各位說明：

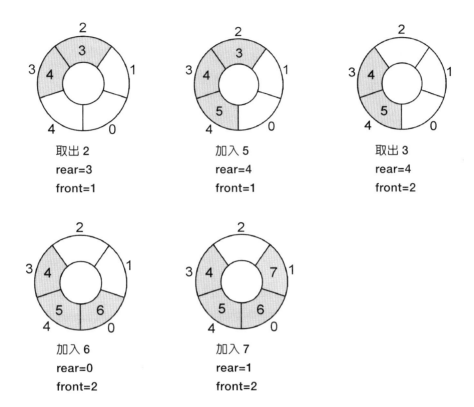

為了解決這個問題，可以讓 rear 指標的下一個目標是 front 的位置時，就認定佇列已滿，無法再將資料加入。在 enqueue 演算法中，我們先將 (rear+1)%n 後，再檢查佇列是否已滿。而在 dequeue 演算法中，則是先檢查佇列是否已空，再將 (front+1)%MAX_SIZE，所以造成佇列最多只能存放 n-1 個資料（亦即犧牲最後一個空間），如下圖便是填滿的環狀佇列外觀：

　　當 rear==front 時，則可代表佇列已空。所以在 enqueue 和 dequeue 的兩種工作定義和原先佇列工作定義的演算法就有不同之處了。必須改寫如下：

```
#環狀佇列的加入演算法
def enqueue(item):
    if front==rear:
        print('佇列已滿！')
    else:
        queue[rear]=item
```

```
#環形佇列的刪除演算法
def dequeue(item):
    if front==rear:
        print('佇列是空的!')
    else:
        front=(front+1)%MAX_SIZE
        item=queue[front]
```

範例 5.2.1

程式碼：CH05_03.py

```
01  queue=[0]*5
02  front=rear=-1
03  val=0
04  while rear<5 and val!=-1:
05      val=int(input('請輸入一個值以存入佇列，欲取出值請輸入0。(結束輸入-1)：'))
06      if val==0:
07          if front==rear:
08              print('[佇列已經空了]')
09              break
10          front+=1
11          if front==5:
12              front=0
13          print('取出佇列值 [%d]' %queue[front])
14          queue[front]=0
15      elif val!=-1 and rear<5:
16          if rear+1==front or rear==4 and front<=0:
17              print('[佇列已經滿了]')
18              break
19          rear+=1
20          if rear==5:
21              rear=0
22          queue[rear]=val
23
24  print('佇列剩餘資料：')
25  if front==rear:
26      print('佇列已空!!')
27  else:
```

```
28        while front!=rear:
29            front+=1
30            if front==5:
31                front=0
32            print('[%d]' %queue[front],end='')
33            queue[front]=0
34    print()
```

【執行結果】

```
請輸入一個值以存入佇列，欲取出值請輸入0。(結束輸入-1)：98
請輸入一個值以存入佇列，欲取出值請輸入0。(結束輸入-1)：95
請輸入一個值以存入佇列，欲取出值請輸入0。(結束輸入-1)：86
請輸入一個值以存入佇列，欲取出值請輸入0。(結束輸入-1)：0
取出佇列值 [98]
請輸入一個值以存入佇列，欲取出值請輸入0。(結束輸入-1)：82
請輸入一個值以存入佇列，欲取出值請輸入0。(結束輸入-1)：76
請輸入一個值以存入佇列，欲取出值請輸入0。(結束輸入-1)：-1
佇列剩餘資料：
[95][86][82][76]
```

ChatGPT 解決觀點

提問畫面

A 請設計一Python程式來實作環形佇列的工作運算，能讓使用者輸入一個值以存入佇列,當要取出資料時可輸入"0"，要結束時可輸入"-1"並列出環形佇列的資料。

以下是修改後的程式，以符合您的需求。在程式結束時，它將印出環形佇列中的所有資料：

```python
class CircularQueue:
    def __init__(self, capacity):
        self.capacity = capacity
        self.items = [None] * capacity
        self.front = 0
        self.rear = 0
        self.size = 0

    def is_empty(self):
        return self.size == 0

    def is_full(self):
        return self.size == self.capacity

    def enqueue(self, item):
        if self.is_full():
```

AI 參考程式名稱   CH05_03(CGPT).py

5-2-2　雙向佇列

　　佇列的應用，除了上述所介紹的類型之外，還有一些特殊的應用，其中相當知名的有雙向佇列與優先佇列。所謂雙向佇列（Double Ended Queues, Deque）為一有序串列，加入與刪除可在佇列的任意一端進行，請看下圖：

| Lfront：左邊佇列首端 | Rfront：右邊佇列首端 |
| Lrear ：左邊佇列尾端 | Rrear ：右邊佇列尾端 |

　　具體來說，雙向佇列就是允許兩端中的任意一端都具備有刪除或加入功能，而且無論左右兩端的佇列，首端與尾端指標都是朝佇列中央來移動。通常在一般的應用上，雙向佇列的應用可以區分為兩種：第一種是資料只能從一端加入，但可從兩端取出，另一種則是可由兩端加入，但由一端取出。

　　以下我們將討論第一種輸入限制的雙向佇列，Python 的節點宣告、加入與刪除運算法如下：

```python
class Node:
    def __init__(self):
        self.data=0
        self.next=None

front=Node()
rear=Node()
front=None
rear=None
```

```python
#方法enqueue:佇列資料的存入
def enqueue(value):
    global front
    global rear
    node=Node()    #建立節點
    node.data=value
    node.next=None
    #檢查是否為空佇列
```

```
    if rear==None:
        front=node  #新建立的節點成為第1個節點
    else:
        rear.next=node#將節點加入到佇列的尾端
    rear=node#將佇列的尾端指標指向新加入的節點
```

```
#方法dequeue:佇列資料的取出
def dequeue(action):
    global front
    global rear
    #從前端取出資料
    if not(front==None) and action==1:
        if front==rear:
            rear=None
        value=front.data#將佇列資料從前端取出
        front=front.next#將佇列的前端指標指向下一個
        return value
    #從尾端取出資料
    elif not(rear==None) and action==2:
        startNode=front#先記下前端的指標值
        value=rear.data#取出目前尾端的資料
        #找尋最尾端節點的前一個節點
        tempNode=front
        while front.next!=rear and front.next!=None:
            front=front.next
            tempNode=front
        front=startNode#記錄從尾端取出資料後的佇列前端指標
        rear=tempNode#記錄從尾端取出資料後的佇列尾端指標
        #下一行程式是指當佇列中僅剩下最節點時,
        #取出資料後便將front及rear指向None
        if front.next==None or rear.next==None:
            front=None
            rear=None
        return value
    else:
        return -1
```

範例 5.2.2

程式碼：CH05_04.py

```
01   class Node:
02       def __init__(self):
03           self.data=0
04           self.next=None
05
06   front=Node()
07   rear=Node()
08   front=None
09   rear=None
10
11   #方法enqueue:佇列資料的存入
12   def enqueue(value):
13       global front
14       global rear
15       node=Node()    #建立節點
16       node.data=value
17       node.next=None
18       #檢查是否為空佇列
19       if rear==None:
20           front=node #新建立的節點成為第1個節點
21       else:
22           rear.next=node#將節點加入到佇列的尾端
23       rear=node#將佇列的尾端指標指向新加入的節點
24
25   #方法dequeue:佇列資料的取出
26   def dequeue(action):
27       global front
28       global rear
29       #從前端取出資料
30       if not(front==None) and action==1:
31           if front==rear:
32               rear=None
33           value=front.data#將佇列資料從前端取出
34           front=front.next#將佇列的前端指標指向下一個
35           return value
36       #從尾端取出資料
37       elif not(rear==None) and action==2:
38           startNode=front#先記下前端的指標值
39           value=rear.data#取出目前尾端的資料
40           #找尋最尾端節點的前一個節點
41           tempNode=front
42           while front.next!=rear and front.next!=None:
43               front=front.next
44               tempNode=front
```

```
45            front=startNode#記錄從尾端取出資料後的佇列前端指標
46            rear=tempNode#記錄從尾端取出資料後的佇列尾端指標
47            #下一行程式是指當佇列中僅剩下最節點時,
48            #取出資料後便將front及rear指向None
49            if front.next==None or rear.next==None:
50                front=None
51                rear=None
52            return value
53        else:
54            return -1
55
56  print('以鏈結串列來實作雙向佇列')
57  print('================================')
58
59  ch='a'
60  while True:
61      ch=input('加入請按 a,取出請按 d,結束請按 e:')
62      if ch=='e':
63          break
64      elif ch=='a':
65          item=int(input('加入的元素值:'))
66          enqueue(item)
67      elif ch=='d':
68          temp=dequeue(1)
69          print('從雙向佇列前端依序取出的元素資料值為:%d' %temp)
70          temp=dequeue(2)
71          print('從雙向佇列尾端依序取出的元素資料值為:%d' %temp)
72      else:
73          break
```

【執行結果】

```
以鏈結串列來實作雙向佇列
================================
加入請按 a,取出請按 d,結束請按 e:a
加入的元素值:85
加入請按 a,取出請按 d,結束請按 e:a
加入的元素值:82
加入請按 a,取出請按 d,結束請按 e:d
從雙向佇列前端依序取出的元素資料值為:85
從雙向佇列尾端依序取出的元素資料值為:82
加入請按 a,取出請按 d,結束請按 e:e
```

ChatGPT 解決觀點
提問畫面

> A　請利用串列結構來設計一輸入限制的雙向佇列Python程式，我們只能從一端加入資料，但取出資料時，將分別由前後端取出。

> 以下是使用串列結構設計的輸入限制的雙向佇列（deque）的Python程式：

```python
python                                          Copy code

class Deque:
    def __init__(self):
        self.items = []

    def is_empty(self):
        return len(self.items) == 0

    def add_front(self, item):
        self.items.insert(0, item)

    def add_rear(self, item):
        self.items.append(item)

    def remove_front(self):
        if self.is_empty():
            return None
        return self.items.pop(0)

    def remove_rear(self):
        if self.is_empty():
            return None
```

AI 參考程式名稱　CH05_04(CGPT).py

5-2-3　優先佇列

優先佇列（Priority Queue）為一種不必遵守佇列特性－FIFO（先進先出）的有序串列，其中的每一個元素都賦予一個優先權（Priority），加入元素時可任意加入，但有最高優先權者（Highest Priority Out First, HPOF）則最先輸出。

我們知道一般醫院中的急診室，當然以最嚴重的病患（如得 Covid-19 的病人）優先診治，跟進

醫院中的急診室是以優先佇列概念來醫治病人

入醫院掛號的順序無關。或者在電腦中 CPU 的工作排程，優先權排程（Priority Scheduling, PS）就是一種來挑選行程的「排程演算法」（Scheduling Algorithm），也會使用到優先佇列，好比層級高的使用者，就比一般使用者擁有較高的權利。

例如假設有 4 個行程 P1,P2,P3,P4，其在很短的時間內先後到達等待佇列，每個行程所執行時間如下表所示：

行程名稱	各行程所需的執行時間
P1	30
P2	40
P3	20
P4	10

在此設定每個 P1、P2、P3、P4 的優先次序值分別為 2,8,6,4（此處假設數值越小其優先權越低；數值越大其優先權越高），以下就是以甘特圖（Gantt Chart）繪出優先權排程（Priority Scheduling, PS）的排班情況：

以 PS 方法排班所繪出的甘特圖如下：

在此特別提醒各位，當各元素以輸入先後次序為優先權時，就是一般的佇列，假如是以輸入先後次序做為最不優先權時，此優先佇列即為一堆疊。

課後評量

1. 何謂優先佇列？請說明之。

2. 假設一個佇列（Queue）存於全長為 N 之密集串列（Dense List）Q 內，HEAD、TAIL 分別為其開始及結尾指標，均以 nil 表其為空。現欲加入一新資料（New Entry），其處理可為以下步驟，請依序回答空格部分。

   (1) 依序按條件做下列選擇：

   ① 若 (1)_____，則表 Q 已存滿，無法做插入動作

   ② 若 HEAD 為 nil，則表 Q 內為空，可取 HEAD=1，TAIL=(2)_____

   ③ 若 TAIL=N，則表 (3)_____須將 Q 內由 HEAD 到 TAIL 位置之資料，移至由 1 到 (4)_____之位置，並取 TAIL=(5)_____，HEAD=1

   (2) TAIL=TAIL+1

   (3) new entry 移入 Q 內之 TAIL 處

   (4) 結束插入動作

3. 回答以下問題：

   (1) 下列何者不是佇列（Queue）觀念的應用？

   (a) 作業系統的工作排程　　　　(b) 輸出入的工作緩衝

   (c) 河內塔的解決方法　　　　　(d) 中山高速公路的收費站收費

   (2) 下列哪一種資料結構是線性串列？

   (a) 堆疊　(B) 佇列　(C) 雙向佇列　(D) 陣列　(E) 樹

4. 假設我們利用雙向佇列（deque）循序輸入 1,2,3,4,5,6,7，試問是否能夠得到 5174236 的輸出排列？

5. 何謂多重佇列（multiqueue）？請說明定義與目的。

6. 請說明環狀佇列的基本概念。

7. 請列出佇列常見的基本運算？

8. 請說明佇列應具備的基本特性。

9. 請舉出至少三種佇列常見的應用。

10. 環形佇列演算法中，造成了任何時候佇列中最多只允許 MAX_SIZE-1 個元素。有沒有方法可以改進呢？試說明之與寫出修正後演算法。

6

Chapter

樹狀結構

　　樹狀結構是一種日常生活中應用相當廣泛的非線性結構，舉凡從企業內的組織架構、家族族譜、籃球賽程、公司組織圖等，再到電腦領域中的作業系統與資料庫管理系統都是樹狀結構的衍生運用模式，例如 Windows、Unix 作業系統和檔案系統，均是一種樹狀結構的應用。

Windows 的檔案總管是以樹狀結構儲存各種資料檔案

　　現在年輕人喜愛的大型線上遊戲中，需要取得某些物體所在的地形資訊，如果程式是依次從構成地形的模型三角面尋找，往往會耗費許多執行時間，非常沒有效率。因此一般程式設計師也會使用樹狀結構中的二元空間分割樹（BSP tree）、四元樹（Quadtree）、八元樹（Octree）等來分割場景資料。

遊戲中場景可藉由樹狀相關理論來分割

6-1 樹的基本觀念

「樹」（Tree）是由一個或一個以上的節點（Node）組成，存在一個特殊的節點，稱為樹根（Root），每個節點可代表一些資料和指標組合而成的記錄。其餘節點則可分為 n≧0 個互斥的集合，即是 $T_1, T_2, T_3...T_n$，則每一個子集合本身也是一種樹狀結構及此根節點的子樹。例如下圖：

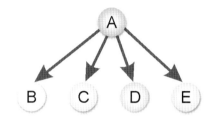

A 為根節點，B、C、D、E 均為 A 的子節點

一棵合法的樹，節點間可以互相連結，但不能形成無出口的迴圈。下圖就是一棵不合法的樹：

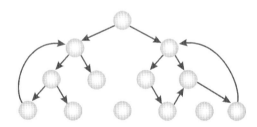

樹還可組成樹林（forest），也就是説樹林是由 n 個互斥樹的集合 (n ≥ 0)，移去樹根即為樹林。例如下圖就為包含三棵樹的樹林。

6-1-1　樹專有名詞簡介

在樹狀結構中，有許多常用的專有名詞，在本小節中將以下圖中這棵合法的樹，來為各位詳加介紹：

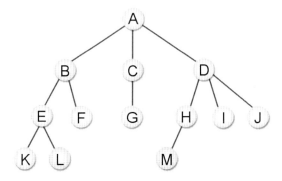

- 分支度（Degree）：每個節點所有的子樹個數。例如像上圖中節點 B 的分支度為 2，D 的分支度為 3，F、K、I、J 等為 0。

- 階層或階度（level）：樹的層級，假設樹根 A 為第一階層，BCD 節點即為階層 2，E、F、G、H、I、J 為階層 3。

- 高度（Height）：樹的最大階度。例如上圖的樹高度為 4。

- 樹葉或稱終端節點（Terminal Nodes）：分支度為零的節點，如上圖中的 K、L、F、G、M、I、J，下圖則有 4 個樹葉節點，如 ECHJ：

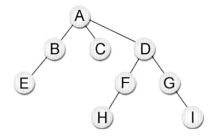

- 父節點（Parent）：每一個節點有連結的上一層節點為父節點，例如 F 的父點為 B，M 的父點為 H，通常在繪製樹狀圖時，我們會將父節點畫在子節點的上方。

- **子節點（children）**：每一個節點有連結的下一層節點為子節點，例如 A 的子點為 B、C、D，B 的子點為 E、F。

- **祖先（ancestor）和子孫（descendant）**：所謂祖先，是指從樹根到該節點路徑上所包含的節點，而子孫則是在該節點往上追溯子樹中的任一節點。例如 K 的祖先為 A、B、E 節點，H 的祖先為 A、D 節點，節點 B 的子孫為 E、F、K、L。

- **兄弟節點（siblings）**：有共同父節點的節點為兄弟節點，例如 B、C、D 為兄弟，H、I、J 也為兄弟。

- **非終端節點（Nonterminal Nodes）**：樹葉以外的節點，如 A、B、C、D、E、H 等。

- **高度（Height）**：樹的最大階度，例如此樹形圖的高度為 4。

- **同代（Generation）**：具有相同階層數的節點，例如 E、F、G、H、I、J，或是 B、C、D。

- **樹林（forest）**：樹林是由 n 個互斥樹的集合 (n ≥ 0)，移去樹根即為樹林。例如下圖為包含三樹的樹林。

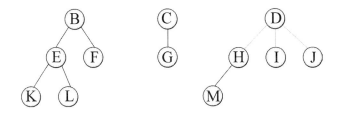

範例 **6.1.1** 下列哪一種不是樹（Tree）？ (A) 一個節點 (B) 環狀串列 (C) 一個沒有迴路的連通圖（Connected Graph）(D) 一個邊數比點數少 1 的連通圖。

解答 (B) 因為環狀串列會造成循環現象，不符合樹的定義。

範例　6.1.2 下圖中樹（tree）有幾個樹葉節點（leaf node）？ (A)4 (B)5 (C)9 (D)11

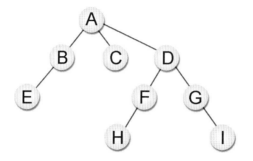

解答　分支度為空的節點稱為樹葉節點，由上圖中可看出答案為 (a)，共有 E、C、H、j 四個。

6-2 二元樹簡介

　　一般樹狀結構在電腦記憶體中的儲存方式是以鏈結串列（Linked List）為主。對於 n 元樹（n-way 樹）來說，因為每個節點的分支度都不相同，所以為了方便起見，我們必須取 n 為鏈結個數的最大固定長度，而每個節點的資料結構如下：

data	link₁	link₂		linkₙ

　　在此請各位特別注意，那就是這種 n 元樹十分浪費鏈結空間。假設此 n 元樹有 m 個節點，那麼此樹共用了 n*m 個鏈結欄位。另外因為除了樹根外，每一個非空鏈結都指向一個節點，所以得知空鏈結個數為 n*m-(m-1)=m*(n-1)+1，而 n 元樹的鏈結浪費率為 $\dfrac{m*(n-1)+1}{m*n}$。因此我們可以得到以下結論：

n=2 時，2 元樹的鏈結浪費率約為 1/2

n=3 時，3 元樹的鏈結浪費率約為 2/3

n=4 時，4 元樹的鏈結浪費率約為 3/4

……………

當 n=2 時，它的鏈結浪費率最低，所以為了改進記空間浪費的缺點，我們最常使用二元樹（Binary Tree）結構來取代樹狀結構。

6-2-1　二元樹的定義

二元樹（又稱 knuth 樹）是一個由有限節點所組成的集合，此集合可以為空集合，或由一個樹根及左右兩個子樹所組成。簡單的說，二元樹最多只能有兩個子節點，就是分支度小於或等於 2。其電腦中的資料結構如下：

| LLINK | Data | RLINK |

至於二元樹和一般樹的不同之處，我們整理如下：

1. 樹不可為空集合，但是二元樹可以。
2. 樹的分支度為 d≧0，但二元樹的節點分支度為 0≦d≦2。
3. 樹的子樹間沒有次序關係，二元樹則有。

底下就讓我們看一棵實際的二元樹，如下圖所示：

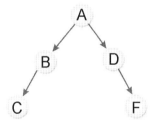

上圖是以 A 為根節點的二元樹，且包含了以 B、D 為根節點的兩棵互斥的左子樹與右子樹。

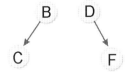

以上這兩個左右子樹都是屬於同一種樹狀結構，不過卻是二棵不同的二元樹結構，原因就是二元樹必須考慮到前後次序關係。這點請各位讀者特別留意。

範例 **6.2.1** 試證明深度為 k 的二元樹的總節點數是 2^k-1。

解答 其節點總數為 level 1 到 level k 中各層 level 中最大節點的總和：

$$\sum_{i=1}^{k} 2^{i-1} = 2^0 + 2^1 + \cdots + 2^{k-1} = \frac{2^k - 1}{2} = 2^k - 1$$

範例 **6.2.2** 對於任何非空二元樹 T，如果 n_0 為樹葉節點數，且分支度為 2 的節點數是 n_2，試証明 $n_0 = n_2 + 1$。

解答 各位可先行假設 n 是節點總數，n_1 是分支度等於 1 的節點數，可得 $n = n_0 + n_1 + n_2$，再行證明。

範例 **6.2.3** 在二元樹中，階度（Level）為 i 的節點數最多是 2^{i-1}（$i \geq 0$），試證明之。

解答 我們可利用數學歸納法證明：

① 當 i=1 時，只有樹根一個節點，所以 $2^{i-1} = 2^0 = 1$ 成立。

② 假設對於 j，且 $1 \leq j \leq i$，階度為 j 的最多點數 2^{j-1} 個成立，則在 j=i 階度上的節點最多為 2^{i-1} 個。則當 j=i+1 時，因為二元樹中每一個節點的分支度都不大於 2，因此在階度 j=i+1 時的最多節點數 $\leq 2*2^{i-1} = 2^i$，由此得證。

6-2-2　特殊二元樹簡介

由於二元樹的應用相當廣泛，所以衍生了許多特殊的二元樹結構。我們分別為您介紹如下：

▓ 完滿二元樹（Fully Binary Tree）

如果二元樹的高度為 h，樹的節點數為 2^h-1，h>=0，則我們稱此樹為「完滿二元樹」（Full Binary Tree），如下圖所示：

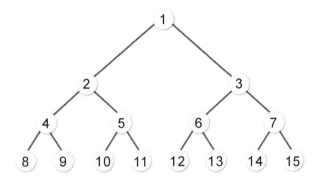

※ 完整二元樹（**Complete Binary Tree**）

如果二元樹的深度為 h，所含的節點數小於 2^h-1，但其節點的編號方式如同深度為 h 的完滿二元樹一般，從左到右，由上到下的順序一一對應結合。如下圖：

（深度為3的完整二元樹）　　　（非完整二元樹）

對於完整二元樹而言，假設有 N 個節點，那麼此二元樹的階層 (Level)h 為 $\lfloor \log_2(N+1) \rfloor$。

※ 歪斜樹（**Skewed Binary Tree**）

當一個二元樹完全沒有右節點或左節點時，我們就把它稱為左歪斜樹或右歪斜樹。

左歪斜樹　　　　右歪斜樹

░ 嚴格二元樹（strictly binary tree）

如果二元樹的每個非終端節點均有非空的左右子樹，如下圖所示：

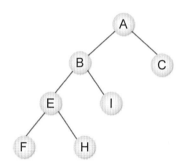

6-3 二元樹儲存方式

二元樹的儲存方式有許多方式，一般在資料結構的領域中，我們習慣用鏈結串列來表示二元樹組織，在刪除或增加節點時，這將會來來許多方便與彈性。當然也可以使用一維陣列這樣的連續記憶體來表示二元樹，不過在對樹中的中間節點做插入與刪除時，可能要大量移動來反應節點的變動。以下我們將分別來介紹陣列及鏈結串列這兩種儲存方法。

6-3-1 一維陣列表示法

使用循序的一維陣列來表示二元樹，首先可將此二元樹假想成一個完滿二元樹（Full Binary Tree），而且第 k 個階度具有 2^{k-1} 個節點，並且依序存放在此一維陣列中。首先來看看使用一維陣列建立二元樹的表示方法及索引值的配置：

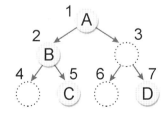

索引值	1	2	3	4	5	6	7
內容值	A	B			C		D

從上圖中，我們可以看到此一維陣列中的索引值有以下關係：

1. 左子樹索引值是父節點索引值 *2。
2. 右子樹索引值是父節點索引值 *2+1。

接著就來看如何以一維陣列建立二元樹的實例，事實上就是建立一個二元搜尋樹，這是一種很好的排序應用模式，因為在建立二元樹的同時，資料已經經過初步的比較判斷，並依照二元樹的建立規則來存放資料。所謂二元搜尋樹具有以下特點：

1. 可以是空集合，但若不是空集合則節點上一定要有一個鍵值。
2. 每一個樹根的值需大於左子樹的值。
3. 每一個樹根的值需小於右子樹的值。
4. 左右子樹也是二元搜尋樹。
5. 樹的每個節點值都不相同。

現在我們示範將一組資料 32、25、16、35、27，建立一棵二元搜尋樹，：

(1)   (2)   (3)

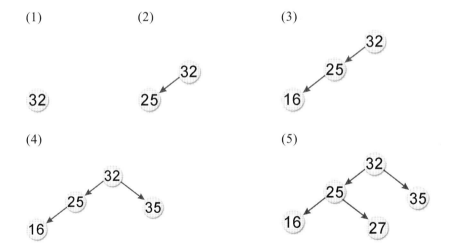

(4)   (5)

範例 6.3.1

程式碼：CH06_01.py

```
01  def Btree_create(btree,data,length):
02      for i in range(1,length):
03          level=1
04          while btree[level]!=0:
05              if data[i]>btree[level]:  #如果陣列內的值大於樹根，則往右子樹比較
06                  level=level*2+1
07              else:   #如果陣列內的值小於或等於樹根，則往左子樹比較
08                  level=level*2
09          btree[level]=data[i]  #把陣列值放入二元樹
10
11  length=9
12  data=[0,6,3,5,4,7,8,9,2]#原始陣列
13  btree=[0]*16    #存放二元樹陣列
14  print('原始陣列內容：')
15  for i in range(length):
16      print('[%2d] ' %data[i],end='')
17  print('')
18  Btree_create(btree,data,9)
19  print('二元樹內容：')
20  for i in range(1,16):
21      print('[%2d] ' %btree[i],end='')
22  print()
```

【執行結果】

```
原始陣列內容：
[ 0] [ 6] [ 3] [ 5] [ 4] [ 7] [ 8] [ 9] [ 2]
二元樹內容：
[ 6] [ 3] [ 7] [ 2] [ 5] [ 0] [ 8] [ 0] [ 0] [ 4] [ 0] [ 0] [ 0] [ 0] [ 9]
```

下圖是此陣列值在二元樹中的存放情形：

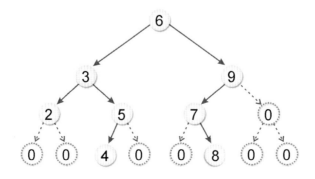

6-3-2 串列表示法

　　所謂鏈結串列表示法，就是利用鏈結串列來儲存二元樹。基本上，使用鏈結串列來表示二元樹的好處是對於節點的增加與刪除相當容易，缺點是很難找到父節點，除非在每一節點多增加一個父欄位。以上述宣告而言，此節點所存放的資料型態為整數。如果使用 Python，可寫成如下的宣告：

```
class tree:
    def __init__(self):
        self.data=0
        self.left=None
        self.right=None
```

例如下圖所示：

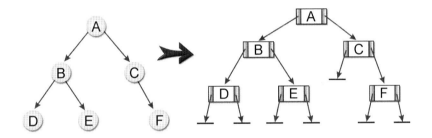

以串列方式建立二元樹的 Python 演算法如下：

```
def create_tree(root,val):        #建立二元樹函數
    newnode=tree()
    newnode.data=val
    newnode.left=None
    newnode.right=None
    if root==None:
        root=newnode
        return root
    else:
        current=root
        while current!=None:
            backup=current
            if current.data > val:
                current=current.left
            else:
                current=current.right
```

```
        if backup.data >val:
            backup.left=newnode
        else:
            backup.right=newnode
    return root
```

範例 6.3.2

程式碼：CH06_02.py

```python
01   class tree:
02       def __init__(self):
03           self.data=0
04           self.left=None
05           self.right=None
06
07   def create_tree(root,val):      #建立二元樹函數
08       newnode=tree()
09       newnode.data=val
10       newnode.left=None
11       newnode.right=None
12       if root==None:
13           root=newnode
14           return root
15       else:
16           current=root
17           while current!=None:
18               backup=current
19               if current.data > val:
20                   current=current.left
21               else:
22                   current=current.right
23           if backup.data >val:
24               backup.left=newnode
25           else:
26               backup.right=newnode
27       return root
28
29   data=[5,6,24,8,12,3,17,1,9]
30   ptr=None
31   root=None
32   for i in range(9):
33       ptr=create_tree(ptr,data[i])  #建立二元樹
34   print('左子樹:')
35   root=ptr.left
36   while root!=None:
```

```
37      print('%d' %root.data)
38      root=root.left
39  print('------------------------------')
40  print('右子樹:')
41  root=ptr.right
42  while root!=None:
43      print('%d' %root.data)
44      root=root.right
45  print()
```

【執行結果】

```
左子樹:
3
1
------------------------------
右子樹:
6
24
```

6-4 二元樹走訪

　　我們知道線性陣列或鏈結串列，都只能單向從頭至尾或反向走訪。所謂二元樹的走訪（Binary Tree Traversal），最簡單的説法就是「拜訪樹中所有的節點各一次」，並且在走訪後，將樹中的資料轉化為線性關係。就以右圖一個簡單的二元樹節點而言，每個節點都可區分為左右兩個分支。

　　所以共可以有 ABC、ACB、BAC、BCA、CAB、CBA 等 6 種走訪方法。如果是依照二元樹特性，一律由左向右，那會只剩下三種走訪方式，分別是 BAC、ABC、BCA 三種。我們通常把這三種方式的命名與規則如下：

1. 中序走訪（BAC, Inorder）：左子樹→樹根→右子樹
2. 前序走訪（ABC, Preorder）：樹根→左子樹→右子樹
3. 後序走訪（BCA, Postorder）：左子樹→右子樹→樹根

　　對於這三種走訪方式，各位讀者只需要記得樹根的位置就不會前中後序給搞混。例如中序法即樹根在中間，前序法是樹根在前面，後序法則是樹根在後面。而走訪方式也一定是先左子樹後右子樹。底下針對這三種方式，為各位做更詳盡的介紹。

6-4-1　中序走訪

　　中序走訪（Inorder Traversal）也就是從樹的左側逐步向下方移動，直到無法移動，再追蹤此節點，並向右移動一節點。如果無法再向右移動時，可以返回上層的父節點，並重覆左、中、右的步驟進行。如下所示：

1.　走訪左子樹。

2.　拜訪樹根。

3.　走訪右子樹。

　　如下圖的中序走訪為：FDHGIBEAC

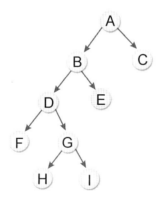

　　中序走訪的遞迴演算法如下：

```
def inorder(ptr):        #中序走訪副程式
    if ptr!=None:
        inorder(ptr.left)
        print('[%2d] ' %ptr.data, end='')
        inorder(ptr.right)
```

6-4-2　後序走訪

後序走訪（Postorder Traversal）走訪的順序是先追蹤左子樹，再追蹤右子樹，最後處理根節點，反覆執行此步驟。如下所示：

1.　走訪左子樹。

2.　走訪右子樹。

3.　拜訪樹根。

如下圖的後序走訪為：FHIGDEBCA

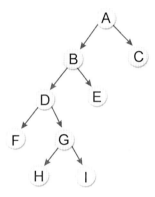

後序走訪的遞迴演算法如下：

```
def postorder(ptr):   #後序走訪
    if ptr!=None:
        postorder(ptr.left)
        postorder(ptr.right)
        print('[%2d] ' %ptr.data, end='')
```

6-4-3　前序走訪

前序走訪（Preorder Traversal）是從根節點走訪，再往左方移動，當無法繼續時，繼續向右方移動，接著再重覆執行此步驟。如下所示：

1.　拜訪樹根。

2.　走訪左子樹。

3.　走訪右子樹。

如下圖的前序走訪為：ABDFGHIEC

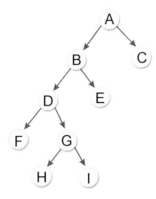

前序走訪的遞迴演算法如下：

```
def preorder(ptr):      #前序走訪
    if ptr!=None:
        print('[%2d] ' %ptr.data, end='')
        preorder(ptr.left)
        preorder(ptr.right)
```

範例 6.4.1

請問以下二元樹的中序、前序及後序表示法為何？

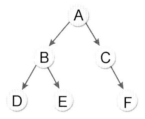

解答　① 中序走訪為：DBEACF

　　　 ② 前序走訪為：ABDECF

　　　 ③ 後序走訪為：DEBFCA

範例 **6.4.2** 請問下列二元樹的中序、前序及後序走訪的結果為何？

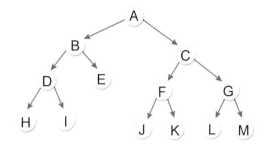

解答 ① 前序：ABDHIECFJKGLM
② 中序：HDIBEAJFKCLGM
③ 後序：HIDEBJKFLMGCA

範例 **6.4.3**

</> 程式碼：**CH06_03.py**

```
01  class tree:
02      def __init__(self):
03          self.data=0
04          self.left=None
05          self.right=None
06
07  def inorder(ptr):        #中序走訪副程式
08      if ptr!=None:
09          inorder(ptr.left)
10          print('[%2d] ' %ptr.data, end='')
11          inorder(ptr.right)
12
13  def create_tree(root,val):      #建立二元樹函數
14      newnode=tree()
15      newnode.data=val
16      newnode.left=None
17      newnode.right=None
18      if root==None:
19          root=newnode
```

```
20              return root
21       else:
22           current=root
23           while current!=None:
24               backup=current
25               if current.data > val:
26                   current=current.left
27               else:
28                   current=current.right
29           if backup.data >val:
30               backup.left=newnode
31           else:
32               backup.right=newnode
33       return root
34
35  #主程式
36  data=[5,6,24,8,12,3,17,1,9]
37  ptr=None
38  root=None
39  for i in range(9):
40      ptr=create_tree(ptr,data[i])          #建立二元樹
41  print('====================')
42  print('排序完成結果：')
43  inorder(ptr)     #中序走訪
44  print('')
45
46
```

【執行結果】

```
====================
排序完成結果：
[ 1] [ 3] [ 5] [ 6] [ 8] [ 9] [12] [17] [24]
```

╰→ 提問畫面

> **A** 　請設計一Python程式，依序輸入一棵二元樹節點的資料，分別是5,6,24,8,12,3,17,1,9，利用鏈結 ✎
> 　串列來建立二元樹，最後並進行中序走訪，各位會發現可以輕鬆完成由小到大的排序。

> ⑤　下面是一個使用鏈結串列建立二元樹並進行中序走訪的Python程式，程式碼中會按照輸入的　⎙ 👍 👎
> 　順序建立二元樹，並對樹進行中序走訪以實現由小到大的排序。

```python
                                                              Copy code
class TreeNode:
    def __init__(self, data):
        self.data = data
        self.left = None
        self.right = None

def insert_node(root, data):
    if root is None:
        return TreeNode(data)
    if data < root.data:
        root.left = insert_node(root.left, data)
    else:
        root.right = insert_node(root.right, data)
    return root

def inorder_traversal(root):
    if root:
        inorder_traversal(root.left)
```

😊 **AI 參考程式名稱** CH06_03(CGPT).py

範例 **6.4.4**

</> 程式碼：**CH06_04.py**

```
01  class tree:
02      def __init__(self):
03          self.data=0
04          self.left=None
05          self.right=None
06
07  def inorder(ptr):       #中序走訪副程式
08      if ptr!=None:
09          inorder(ptr.left)
10          print('[%2d] ' %ptr.data, end='')
11          inorder(ptr.right)
12
13  def postorder(ptr):    #後序走訪
```

```
14      if ptr!=None:
15          postorder(ptr.left)
16          postorder(ptr.right)
17          print('[%2d] ' %ptr.data, end='')
18
19  def preorder(ptr):    #前序走訪
20      if ptr!=None:
21          print('[%2d] ' %ptr.data, end='')
22          preorder(ptr.left)
23          preorder(ptr.right)
24
25  def create_tree(root,val):    #建立二元樹函數
26      newnode=tree()
27      newnode.data=val
28      newnode.left=None
29      newnode.right=None
30      if root==None:
31          root=newnode
32          return root
33      else:
34          current=root
35          while current!=None:
36              backup=current
37              if current.data > val:
38                  current=current.left
39              else:
40                  current=current.right
41          if backup.data >val:
42              backup.left=newnode
43          else:
44              backup.right=newnode
45      return root
46
47  #主程式
48  data=[7,4,1,5,16,8,11,12,15,9,2]
49  ptr=None
50  root=None
51  for i in range(11):
52      ptr=create_tree(ptr,data[i])          #建立二元樹
53  print('=====================================================')
54  print('中序式走訪結果：')
55  inorder(ptr)    #中序走訪
56  print()
57  print('=====================================================')
58  print('後序式走訪結果：')
59  postorder(ptr)    #後序走訪
60  print()
61  print('=====================================================')
62  print('前序式走訪結果：')
63  preorder(ptr)    #前序走訪
64  print()
```

【執行結果】

```
==============================================================
中序式走訪結果：
[ 1] [ 2] [ 4] [ 5] [ 7] [ 8] [ 9] [11] [12] [15] [16]
==============================================================
後序式走訪結果：
[ 2] [ 1] [ 5] [ 4] [ 9] [15] [12] [11] [ 8] [16] [ 7]
==============================================================
前序式走訪結果：
[ 7] [ 4] [ 1] [ 2] [ 5] [16] [ 8] [11] [ 9] [12] [15]
```

ChatGPT 解決觀點

提問畫面

A　請依序輸入一棵二元樹節點的資料，分別是7,4,1,5,16,8,11,12,15,9,2. 設計一Python程式，輸出此二元樹的中序、前序與後序的走訪結果。

以下是以Python程式碼實現的解答，該程式會根據您提供的節點資料建立二元樹，然後輸出中序、前序和後序的走訪結果：

```python
class Node:
    def __init__(self, data):
        self.data = data
        self.left = None
        self.right = None

def insert(root, data):
    if root is None:
        return Node(data)
    else:
        if data <= root.data:
            root.left = insert(root.left, data)
        else:
            root.right = insert(root.right, data)
    return root

def inorder_traversal(node):
    if node is not None:
        inorder_traversal(node.left)
        print(node.data, end=" ")
        inorder_traversal(node.right)
```

AI 參考程式名稱　CH06_04CGPT）.py

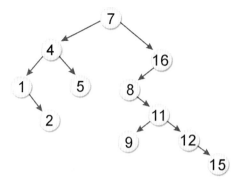

6-4-4　二元樹節點的插入與刪除

在還未談到二元樹節點的插入與刪除之前，我們先來討論如何在所建立的二元樹中搜尋單一節點資料。基本上，二元樹在建立的過程中，是依據左子樹＜樹根＜右子樹的原則建立，因此只需從樹根出發比較鍵值，如果比樹根大就往右，否則往左而下，直到相等就可找到打算搜尋的值，如果比到 None，無法再前進就代表搜尋不到此值。

二元樹搜尋的 Python 演算法：

```
def search(ptr,val):              #搜尋二元樹副程式
    while True:
        if ptr==None:             #沒找到就傳回None
            return None
        if ptr.data==val:         #節點值等於搜尋值
            return ptr
        elif ptr.data > val:      #節點值大於搜尋值
            ptr=ptr.left
        else:
            ptr=ptr.right
```

範例 6.4.5

程式碼：CH06_05.py

```
01  class tree:
02      def __init__(self):
03          self.data=0
04          self.left=None
05          self.right=None
```

```
06
07  def create_tree(root,val):   #建立二元樹函數
08      newnode=tree()
09      newnode.data=val
10      newnode.left=None
11      newnode.right=None
12      if root==None:
13          root=newnode
14          return root
15      else:
16          current=root
17          while current!=None:
18              backup=current
19              if current.data > val:
20                  current=current.left
21              else:
22                  current=current.right
23          if backup.data >val:
24              backup.left=newnode
25          else:
26              backup.right=newnode
27      return root
28
29  def search(ptr,val):      #搜尋二元樹副程式
30      i=1
31      while True:
32          if ptr==None:     #沒找到就傳回None
33              return None
34          if ptr.data==val:       #節點值等於搜尋值
35              print('共搜尋 %3d 次' %i)
36              return ptr
37          elif ptr.data > val:   #節點值大於搜尋值
38              ptr=ptr.left
39          else:
40              ptr=ptr.right
41          i+=1
42
43  #主程式
44  arr=[7,1,4,2,8,13,12,11,15,9,5]
45  ptr=None
46  print('[原始陣列內容]')
47  for i in range(11):
48      ptr=create_tree(ptr,arr[i])   #建立二元樹
49      print('[%2d] ' %arr[i],end='')
50  print()
51  data=int(input('請輸入搜尋值：'))
52  if search(ptr,data) !=None :   #搜尋二元樹
```

```
53        print('你要找的值 [%3d] 有找到!!' %data)
54   else:
55        print('您要找的值沒找到!!')
```

【執行結果】

```
[原始陣列內容]
[ 7] [ 1] [ 4] [ 2] [ 8] [13] [12] [11] [15] [ 9] [ 5]
請輸入搜尋值：11
共搜尋    5 次
你要找的值 [ 11] 有找到!!
```

ChatGPT 解決觀點
提問畫面

A　請實作一個二元樹的搜尋程式，首先建立一個二元搜尋樹，並輸入要尋找的值。如果節點中
有相等的值，會顯示出進行搜尋的次數。如果找不到這個值，也會顯示訊息，二元樹的節點
資料依序為7,1,4,2,8,13,12,11,15,9,5。

以下是以Python程式碼實現的解答，該程式會根據您提供的節點資料建立一個二元搜尋樹，
然後輸入要尋找的值，並在樹中進行搜尋。如果找到了這個值，程式會輸出進行搜尋的次
數，否則程式會輸出找不到這個值的訊息：

```python
class Node:
    def __init__(self, data):
        self.data = data
        self.left = None
        self.right = None


def insert(root, data):
    if root is None:
        return Node(data)
    else:
        if data <= root.data:
            root.left = insert(root.left, data)
        else:
            root.right = insert(root.right, data)
    return root

def search(root, data):
    count = 0
```

AI 參考程式名稱　CH06_05(CGPT).py

▒ 二元樹節點的插入

　　談到二元樹節點插入的情況和搜尋相似，重點是插入後仍要保持二元搜尋樹的特性。如果插入的節點在二元樹中就沒有插入的必要，而搜尋失敗的狀況，就是準備插入的位置。如下所示：

```
if search(ptr,data)!=None:    #搜尋二元樹
    print('二元樹中有此節點了!')
else:
    ptr=create_tree(ptr,data)
    inorder(ptr)
```

範例 6.4.6

</> 程式碼：CH06_06.py

```
01  class tree:
02      def __init__(self):
03          self.data=0
04          self.left=None
05          self.right=None
06
07  def create_tree(root,val):    #建立二元樹函數
08      newnode=tree()
09      newnode.data=val
10      newnode.left=None
11      newnode.right=None
12      if root==None:
13          root=newnode
14          return root
15      else:
16          current=root
17          while current!=None:
18              backup=current
19              if current.data > val:
20                  current=current.left
21              else:
22                  current=current.right
23          if backup.data >val:
24              backup.left=newnode
25          else:
26              backup.right=newnode
27      return root
28
29  def search(ptr,val):        #搜尋二元樹副程式
```

```
30        while True:
31            if ptr==None:     #沒找到就傳回None
32                return None
33            if ptr.data==val:         #節點值等於搜尋值
34                return ptr
35            elif ptr.data > val:   #節點值大於搜尋值
36                ptr=ptr.left
37            else:
38                ptr=ptr.right
39
40  def inorder(ptr):        #中序走訪副程式
41      if ptr!=None:
42          inorder(ptr.left)
43          print('[%2d] ' %ptr.data, end='')
44          inorder(ptr.right)
45
46  #主程式
47  arr=[7,1,4,2,8,13,12,11,15,9,5]
48  ptr=None
49  print('[原始陣列內容]')
50
51  for i in range(11):
52      ptr=create_tree(ptr,arr[i])    #建立二元樹
53      print('[%2d] ' %arr[i],end='')
54  print()
55  data=int(input('請輸入搜尋鍵值：'))
56  if search(ptr,data)!=None:     #搜尋二元樹
57      print('二元樹中有此節點了!')
58  else:
59      ptr=create_tree(ptr,data)
60      inorder(ptr)
```

【執行結果】

```
[原始陣列內容]
[ 7] [ 1] [ 4] [ 2] [ 8] [13] [12] [11] [15] [ 9] [ 5]
請輸入搜尋鍵值：12
二元樹中有此節點了!
```

提問畫面

> A　請實作一個二元樹的搜尋Python程式，首先建立一個二元搜尋樹，二元樹的節點資料依序為
> 7,1,4,2,8,13,12,11,15,9,5然後將這二元樹列出.請輸入一鍵值，如不在此二元樹中，則將其加入此
> 二元樹。

> 以下是以Python程式碼實現的解答，該程式會根據您提供的節點資料建立一個二元搜尋樹，
> 然後輸入一個鍵值。如果該鍵值存在於二元樹中，程式會輸出訊息表示已找到該值。如果該
> 鍵值不存在於二元樹中，程式將其加入二元樹中，然後列出修改後的樹。

```python
class Node:
    def __init__(self, data):
        self.data = data
        self.left = None
        self.right = None


def insert(root, data):
    if root is None:
        return Node(data)
    else:
        if data <= root.data:
            root.left = insert(root.left, data)
        else:
            root.right = insert(root.right, data)
    return root

def inorder_traversal(node):
    if node is not None:
        inorder_traversal(node.left)
        print(node.data, end=' ')
```

AI 參考程式名稱　CH06_06(CGPT).py

二元樹節點的刪除

二元樹節點的刪除則稍為複雜，可分為以下三種狀況：

1.　刪除的節點為樹葉：只要將其相連的父節點指向 None 即可。

2.　刪除的節點只有一棵子樹，如下圖刪除節點 1，就將其右指標欄放到其父節點
　　的左指標欄：

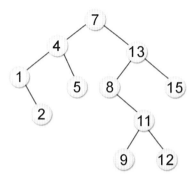

3. 刪除的節點有兩棵子樹，如下圖刪除節點 4，方式有兩種，雖然結果不同，但都可符合二元樹特性：

(1) 找出中序立即前行者（inorder immediate successor），即是將欲刪除節點的左子樹最大者向上提，在此即為節點 2，簡單來說，就是在該節點的左子樹，往右尋找，直到右指標為 None，這個節點就是中序立即前行者。

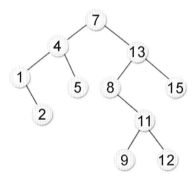

(2) 找出中序立即後繼者（inorder immediate successor），即是將欲刪除節點的右子樹最小者向上提，在此即為節點 5，簡單來說，就是在該節點的右子樹，往左尋找，直到左指標為 None，這個節點就是中序立即後繼者。

範例 **6.4.7** 請將 32、24、57、28、10、43、72、62，依中序方式存入可放 10 個節點（node）之陣列內，試繪圖與說明節點在陣列中相關位置？如果插入資料為 30，試繪圖及寫出其相關動作與位置變化？接著如再刪除的資料為 32，試繪圖及寫出其相關動作與位置變化。

解答

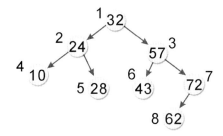

root=1	left	data	right
1	2	32	3
2	4	24	5
3	6	57	7
4	0	10	0
5	0	28	0
6	0	43	0
7	8	72	0
8	0	62	0
9			
10			

插入資料為 30：

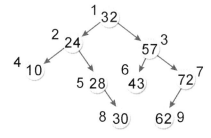

root=1	left	data	right
1	2	32	3
2	4	24	5

root=1	left	data	right
3	6	57	7
4	0	10	0
5	0	28	8
6	0	43	0
7	9	72	0
8	0	30	0
9	0	62	0
10			

刪除的資料為 32：

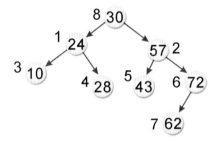

root=8	left	data	right
1	3	24	4
2	5	57	6
3	0	10	0
4	0	28	0
5	0	43	0
6	7	72	0
7	0	62	0
8	1	30	2
9			
10			

6-4-5 二元運算樹

二元樹的應用實際是相當廣泛，例如之前所提過的運算式間的轉換。我們可以把中序運算式依優先權的順序，建成一棵二元運算樹（Binary Expresiion Tree）。之後再依二元樹的特性進行前、中、後序的走訪，即可得到前中後序運算式。建立的方法可根據以下二種規則：

1. 考慮算術式中運算子的結合性與優先權，再適當地加上括號，其中樹葉一定是運算元，內部節點一定是運算子。
2. 再由最內層的括號逐步向外，利用運算子當樹根，左邊運算元當左子樹，右邊運算元當右子樹，其中優先權最低的運算子做為此二元運算樹的樹根。

現在我們嘗試來練習將 A-B*(-C+-3.5) 運算式，轉為二元運算樹，並求出此算術式的前序（prefix）與後序（postfix）表示法。

→ A-B*(-C+-3.5)

→ (A-(B*((-C)+(-3.5))))

→

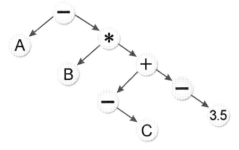

接著將二元運算樹進行前序與後序走訪，即可得此算術式的前序法與後序法，如下所示：

前序表示法：-A*B+-C-3.5

後序表示法：ABC-3.5-+*-

範例 **6.4.8** 請畫出下列算術式的二元運算樹：

(a+b)*d+e/(f+a*d)+c

解答

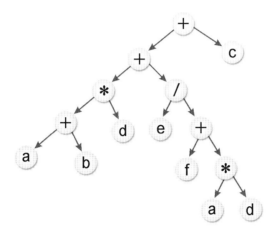

範例 **6.4.9**

⟨/⟩ 程式碼：CH06_07.py

```
01   #===============Program Description===============
02   # 程式目的：以鏈結串列實作二元運算樹
03   #================================================
04   #節點類別的宣告
05
06   class TreeNode:   #二元樹的節點宣告
07       def __init__(self,value):
08           self.value=value #節點資料
09           self.left_Node=None #指向左子樹
10           self.right_Node=None #指向左右子樹
11
12   #二元搜尋樹類別宣告
13   class Binary_Search_Tree:
14       #建立空的二元搜尋樹
15       def __init__(self):
16           self.rootNode=None
17
18       #利用傳入一個陣列的參數來建立二元樹
19       def __init__(self,data):
20           for i in range(len(data)):
21               self.Add_Node_To_Tree(data[i])
```

```
22
23          #將指定的值加入到二元樹中適當的節點
24          def Add_Node_To_Tree(self,value):
25              currentNode=self.rootNode
26              if self.rootNode==None:    #建立樹根
27                  self.rootNode=TreeNode(value)
28                  return
29              #建立二元樹
30              while True:
31                      #符合這個判斷表示此節點在左子樹
32                      if value<currentNode.value:
33                          if currentNode.left_Node==None:
34                              currentNode.left_Node=TreeNode(value)
35                              return
36                          else:
37                              currentNode=currentNode.left_Node
38                      #符合這個判斷表示此節點在右子樹
39                      else:
40                          if currentNode.right_Node==None:
41                              currentNode.right_Node=TreeNode(value)
42                              return
43                          else:
44                              currentNode=currentNode.right_Node
45
46  class Expression_Tree (Binary_Search_Tree):
47      #初始化
48      def __init__(self,information,index):
49          #create方法可以將二元樹的陣列表示法轉換成鏈結表示法
50          self.rootNode=self.create(information, index)
51
52      # create方法的程式內容
53      def create(self,sequence,index):
54          if index >=len(sequence):    # 作為遞迴呼叫的出口條件
55              return None
56          else:
57              tempNode=TreeNode((ord)(sequence[index]))
58              # 建立左子樹
59              tempNode.left_Node=self.create(sequence, 2*index)
60              # 建立右子樹
61              tempNode.right_Node=self.create(sequence, 2*index+1)
62              return tempNode
63
64      # preOrder(前序走訪)方法的程式內容
65      def preOrder(self,node):
66          if node !=None:
```

```
67                  print((chr)(node.value),end='')
68                  self.preOrder(node.left_Node)
69                  self.preOrder(node.right_Node)
70
71      # inOrder(中序走訪)方法的程式內容
72      def inOrder(self,node):
73          if node !=None:
74              self.inOrder(node.left_Node)
75              print((chr)(node.value),end='')
76              self.inOrder(node.right_Node)
77
78      # postOrder(後序走訪)方法的程式內容
79      def postOrder(self,node):
80          if node !=None:
81              self.postOrder(node.left_Node)
82              self.postOrder(node.right_Node)
83              print((chr)(node.value),end='')
84
85      #  判斷運算式如何運算的方法宣告內容
86      def condition(self,oprator, num1, num2):
87          if oprator=='*' :
88              return ( num1 * num2 ) #乘法請回傳num1 * num2
89          elif oprator=='/' :
90              return ( num1 / num2 ) #除法請回傳num1 / num2
91          elif oprator=='+' :
92              return ( num1 + num2 ) #加法請回傳num1 + num2
93          elif oprator=='-' :
94              return ( num1 - num2 ) #減法請回傳num1 - num2
95          elif oprator=='%' :
96              return ( num1 % num2 ) #取餘數法請回傳num1 % num2
97          else:
98              return -1
99
100     #傳入根節點,用來計算此二元運算樹的值
101     def answer(self,node):
102         firstnumber=0
103         secondnumber=0
104         #遞迴呼叫的出口條件
105         if node.left_Node==None and node.right_Node==None :
106             #將節點的值轉換成數值後傳回
107             return node.value-48
108         else:
109             firstnumber=self.answer(node.left_Node)#計算左子樹運算式的值
110             secondnumber=self.answer(node.right_Node) #計算右子樹運算式的值
```

```
111            return self.condition((chr)(node.value), firstnumber,
    secondnumber)
112
113 #主程式
114
115 # 第一筆運算式
116 information1=[' ','+','*','%','6','3','9','5' ]
117
118 # 第二筆運算式
119 information2=[' ','+','+','+','*','%','/','*',  \
120              '1','2','3','2','6','3','2','2' ]
121
122 exp1=Expression_Tree(information1, 1)
123 print('====二元運算樹數值運算範例 1:====')
124 print('===============================')
125 print('===轉換成中序運算式===:  ',end='')
126 exp1.inOrder(exp1.rootNode)
127 print('\n===轉換成前序運算式===:  ',end='')
128 exp1.preOrder(exp1.rootNode)
129 print('\n===轉換成後序運算式===:  ',end='')
130 exp1.postOrder(exp1.rootNode)
131
132 # 計算二元樹運算式的運算結果
133 print('\n此二元運算樹,經過計算後所得到的結果值: ',end='')
134 print(exp1.answer(exp1.rootNode))
135
136
137 # 建立第二棵二元搜尋樹物件
138 exp2=Expression_Tree(information2, 1)
139 print()
140 print('====二元運算樹數值運算範例 2:====')
141 print('===============================')
142 print('===轉換成中序運算式===:  ',end='')
143 exp2.inOrder(exp2.rootNode)
144 print('\n===轉換成前序運算式===:  ',end='')
145 exp2.preOrder(exp2.rootNode)
146 print('\n===轉換成後序運算式===:  ',end='')
147 exp2.postOrder(exp2.rootNode)
148
149 # 計算二元樹運算式的運算結果
150 print('\n此二元運算樹,經過計算後所得到的結果值: ',end='')
151 print(exp2.answer(exp2.rootNode))
```

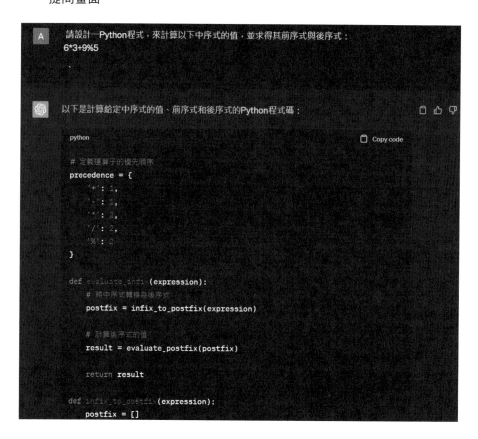

【執行結果】

```
====二元運算樹數值運算範例 1: ====
================================
===轉換成中序運算式===:  6*3+9%5
===轉換成前序運算式===:  +*63%95
===轉換成後序運算式===:  63*95%+
此二元運算樹,經過計算後所得到的結果值: 22

====二元運算樹數值運算範例 2: ====
================================
===轉換成中序運算式===:  1*2+3%2+6/3+2*2
===轉換成前序運算式===:  ++*12%32+/63*22
===轉換成後序運算式===:  12*32%+63/22*++
此二元運算樹,經過計算後所得到的結果值: 9.0
```

ChatGPT 解決觀點

提問畫面

A　請設計一Python程式,來計算以下中序式的值,並求得其前序式與後序式:
6*3+9%5

以下是計算給定中序式的值、前序式和後序式的Python程式碼:

```python
# 定義運算子的優先順序
precedence = {
    '+': 1,
    '-': 1,
    '*': 2,
    '/': 2,
    '%': 2
}

def evaluate_infix(expression):
    # 將中序式轉換為後序式
    postfix = infix_to_postfix(expression)

    # 計算後序式的值
    result = evaluate_postfix(postfix)

    return result

def infix_to_postfix(expression):
    postfix = []
```

AI 參考程式名稱　CH06_07(CGPT).py

6-5 引線二元樹

　　相對於樹而言，一個二元樹的儲存方式，可將 LINK 欄的浪費從 2/3 降為 1/2，不過對於一個 n 節點的二元樹，實際上用來指向左右兩節點的指標只有 n-1 個鏈結，另外的 n+1 個指標都是空鏈結。

　　「引線二元樹」（Threaded Binary Tree）就是把這些空的鏈結加以利用，再指到樹的其他節點，而這些鏈結就稱為「引線」（thread），而這棵樹就稱為引線二元樹（Threaded Binary Tree）。最明顯的好處是在進行中序走訪時，不需要使用遞迴式與堆疊，直接利用各節點的指標即可。

6-5-1 二元樹轉為引線二元樹

　　在引線二元樹中，與二元樹最大不同之處，為了分辨左右子樹欄位是引線或正常的鏈結指標，我們必須於節點結構中，再加上兩個欄位 LBIT 與 RBIT 來加以區別，而在所繪圖中，引線則使用虛線表示，有別於一般的指標。至於如何將二元樹轉變為引線二元樹呢？步驟如下：

1. 先將二元樹經由中序走訪方式依序排出，並將所有空鏈結改成引線。

2. 如果引線鏈結是指向該節點的左鏈結，則將該引線指到中序走訪順序下前一個節點。

3. 如果引線鏈結是指向該節點的右鏈結，則將該引線指到中序走訪順序下的後一個節點。

4. 指向一個空節點，並將此空節點的右鏈結指向自己，而空節點的左子樹是此引線二元樹。

　　引線二元樹的基本結構如下：

LBIT	LCHILD	DATA	RCHILD	RBIT

LBIT：左控制位元

LCHILD：左子樹鏈結

DATA：節點資料

RCHILD：右子樹鏈結

RBIT：右控制位元

　　和鏈結串列所建立的二元樹不同是在於，為了區別正常指標或引線而加入的兩個欄位：LBIT 及 RBIT。

如果 LCHILD 為正常指標，則 LBIT=1

如果 LCHILD 為引線，則 LBIT=0

如果 RCHILD 為正常指標，則 RBIT=1

如果 RCHILD 為引線，則 RBIT=0

　　至於 Python 語言節點的宣告方式如下：

```python
class Node:
    def __init__(self):
        self.DATA=0
        self.LBIT=0
        self.RBIT=0
        self.LCHILD=None
        self.RCHILD=None
```

　　接著我們來練習如何將下圖二元樹轉為引線二元樹：

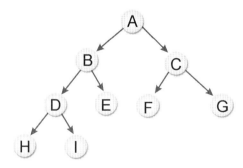

步驟 1　以中序追蹤二元樹：HDIBEAFCG

步驟 2 找出相對應的引線二元樹,並按照 HDIBEAFCG 順序求得下圖:

以下為各位整理出使用引線二元樹的優缺點:

優點:

1. 在二元樹做中序走訪時,不需要使用堆疊處理,但一般二元樹卻需要。
2. 由於充份使用空鏈結,所以避免了鏈結閒置浪費的情形。另外中序走訪時的速度也較快,節省不少時間。
3. 任一個節點都容易找出它的中序後繼者與中序前行者,在中序走訪時可以不需使用堆疊或遞迴。

缺點：

1. 在加入或刪除節點時的速度較一般二元樹慢。
2. 引線子樹間不能共享。

範例 **6.5.1** 請試繪出對應於下圖的引線二元樹。

解答 由於中序走訪結果為 EDFBACHGI，相對應的二元樹如下所示：

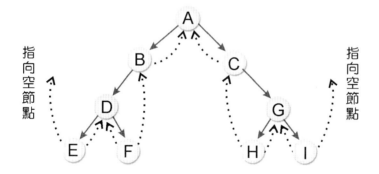

範例 **6.5.2**

程式碼：**CH06_08.py**

```
01   class Node:
02      def __init__(self):
03          self.value=0
04          self.left_Thread=0
05          self.right_Thread=0
06          self.left_Node=None
07          self.right_Node=None
```

```
08
09   rootNode=Node()
10   rootNode=None
11
12   #將指定的值加入到二元引線樹
13   def Add_Node_To_Tree(value):
14       global rootNode
15       newnode=Node()
16       newnode.value=value
17       newnode.left_Thread=0
18       newnode.right_Thread=0
19       newnode.left_Node=None
20       newnode.right_Node=None
21       previous=Node()
22       previous.value=value
23       previous.left_Thread=0
24       previous.right_Thread=0
25       previous.left_Node=None
26       previous.right_Node=None
27       #設定引線二元樹的開頭節點
28       if rootNode==None:
29           rootNode=newnode
30           rootNode.left_Node=rootNode
31           rootNode.right_Node=None
32           rootNode.left_Thread=0
33           rootNode.right_Thread=1
34           return
35       #設定開頭節點所指的節點
36       current=rootNode.right_Node
37       if current==None:
38           rootNode.right_Node=newnode
39           newnode.left_Node=rootNode
40           newnode.right_Node=rootNode
41           return
42       parent=rootNode #父節點是開頭節點
43       pos=0 #設定二元樹中的行進方向
44       while current!=None:
45           if current.value>value:
46               if pos!=-1:
47                   pos=-1
48                   previous=parent
49               parent=current
50               if current.left_Thread==1:
51                   current=current.left_Node
52               else:
53                   current=None
54           else:
55               if pos!=1:
```

```
56                    pos=1
57                    previous=parent
58              parent=current
59              if current.right_Thread==1:
60                  current=current.right_Node
61              else:
62                  current=None
63          if parent.value>value:
64              parent.left_Thread=1
65              parent.left_Node=newnode
66              newnode.left_Node=previous
67              newnode.right_Node=parent
68          else:
69              parent.right_Thread=1
70              parent.right_Node=newnode
71              newnode.left_Node=parent
72              newnode.right_Node=previous
73          return
74
75
76  #引線二元樹中序走訪
77  def trace():
78      global rootNode
79      tempNode=rootNode
80      while True:
81          if tempNode.right_Thread==0:
82              tempNode=tempNode.right_Node
83          else:
84              tempNode=tempNode.right_Node
85              while tempNode.left_Thread!=0:
86                  tempNode=tempNode.left_Node
87          if tempNode!=rootNode:
88              print('[%d]' %tempNode.value)
89          if tempNode==rootNode:
90              break
91  #主程式
92  i=0
93  array_size=11
94  print('引線二元樹經建立後,以中序追蹤能有排序的效果')
95  print('第一個數字為引線二元樹的開頭節點,不列入排序')
96  data1=[0,10,20,30,100,399,453,43,237,373,655]
97  for i in range(array_size):
98      Add_Node_To_Tree(data1[i])
99  print('==================================')
100 print('範例 1 ')
101 print('數字由小到大的排序順序結果為: ')
102 trace()
```

```
103
104 data2=[0,101,118,87,12,765,65]
105 rootNode=None#將引線二元樹的樹根歸零
106 array_size=7#第2個範例的陣列長度為7
107 for i in range(array_size):
108     Add_Node_To_Tree(data2[i])
109 print('==================================')
110 print('範例 2 ')
111 print('數字由小到大的排序順序結果為：')
112 trace()
113 print()
```

【執行結果】

```
引線二元樹經建立後,以中序追蹤能有排序的效果
第一個數字為引線二元樹的開頭節點,不列入排序
==================================
範例 1
數字由小到大的排序順序結果為：
[10]
[20]
[30]
[43]
[100]
[237]
[373]
[399]
[453]
[655]
==================================
範例 2
數字由小到大的排序順序結果為：
[12]
[65]
[87]
[101]
[118]
[765]
```

6-6 樹的二元樹表示法

在前面小節介紹了許多關於二元樹的操作，然而二元樹只是樹狀結構的特例，廣義的樹狀結構其父節點可擁有多個子節點，我們姑且將這樣的樹稱為多元樹。由於二元樹的鏈結浪費率最低，因此如果把樹轉換為二元樹來操作，就會增加許多操作上的便利。步驟相當簡單，請看以下的說明。

6-6-1　樹化為二元樹

對於將一般樹狀結構轉化為二元樹，使用的方法稱為「CHILD-SIBLING」（leftmost-child-next-right-sibling）法則。以下是其執行步驟：

1. 將節點的所有兄弟節點，用平行線連接起來。

2. 刪掉所有與子點間的鏈結，只保留與最左子點的鏈結。

3. 順時針轉 45°。

請各位讀者依照底下的範例實作一次，就可以有更清楚的認識。

步驟 1　將樹的各階層兄弟用平行線連接起來。

步驟 2　刪掉所有子節點間的連結，只留最左邊的父子節點。

步驟3 順時鐘轉 45 度。

6-6-2 二元樹轉換成樹

既然樹可化為二元樹，當然也可以將二元樹轉換成樹。如下圖所示：

這就是樹化為二元樹的反向步驟，方法也很簡單。首先是逆時針旋轉 45 度，如下圖所示：

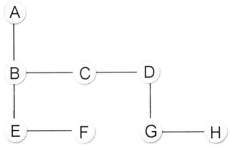

另外由於 (ABE)(DG) 左子樹代表父子關係，而 (BCD)(EF)(GH) 右子樹代表兄弟關係：

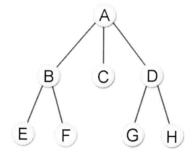

6-6-3 樹林化為二元樹

除了一棵樹可以轉化為二元樹外，其實好幾棵樹所形成的樹林也可以轉化成二元樹，步驟也很類似，如下所示：

1. 由左至右將每棵樹的樹根（root）連接起來。
2. 仍然利用樹化為二元樹的方法操作。

接著我們以下圖樹林為範例為各位解說：

步驟 1　將各樹的樹根由左至右連接。

步驟2 利用樹化為二元樹的原則。

步驟3 順時針旋轉 45 度。

6-6-4 二元樹轉換成樹林

二元樹轉換成樹林的方法則是依照樹林轉化為二元樹的方法倒推回去，例如下圖二元樹：

首先請各位把原圖逆時旋轉 45 度。

再依照左子樹為父子關係，右子樹為兄弟關係的原則。逐步劃分：

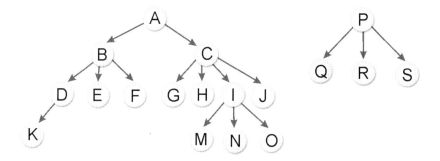

6-6-5　樹與樹林的走訪

除了二元樹的走訪可以有中序走訪、前序走訪與後序走訪三種方式外，樹與樹林的走訪也是這三種。但方法略有差異，底下我們將提出範例為您說明：

假設樹根為 R，且此樹有 n 個節點，並可分成如下圖的 m 個子樹：分別是 $T_1, T_2, T_3 ... T_m$：

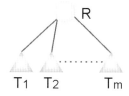

而三種走訪方式的步驟如下：

- **中序走訪（Inorder traversal）**

  ① 以中序法走訪 T_1。

  ② 拜訪樹根 R。

  ③ 再以中序法追蹤 $T_2, T_3, ... T_m$。

- **前序走訪（Preorder traversal）**

  ① 拜訪樹根 R。

  ② 再以前序法依次拜訪 $T_1, T_2, T_3, ... T_m$。

- **後序走訪（Postorder traversal）**

  ① 以後序法依次拜訪 $T_1, T_2, T_3, ... T_m$。

  ② 拜訪樹根 R。

至於樹林的走訪方式則由樹的走訪衍生過來，步驟如下：

- **中序走訪（Inorder traversal）**

  ① 如果樹林為空，則直接返回。

  ② 以中序走訪第一棵樹的子樹群。

  ③ 中序走訪樹林中第一棵樹的樹根。

  ④ 依中序法走訪樹林中其它的樹。

- **前序走訪（Preorder traversal）**

  ① 如果樹林為空，則直接返回。

  ② 走訪樹林中第一棵樹的樹根。

  ③ 以前序走訪第一棵樹的子樹群。

  ④ 以前序法走訪樹林中其它的樹。

- **後序走訪（Postorder traversal）**

  ① 如果樹林為空，則直接返回。

  ② 以後序走訪第一棵樹的子樹。

③ 以後序法走訪樹林中其它的樹。

④ 走訪樹林中第一棵樹的樹根。

範例 6.6.1

　　將下列樹林轉換成二元樹，並分別求出轉換前樹林與轉換後二元樹的中序、前序與後序走訪結果。

解答

步驟 1

步驟 2

步驟 3

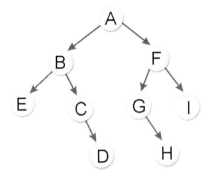

■ 樹林走訪

① 中序走訪：EBCDAGHFI

② 前序走訪：ABECDFGHI

③ 後序走訪：EBCDGHIFA

■ 二元樹走訪

① 中序走訪：EBCDAGHFI

② 前序走訪：ABECDFGHI

③ 後序走訪：EDCBHGIFA

（請注意！轉換前後的後序走訪結果不同）

6-6-6　決定唯一二元樹

在二元樹的三種走訪方法中，如果有中序與前序的走訪結果或者中序與後序的走訪結果，可由這些結果求得唯一的二元樹。不過如果只具備前序與後序的走訪結果就無法決定唯一二元樹。

現在馬上來示範一個範例。例如二元樹的中序走訪為 BAEDGF，前序走訪為 ABDEFG。請畫出此唯一的二元樹：

中序走訪：左子樹　樹根　右子樹

前序走訪：樹根　左子樹　右子樹

1.　　　　　　　　　　2.　　　　　　　　　　3.

  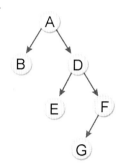

D 為右子樹的節點

範例 **6.6.2** 某二元樹的中序走訪為 HBJAFDGCE，後序走訪為 HJBFGDECA，請繪出此二元樹。

解答 中序走訪：左子樹　樹根　右子樹

後序走訪：左子樹　右子樹　樹根

1.　　　　　　　　　　　　　　　2.

3.　　　　　　　　　　　　　　　4.

 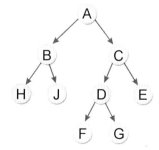

6-7 最佳化二元搜尋樹

之前我們說明過，如果一個二元樹符合「每一個節點的資料大於左子節點且小於右子節點」，這棵樹便具有二元搜尋樹的特質。而所謂的最佳化二元搜尋樹，簡單的說，就是在所有可能的二元搜尋樹中，有最小搜尋成本的二元樹。

6-7-1 延伸二元樹

至於什麼叫做最小搜尋成本呢？就讓我們先從延伸二元樹（Extension Binary Tree）談起。任何一個二元樹中，若具有 n 個節點，則有 n-1 個非空鏈結及 n+1 個空鏈結。如果在每一個空鏈結加上一個特定節點，則稱為外節點，其餘的節點稱為內節點，且定義此種樹為「延伸二元樹」，另外定義外徑長 = 所有外節點到樹根距離的總和，內徑長 = 所有內節點到樹根距離的總和。我們將以下例來說明 (a)(b) 兩圖，它們的延伸二元樹繪製：

：代表外部節點

外徑長：(2+2+4+4+3+2)=17

內徑長：(1+1+2+3)=7

(b)

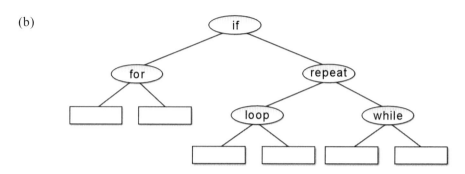

外徑長：(2+2+3+3+3+3)=16

內徑長：(1+1+2+2)=6

以上 (a)、(b) 二圖為例，如果每個外部節點有加權值（例如搜尋機率等），則外徑長必須考慮相關加權值，或稱為加權外徑長，以下將討論 (a)、(b) 的加權外徑長：

- 對 (a) 來說：2×3+4×3+5×2+15×1=43

- 對 (b) 來說：2×2+4×2+5×2+15×2=52

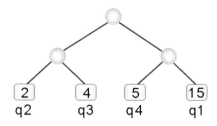

6-7-2 霍夫曼樹

霍夫曼樹（Huffman Tree）經常用於處理資料壓縮與編碼的問題，由美國麻省理工學院的電腦科學家大衛·霍夫曼在 1952 年提出，可以根據資料出現的頻率來建構的二元樹。例如資料的儲存和傳輸是資料處理的二個重要領域，兩者皆和資料量的大小息息相關，霍夫曼編碼首先會使用字元出現的頻率建立一棵樹，通常用於壓縮重複率比較高的字元資料，而霍夫曼樹是很適合用來進行資料壓縮的演算法。

我們知道兩個節點的路徑長度是從一個節點到另一個節點所經過的「邊」數量，樹的每一個節點，都可以擁有自己的「權重」（Weight），權重在不同的演算法當中可以起到不同的作用，如果現在有 n 個權值 $(q_1, q_2...q_n)$，且構成一個有 n 個節點的二元樹，每個節點外部節點權值為 q_i，則加權徑長度最小的就稱為「最佳化二元樹」或「霍夫曼樹」（Huffman Tree）。對上一小節中，(a)、(b) 二元樹而言，(a) 就是二者的最佳化二元樹。接下來我們將說明，對一含權值的串列，該如何求其最佳化二元樹，步驟如下：

1. 產生兩個節點，對資料中出現過的每一元素各自產生一樹葉節點，並賦予樹葉節點該元素之出現頻率。

2. 令 N 為 T_1 和 T_2 的父親節點，T_1 和 T_2 是 T 中出現頻率最低的兩個節點，令 N 節點的出現頻率等於 T_1 和 T_2 的出頻率總和。

3. 消去步驟的兩個節點，插入 N，再重複步驟 1。

我們將利用以上的步驟來實作求取霍夫曼樹的過程，假設現在有五個字母 BDACE 的頻率分別為 0.09、0.12、0.19、0.21 和 0.39，請說明霍夫曼樹建構之過程：

步驟 1 取出最小的 0.09 和 0.12，合併成另一棵新的二元樹，其根節點的頻率為 0.21：

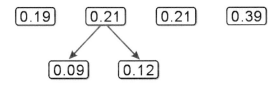

步驟 2 再取出 0.19 和 0.21 合併後，得到 0.40 的新二元樹；

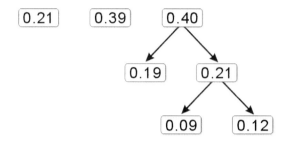

步驟 3 再出 0.21 和 0.39 的節點，產生頻率為 0.6 的新節點；

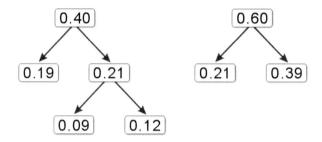

　　最後取出 0.40 和 0.60 的節點，合併成頻率為 1.0 的節點，至此二元樹即完成。

6-8 平衡樹

　　基本上，為了能夠儘量降低搜尋所需要的時間，讓我們在搜尋的時候能夠很快找到我們所要的鍵值，或者很快知道目前的樹中沒有我們要的鍵值，我們必須讓樹的高度越小越好。

　　由於二元搜尋樹的缺點是無法永遠保持在最佳狀態。當加入之資料部分已排序的情況下，極有可能產生歪斜樹，因而使樹的高度增加，導致搜尋效率降低。所以二元搜尋樹較不利於資料的經常變動（加入或刪除），相對地比較適合不會變動的資料，像是程式語言中的「保留字」等。

6-8-1 平衡樹的定義

所謂平衡樹（Balanced Binary Tree），又稱之為 AVL 樹（是由 Adelson-Velskii 和 Landis 兩人所發明的），本身也是一棵二元搜尋樹，在 AVL 樹中，每次在插入資料和刪除資料後，必要的時候會對二元樹作一些高度的調整動作，而這些調整動作就是要讓二元搜尋樹的高度隨時維持平衡。通常適用於經常異動的動態資料，像編譯器（Compiler）裡的符號表（Symbol Table）等等。

以下我們為您說明平衡樹的正式定義：

T 是一個非空的二元樹，T_l 及 T_r 分別是它的左右子樹，若符合下列兩條件，則稱 T 是個高度平衡樹：

1. T_l 及 T_r 也是高度平衡樹。
2. $|h_l-h_r|\leqq1$，h_l 及 h_r 分別為 T_l 與 T_r 的高度。

如下圖所示：

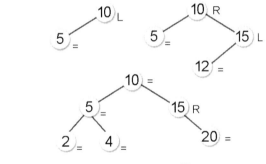

(a) AVL 樹

(b) 非 AVL 樹

　　至於如何調整一二元搜尋樹成為一平衡樹，最重要是找出「不平衡點」，再依照以下四種不同型式，重新調整其左右子樹的長度。首先，令新插入的節點為 C，且其最近的一個具有 ±2 的平衡因子節點為 A，下一層為 B，再下一層 C，分述如下：

※ LL 型

※ LR 型

※ RR 型

※ RL 型

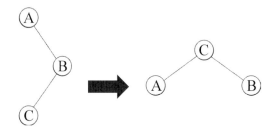

　　現在我們來實作一個範例，例如下圖為二元搜尋樹（Binary Search Tree），試繪出當加入（Insert）鍵值（Key）為 "42" 後之圖形。注意！加入後之圖形仍需保持高度為 3 之二元搜尋樹。

1.

2.　加入節點 42

加入42後，可看出其為RL型

　　接著再來研究一個例子。下圖的二元樹原是平衡的，加入節點 12 後變為不平衡，請重新調整成平衡樹，但不可破壞原有的次序結構：

調整結果如下：

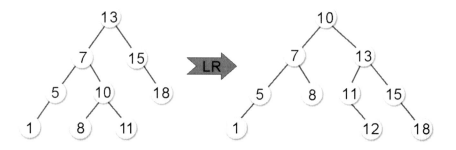

範例 6.8.1 在下圖平衡二元樹中，加入節點 11 後，重新調整後的平衡樹為何？

解答

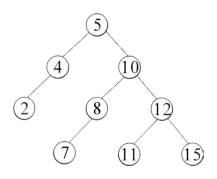

範例 **6.8.2** 形成 8 層的平衡樹最少需要幾個節點？

解答 因為條件是形成最少節點的平衡樹，不但要最少，而且要符合平衡樹的定義。在此我們逐一討論：

1. 一層的最少節點平衡樹：

2. 二層的最少節點平衡樹：

3. 三層的最少節點平衡樹：

4. 四層的最少節點平衡樹：

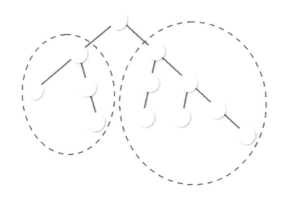

5.五層的最少節點平衡樹：

由以上的討論得知：

$N_n = N_{n-1} + N_{n-2} + 1$

且 $N_0 = 0$，$N_1 = 1$ ◄─────── 樹根

→ 0,1,2,4,7,12,20,33,54,88……

所以第 8 層最少節點平衡樹為 54 個節點。

6-9　進階樹狀結構的應用

　　除了以上我們跟大家所介紹的樹狀結構相關內容之外，還有許多樹狀結構的變形與衍生模式，不過這部分內容有些過於深奧，任課老師可以自行斟酌是否教授學生，以下我們將簡單為各位介紹決策樹、B 樹、二元空間分割樹（BSP）、四元樹與八元樹等四種進階樹狀結構的相關內容。

6-9-1　決策樹

　　我們也常把決策樹（Decision Tree）稱為「遊戲樹」，這是因為遊戲中的 AI 經常以決策樹資料結構來實作的緣故。對資料結構而言，決策樹本身是人工智慧（AI）中一個重要理念，建立的目的是用來輔助決策，是一種特殊的樹結構，例如解決分類和迴歸問題。簡單來說，決策樹是一種利用樹狀結構的方法，來討論一個問題的各種情況分佈的可能性。例如最典型的「8 枚金幣」問題來闡釋決策樹的觀念，內容是假設有 8 枚金幣 a、b、c、d、e、f、g、h 且其中有一枚是偽造的，偽造金幣的特徵為重量稍輕或偏重。請如何使用決策樹方法，找出這枚偽造的錢幣；如果是以 L 表示輕於真品，H 表示重於真品。第一次比較從 8 枚中任挑 6 枚 a、b、c、d、e、f 分 2 組來比較重量，則會有下列三種情形產生：

```
(a+b+c)>(d+e+f)
(a+b+c)=(d+e+f)
(a+b+c)<(d+e+f)
```

我們可以依照以上的步驟，畫出以下決策樹的圖形：

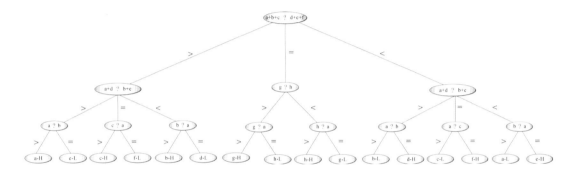

例如各位想要設計「棋類」或是「紙牌類」遊戲的話，所採用的概念在於實現遊戲作決策的能力，簡單的說，該下哪一步棋或者該出哪一張牌，因為通常可能的狀況有很多，例如象棋遊戲的人工智慧就必須在所有可能的情況中選擇一步對自己最有利的棋，想想看如果開發此類的遊戲，您會怎麼作？這時決策樹就可派上用場。

通常此類遊戲的 AI 實現技巧為先找出所有可走的棋（或可出的牌），然後逐一判斷如果走這步棋（或出這張牌）的優劣程度如何，或者說是替這步棋打個分數，然後選擇走得分最高的那步棋。

一個最常被用來討論決策型 AI 的簡單例子是「井字遊戲」，因為它的可能狀況不多，也許您只要花個十分鐘便能分析完所有可能的狀況，並且找出最佳的玩法，例如下圖可表示某個狀況下的 O 方的可能決策樹：

上圖是井字遊戲的某個決策區域，下一步是 X 方下棋，很明顯的 X 方絕對不能選擇第二層的第二個下法，因為 X 方必敗無疑，而您也看出來這個決策形成樹狀結構，所以也稱之為「決策樹」，而樹狀結構正是資料結構所討論的範圍，這也說明了資料結構正是人工智慧的基礎，而決策樹人工智慧的基礎則是搜尋，在所有可能的狀況下，搜尋可能獲勝的方法。

6-9-2　B 樹

B 樹（B Tree）是一種高度大於等於 1 的 m 階搜尋樹，也是一種平衡樹（AVL 樹）概念的延伸，不過 B 樹與 AVL 樹不同，可以擁有 2 個以上的子節點，並且每個節點可以有多個鍵值，B 樹是由 Bayer 和 Mc Creight 兩位專家所提出，通常適用於讀寫相對較大的資料庫和檔案儲存系統。在還沒開始談 B 樹的主要特徵之前，我們先來複習之前所介紹二元搜尋樹概念。

一般說來，二元搜尋樹是一棵二元樹，在這棵二元樹上的節點均包含一個鍵值資料及分別指向左子樹及右子樹的鏈結欄，同時，樹根的鍵值恒大於左子樹的所有鍵值。並小於或等於右子樹的所有鍵值。另外，其左右子樹也是一棵二元搜尋樹。而這種包含鍵值並指向兩棵子樹的節點，稱為 2 階節點。也就是說，2 階節點的節點分支度皆 ≦2。以這樣的概念，我們延伸至所謂的 3 階節點，它包括了底下幾個特點：

1. 每一個 3 階節點存放的鍵值最多為 2 個，假設其鍵值分別為 k_1 及 k_2，則 $k_1 < k_2$。

2. 每一個 3 階節點分支度均小於等於 3。

3. 每一個 3 階節點的鏈結欄有 3 個 $P_{0,1}$、$P_{1,2}$、$P_{2,3}$，這三個鏈結欄分別指向 T_1、T_2、T_3 三棵子樹。

4. T_1 子樹的所有節點鍵值均小於 k_1。

5. T_2 子樹的所有節點鍵值均大於等於 k_1 且小於 k_2。

6. T_3 子樹的所有節點鍵值均大於等於 k_2。

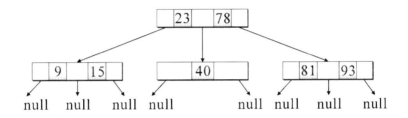

上圖就是一棵 3 階節點所建立形成的 3 階搜尋樹，當鏈結指標欄指向 null，表示該鏈結欄並沒有指向任何子樹，3 階搜尋樹也就是 3 階的 B 樹，或稱 2-3 樹，表示每個節點可以有 2 或 3 個子節點，而且左右子樹高度一定相同，所有葉節點皆在同一層（level），並且可以放 1 或 2 個元素，但不是二元樹，因為最多可以擁有三個子節點。

以上面所列的 3 階 B 樹特點，我們將其擴大到 m 階搜尋樹，就可以知道 m 階搜尋樹包含底下的主要特徵：

1. 每一個 m 階節點存放的鍵值最多為 m-1 個，假設其鍵值分別為 k_1、k_2、k_3、$k_4...k_{m-1}$，則 $k_1 < k_2 < k_3 < k_4 ... < k_{m-1}$。

2. 每一個 m 階節點分支度均小於等於 m。

3. 每一個 m 階節點的鏈結欄的 m 個 $P_{0,1}$、$P_{1,2}$、$P_{2,3}$、$P_{3,4}...P_{m-1,m}$，這些 m 個鏈結欄分別指向 T_1、T_2、$T_3...T_m$ 等 m 棵子樹。

4. T_1 子樹的所有節點鍵值均小於 k_1。

5. T_2 子樹的所有節點鍵值均大於等於 k_1 且小於 k_2。

6. T_3 子樹的所有節點鍵值均大於等於 k_2 且小於 k_3。

7. 以此類推，T_m 子樹的所有節點鍵值均大於等於 k_{m-1}。

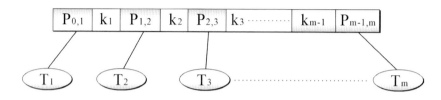

其中 T_1、T_2、T_3...T_m 都是 m 階搜尋樹，在這些子樹中的每一個節點都是 m 階節點，且其每一個節點的分支度都小於等於 m。

有了以上的了解，接著就來談談 B 樹的幾個重要的概念。其實 B 樹是一棵平衡的 m 階搜尋樹，描述一顆 B 樹時需要指定階數，階數表示了一個節點最多有多少個子節點，例如 B 樹中一個節點的子節點數目的最大值，用 m 表示，假如最大值為 5，則為 5 階，根節點數量範圍：$1 <= k <= 4$，非根節點數量範圍：$2 <= k <= 4$，每個節點至少有 2 個鍵 (3-1=2)，最多有 4 個鍵，且高度大於等於 1，主要的特點包括有：

1. B 樹上每一個節點都是 m 階節點。

2. 每一個 m 階節點存放的鍵值最多為 m-1 個。

3. 每一個 m 階節點分支度均小於等於 m。

4. 除非是空樹，否則樹根節點至少必須有兩個以上的子節點。

5. 除了樹根及樹葉節點外，每一個節點最多不超過 m 個子節點，而且至少包含 $\lceil m/2 \rceil$ 個子節點。

6. 每個樹葉節點到樹根節點所經過的路徑長度皆一致，也就是說，所有的樹葉節點都必須在同一層（level）。

7. 當要增加樹的高度時，處理的作法就是將該樹根節點一分為二。

8. B 樹中每一個內部節點會包含一定數量的鍵，鍵將節點的子樹分開，B 樹的階為最大子節點數量，且比鍵的數量大 1，其鍵值分別為 k_1、k_2、k_3、k_4...k_{m-1}，則 $k_1 < k_2 < k_3 < k_4 ... < k_{m-1}$。

9. B 樹的節點表示法為 $P_{0,1}$，k_1，$P_{1,2}$，k_2...$P_{m-2,m-1}$，k_{m-1}，$P_{m-1,m}$。

其節點結構圖如下所示：

$P_{0,1}$	k_1	$P_{1,2}$	k_2	$P_{2,3}$	k_3	………	k_{m-1}	$P_{m-1,m}$

其中 $k_1 < k_2 < k_3 \cdots < k_{m-1}$

(1) $P_{0,1}$ 指標所指向的子樹 T_1 中的所有鍵值均小於 k_1。

(2) $P_{1,2}$ 指標所指向的子樹 T_2 中的所有鍵值均大於等於 k_1 且小於 k_2。

(3) 以此類推，$P_{m-1,m}$ 指標所指向的子樹 T_m 中所有鍵值均大於等於 k_{m-1}。

例如根據 m 階搜尋樹的定義，我們知道 4 階搜尋樹的每一個節點分支度 ≤ 4，又由於 B 樹的特點中提到：除非是空樹，否則樹根節點至少必須有兩個以上的子節點。由此可以推論，4 階的 B 樹結構的每一個節點分支度可能為 2、3 或 4，因此，4 階 B 樹又稱 2-3-4 樹，其中當一個節點有 1 個元素，則會有 2 個子節點，當一個節點有 2 個元素，則會有 3 個子節點，依此類推，最多可以擁有 4 棵子樹。如下圖所示：

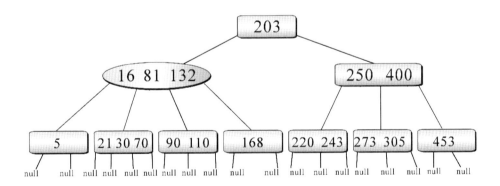

6-9-3 二元空間分割樹（BSP）

二元空間分割樹（Binary Space Partitioning Tree, BSP Tree）也是一種二元樹，每個節點有兩個子節點，是一種應用在遊戲空間分割的方法，以建立一種模型分佈的關聯，來做為搜尋模型的依據，通常被使用在平面的繪圖應用，試圖將所有的平面組織成一棵二元樹。因為在遊戲中進行畫面繪製時，會將輸入的資料顯示在螢幕上，即便我們輸入的模型資不會出現在螢幕上，但是這些資料經過運算仍會耗費部分資源，這時 BSP 就能大量減少 3D 加速卡的運算資源。

由於物件與物件之間有位置上的相聯性，所以每一次當平面要重繪的時候，就必須要考慮到平面上的各個物件位置之關係，然後再加以重繪。BSP Tree 採取的方法就是在一開始將資料檔讀進來的時候，就將整個資料檔中的數據先建成一個二元樹的資料結構，因為 BSP 通常對圖素排序是預先計算好的而不是在運行時進行計算。如右圖所示：

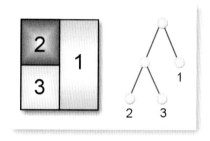

二元樹示意圖

二元樹節點裡面的資料結構是以平面來分割場景，多半應用在開放式空間。場景中會有許多物體，並以每個物體的每個多邊形當成一個平面，其代表的平面將當前空間劃分為前向和背向兩個子空間，也就是每個平面會有正反兩個面，就可把場景分兩部分先從第一個平面開始分，再從這分出的兩部分各別再以同樣方式細分，這兩個部分又分別被另外的平面分割成更小的空間，分別對應左右子節點，如果空間有許多物件，可以遞迴繼續將空間一分為二，最後所有平面形狀都被用於構造節點，組成了一棵 BSP 樹。

所以當遊戲地形資料被讀進來的時候，這個樹的葉節點保存了分割室內空間所得到的像素集合，BSP Tree 也會同時被建立了，無論是由遠到近或由近到遠的順序，不過只會建立一次而已。當視點開始移動時，平面景象就必須重新繪製，而重繪的方法就是以視點為中心，對此 BSP Tree 加以分析，只要在 BSP Tree 中，且位於此視點前方的話，它就會被存放在一個串列當中，最後只要依照串列的順序一個一個將它們繪製在平面上就可以了，BSP 樹構造的平均時間複雜度為 $O(N^2)$。

在遊戲設計中，空間劃分往往是非常重要的技術，BSP 通常是用來處理遊戲中室內場景模型的分割，例如第一人稱射擊遊戲（FPS）的迷宮地圖中最先大量使用這種空間分割技巧，可以將物體對象針對觀察者位置快速的從前至後進行排序，不只可用來加速位於視錐（Viewing Frustum）中物體的搜尋與裁剪（view frustum culling），也可以加速場景中各種碰撞偵測的處理，自從 90 年代初 BSP 樹就已經被用於遊戲行業來改善執行效能，例如雷神之鎚引擎或毀滅戰士系列就是用這種方式開發，也使 BSP 技術成為室內渲染技術的工業標準。不過要提醒各位

BSP 最好還要經過轉換成平衡樹（左右兩邊的深度相差小於等於 1）的過程，才可以減少搜尋所花的時間。

Tips

視錐可看成是場景中的一個三維空間，這個空間決定了模型將如何投影到螢幕上。如下圖所示：

6-9-4 四元樹 / 八元樹

　　二元樹的作法主要是可以幫助資料分類，當然更多的分枝自然有更好的分類能力，如四元樹與八元樹，當然這也是屬於 BSP 觀念的延伸。可以用來加速計算遊戲世界畫面中的可見區域與圖像處理技術有關的數據壓縮，具有比較高的空間資料插入和查詢效率。當各位要製作遊戲中起伏不定、一望無際的地形時，如果依次從構成地形的模型三角面尋找，往往會耗費許多執行時間，通常會有更精簡有效的方式來儲存地形，例如四元樹（Quadtree）類似一般的二元樹，經常應用於二維空間資料的分析與分類，就是樹的每個節點擁有四個子節點，而不是 2 個，目的是將地理空間遞迴劃分為不同層次的樹結構。再將已知範圍的空間等分成四個相等的子空間，在檢查的時候就可以鎖定部分區域的物體，從而增加效率。多遊戲場景的地面（terrain）就是以四元樹來做地劃分，以遞迴的方式，將地圖分裂成很多塊，每個大區塊可能又被分裂成若干的小區塊，軸心一致的將地形依四個象限分成四個子區域，每個區塊都有節點容量，越分越細，資料放在樹葉，如此遞迴下去，直到樹的層次達到某種要求後停止分割。當節點達到最大容量時，節點就進行分裂也就是四元樹來源於將正方形區域分成較小正方形的原理。當沿著四元樹向下移動時，每個正方形被分成四個較小的正方形。如下所示：

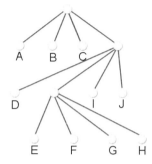

四元樹示意圖

　　許多遊戲都會需要碰撞檢測來判斷兩物體的碰撞，演算法如果無法有效率的選擇檢測目標，很可能會大幅降低執行的速度，這時四元樹在 2D 平面與碰撞偵測相當有用，特別是在單一層的廣大地面場景。底下的圖形是可能對應的 3D 地形，分割的方式是以地形面的斜率（利用平面法向量來比較）來做依據：

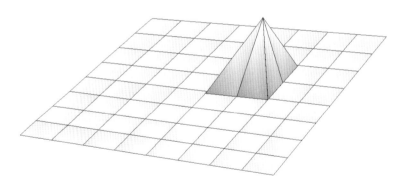

地形與四元樹的對應關係

　　至於八元樹（Octree）的定義就是如果不為空樹的話，樹中任一節點都正好有八個子節點，也就是子節點不會有 0 與 8 以外的數目，八個子節點則將這個空間將其遞迴細分為八個象限或區域。讀者可把它的應用看做是雙層的四元樹（Quadtree），也就是四元樹在 3D 空間中的對應，通常用在 3D 空間中的場景管理與分割，用於加速空間查詢，多半適用在密閉或有限的空間，可以很快計算出物體在 3D 場景中的位置、光線追蹤（Ray Tracing）過濾、感知檢測、加速射線投射（ray casting），或偵測與其他物體是否有碰撞的情況，並將空間作階層式的分割形成一棵八元樹。

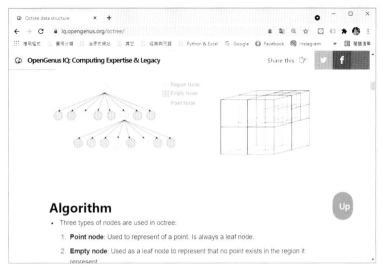

八元樹（Octree）示意圖

圖片來源：https://iq.opengenus.org/octree/

　　這種以線性八元樹表示三度空間的物體，在 3D 圖形、3D 遊戲引擎等領域有很多應用。例如使用 BSP 來切割的話，會有太多細小的碎片。當在分割的過程中，假如有一子空間中的物體數小於某個值，則不再分割下去。也就是説，八元樹的處理規則也是利用遞迴結構的方式來進行，在每個細分的層次上有著同樣規則的屬性，可以把一個立方體分割為八個小立法體，然後遞迴地分割小立方體。因此在每個層次上我們可以利用同樣的編列順序，以獲得整個結構元素由後到前的順序依據，能有效避免太過細碎的空間分割。

課後評量

1. 一般樹狀結構在電腦記憶體中的儲存方式是以鏈結串列為主，對於 n 元樹（n-way 樹）來說，我們必須取 n 為鏈結個數的最大固定長度，請說明為了改進記憶空間浪費的缺點，我們最常使用二元樹（Binary Tree）結構來取代樹狀結構。

2. 下列哪一種不是樹（Tree）？ (a) 一個節點 (b) 環狀串列 (c) 一個沒有迴路的連通圖（Connected Graph）(d) 一個邊數比點數少 1 的連通圖。

3. 關於二元搜尋樹（binary search tree）的敘述，何者為非？
   (a) 二元搜尋樹是一棵完整二元樹（complete binary tree）
   (b) 可以是歪斜樹（skewed binary tree）
   (c) 一節點最多只有兩個子節點（child node）
   (d) 一節點的左子節點的鍵值不會大於右節點的鍵值。

4. 請問以下二元樹的中序、後序以及前序表示法為何？

5. 請問以下二元樹的中序、前序以及後序表示法為何？

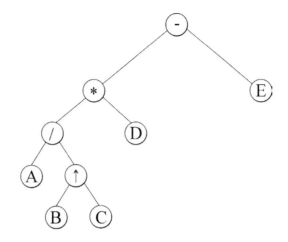

6. 試以鏈結串列描述代表以下樹狀結構的資料結構。

(a)   (b)   (c)

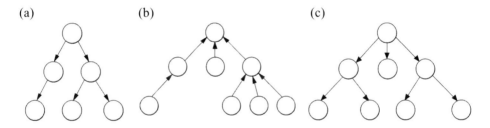

7. 假如有一個非空樹，其分支度為 5，已知分支度為 i 的節點數有 i 個，其中 $1 \leq i \leq 5$，請問終端節點數總數是多少？

8. 請利用後序走訪將下圖二元樹的走訪結果按節點中的文字列印出來。

9. 請問以下二元樹的中序、前序以及後序表示法為何？

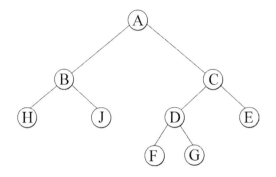

10. 用二元搜尋樹去表示 n 個元素時，最小高度及最大高度的二元搜尋樹（Height of Binary Search Tree）其值分別為何？

11. 一二元樹被表示成 A(B(CD)E(F(G)H(I(JK)L(MNO))))，請畫出結構與後序與前序走訪的結果。

12. 請問以下運算二元樹的中序、後序與前序表示法為何？

13. 下圖為一個二元樹：

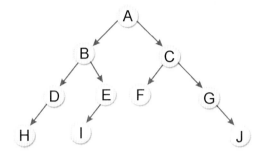

   (1) 請問此二元樹的前序走訪、中序走訪與後序走訪結果。

   (2) 空的引線二元樹為何？

   (3) 以引線二元樹表示其儲存狀況。

14. 求下圖樹轉換成二元樹前後的中序、前序與後序走訪結果。

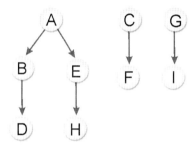

15. 形成 8 層的平衡樹最少需要幾個節點？

16. 請將下圖樹轉換為二元樹。

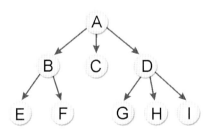

17. 請說明二元搜尋樹的特點。

18. 試寫出一虛擬碼 SWAPTREE(T) 將二元樹 T 之所有節點的左右子節點對換。並說明之。

19. 請將 A/B**C+D*E-A*C 化為二元運算樹。

20. 試述如何對一二元樹作中序走訪不用到堆疊或遞迴？

21. 將下圖樹化為二元樹

22. 請敘述四元樹與八元樹的基本原理。

7

Chapter

圖形結構

　　我們可以這樣形容；樹狀結構是描述節點與節點之間「層次」的關係，但是圖形結構卻是討論兩個頂點之間「相連與否」的關係，在圖形中連接兩頂點的邊若填上加權值（也可以稱為花費值），這類圖形就稱為「網路」。圖形除了被活用在資料結構中最短路徑搜尋、拓樸排序外，還能應用在系統分析中以時間為評核標準的計劃評核術（Performance Evaluation and Review Technique, PERT），又或者像一般生活中的「IC 板設計」、「交通網路規劃」等都可以看作是圖形的應用。

捷運路線的規劃也是圖形的應用

7-1　圖形簡介

　　圖形理論起源於 1736 年，一位瑞士數學家尤拉（Euler）為了解決「肯尼茲堡橋樑」問題，所想出來的一種資料結構理論，這就是著名的七橋理論。簡單來說，就是有七座橫跨四個城市的大橋。尤拉所思考的問題是這樣的：是否有人在只經過每一座橋樑一次的情況下，把所有地方走過一次而且回到原點。

7-1-1　尤拉環與尤拉鏈

　　尤拉當時使用的方法就是以圖形結構進行分析。他先以頂點表示土地，以邊表示橋樑，並定義連接每個頂點的邊數稱為該頂點的分支度。我們將以下面簡圖來表示「肯尼茲堡橋樑」問題：

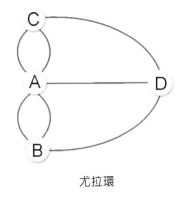

尤拉環

　　最後尤拉找到一個結論：「當所有頂點的分支度皆為偶數時，才能從某頂點出發，經過每一邊一次，再回到起點。」也就是說，在上圖中每個頂點的分支度都是奇數，所以尤拉所思考的問題是不可能發生的，這個理論就是有名的「尤拉環」（Eulerian cycle）理論。

　　但如果條件改成從某頂點出發，經過每邊一次，不一定要回到起點，亦即只允許其中兩個頂點的分支度是奇數，其餘則必須全部為偶數，符合這樣的結果就稱為尤拉鏈（Eulerian chain）。

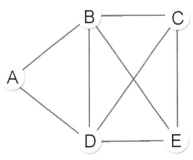

7-1-2　圖形的定義

　　圖形是由「頂點」和「邊」所組成的集合，通常用 G=(V,E) 來表示，其中 V 是所有頂點所成的集合，而 E 代表所有邊所成的集合。圖形的種類有兩種：一是無向圖形，一是有向圖形，無向圖形以 (V_1, V_2) 表示，有向圖形則以 $<V_1, V_2>$ 表示其邊線。

7-1-3　無向圖形

　　無向圖形（Graph）是一種具備同邊的兩個頂點沒有次序關係，例如 (V_1, V_2) 與 (V_2, V_1) 是代表相同的邊。如右圖所示：

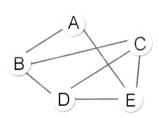

```
V={A,B,C,D,E}
E={(A,B),(A,E),(B,C),(B,D),(C,D),(C,E),(D,E)}
```

接下來是無向圖形的重要術語介紹：

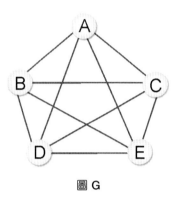

圖 G

- **完整圖形**：在「無向圖形」中，N 個頂點正好有 N(N-1)/2 條邊，則稱為「完整圖形」。如右圖所示：

- **路徑（Path）**：對於從頂點 V_i 到頂點 V_j 的一條路徑，是指由所經過頂點所成的連續數列，如圖 G 中，V_1 到 V_5 的路徑有 {(V_1,V_2)、(V_2, V_5)} 及 {((V_1,V_2)、(V_2,V_3)、(V_3,V_4)、(V_4,V_5)) 等等。

- **簡單路徑（Simple Path）**：除了起點和終點可能相同外，其他經過的頂點都不同，在圖 G 中，(V_1,V_2)、(V_2,V_3)、(V_3,V_1)、(V_1,V_5) 不是一條簡單路徑。

- **路徑長度（Path Length）**：是指路徑上所包含邊的數目，在圖 G 中，(V_1,V_2)，(V_2,V_3)，(V_3,V_4)，(V_4,V_5)，是一條路徑，其長度為 4，且為一簡單路徑

- **循環（Cycle）**：起始頂點及終止頂點為同一個點的簡單路徑稱為循環。如上圖 G，{(V_1,V_2)，(V_2,V_4)，(V_4,V_5)，(V_5,V_3)，(V_3,V_1)} 起點及終點都是 A，所以是一個循環。

- **依附（Incident）**：如果 V_i 與 V_j 相鄰，我們則稱 (V_i,V_j) 這個邊依附於頂點 V_i 及頂點 V_j，或者依附於頂點 V_2 的邊有 (V_1,V_2)、(V_2,V_4)、(V_2,V_5)、(V_2,V_3)。

- **子圖（Subgraph）**：當我們稱 G' 為 G 的子圖時，必定存在 V(G')⊆V(G) 與 E(G')⊆E(G)，如右圖是上圖 G 的子圖。

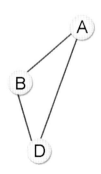

- **相鄰（Adjacent）**：如果 (V_i,V_j) 是 E(G) 中的一邊，則稱 V_i 與 V_j 相鄰。

- **相連單元（Connected Component）**：在無向圖形中，相連在一起的最大子圖（Subgraph），如圖 G 有 2 個相連單元。

- **分支度**：在無向圖形中，一個頂點所擁有邊的總數為分支度。如上頁圖 G，頂點 1 的分支度為 4。

7-1-4　有向圖形

有向圖形（Digraph）是一種每一個邊都可使用有序對 $<V_1,V_2>$ 來表示，並且 $<V_1,V_2>$ 與 $<V_2,V_1>$ 是表示兩個方向不同的邊，而所謂 $<V_1,V_2>$，是指 V_1 為尾端指向為頭部的 V_2。如右圖所示：

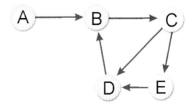

```
V={A,B,C,D,E}
E={<A,B>,<B,C>,<C,D>,<C,E>,<E,D>,<D,B>}
```

接下來則是有向圖形的相關定義介紹：

- **完整圖形（Complete Graph）**：具有 n 個頂點且恰好有 n*(n-1) 個邊的有向圖形，如右圖所示：

- **路徑（Path）**：有向圖形中從頂點 V_p 到頂點 V_q 的路徑是指一串由頂點所組成的連續有向序列。

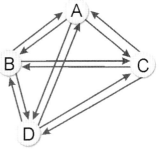

- **強連接（Strongly Connected）**：有向圖形中，如果每個相異的成對頂點 V_i,V_j 有直接路徑，同時，有另一條路徑從 V_j 到 V_i，則稱此圖為強連接。如右圖：

- **強連接單元（Strongly Connected Component）**：有向圖形中構成強連接的最大子圖，在下圖 (a) 中是強連接，但 (b) 就不是。

(a)

(b)

而圖 (b) 中的強連接單元如下：

- 出分支度（**Out-degree**）：是指有向圖形中，以頂點 V 為箭尾的邊數目。
- 入分支度（**In-degree**）：是指有向圖形中，以頂點 V 為箭頭的邊數目，如下圖中 V_4 的入分支度為 1，出分支度為 0，V_2 的入分支度為 4，出分支度為 1，

 Tips

所謂複線圖（multigraph），圖形中任意兩頂點只能有一條邊，如果兩頂點間相同的邊有 2 條以上（含 2 條），則稱它為複線圖，以圖形嚴格的定義來說，複線圖應該不能稱為一種圖形。請看下圖：

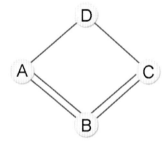

7-2 圖形的資料表示法

　　知道圖形的各種定義與觀念後，有關圖形的資料表示法就越顯重要了。常用來表達圖形資料結構的方法很多，本節中將介紹四種表示法。

7-2-1 相鄰矩陣法

　　圖形 A 有 n 個頂點，以 n*n 的二維矩陣列表示。此矩陣的定義如下：

　　　　對於一個圖形 G=(V,E)，假設有 n 個頂點，n≧1，則可以將 n 個頂點的圖形，利用一個 n×n 二維矩陣來表示，其中假如 A(i,j)=1，則表示圖形中有一條邊 (V_i,V_j) 存在。反之，A(i,j)=0，則沒有一條邊 (V_i,V_j) 存在。

　　相關特性說明如下：

1. 對無向圖形而言，相鄰矩陣一定是對稱的，而且對角線一定為 0。有向圖形則不一定是如此。

2. 在無向圖形中，任一節點 i 的分支度為 $\sum_{j=1}^{n} A(i,j)$，就是第 i 列所有元素的和。在有向圖中，節點 i 的出分支度為 $\sum_{j=1}^{n} A(i,j)$，就是第 i 列所有元素的和，而入分支度為 $\sum_{i=1}^{n} A(i,j)$，就是第 j 行所有元素的和。

3. 用相鄰矩陣法表示圖形共需要 n^2 空間，由於無向圖形的相鄰矩陣一定是具有對稱關係，所以扣除對角線全部為零外，僅需儲存上三角形或下三角形的資料即可，因此僅需 n(n-1)/2 空間。

　　接著就實際來看一個範例，請以相鄰矩陣表示下列無向圖：

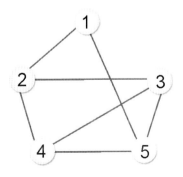

由於上圖共有 5 個頂點，故使用 5*5 的二維陣列存放圖形。在上圖中，先找和①相鄰的頂點有那些，把和①相鄰的頂點座標填入 1。

跟頂點 1 相鄰的有頂點 2 及頂點 5，所以完成下表：

	1	2	3	4	5
1	0	1	0	0	1
2	1	0			
3	0		0		
4	0			0	
5	1				0

其他頂點依此類推可以得到相鄰矩陣：

	1	2	3	4	5
1	0	1	0	0	1
2	1	0	1	1	0
3	0	1	0	1	1
4	0	1	1	0	1
5	1	0	1	1	0

而對於有向圖形，則不一定是對稱矩陣。其中節點 i 的出分支度為 $\sum_{j=1}^{n} A(i, j)$，就是第 i 列所有元素 1 的和，而入分支度為 $\sum_{i=1}^{n} A(i, j)$，就是第 j 行所有元素 1 的和。例如下列有向圖的相鄰矩陣法：

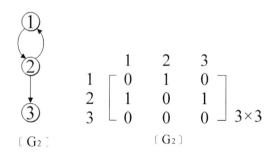

$$\begin{array}{c} & \begin{array}{ccc} 1 & 2 & 3 \end{array} \\ \begin{array}{c} 1 \\ 2 \\ 3 \end{array} & \left[\begin{array}{ccc} 0 & 1 & 0 \\ 1 & 0 & 1 \\ 0 & 0 & 0 \end{array} \right]_{3 \times 3} \end{array}$$

〔G₂〕　　　　　　　　〔G₂〕

　　無向 / 有向圖形的 6*6 相鄰矩陣 Python 演算法如下：

```
for i in range(10):    #讀取圖形資料
    for j in range(2):    #填入arr矩陣
        for k in range(6):
            tmpi=data[i][0]    #tmpi為起始頂點
            tmpj=data[i][1]    #tmpj為終止頂點
            arr[tmpi][tmpj]=1    #有邊的點填入1

print('無向圖形矩陣：')
for i in range(1,6):
    for j in range(1,6):
        print('[%d] ' %arr[i][j],end='')    #列印矩陣內容
    print()
```

範例 7.2.1

程式碼：CH07_01.py

```
01  arr=[[0]*6 for row in range(6)]    #宣告矩陣arr
02  #圖形各邊的起點值及終點值
03  data=[[1,2],[2,1],[1,5],[5,1], \
04       [2,3],[3,2],[2,4],[4,2], \
05       [3,4],[4,3]]
06  for i in range(10):    #讀取圖形資料
07      for j in range(2):    #填入arr矩陣
08          for k in range(6):
09              tmpi=data[i][0]        #tmpi為起始頂點
10              tmpj=data[i][1]        #tmpj為終止頂點
11              arr[tmpi][tmpj]=1    #有邊的點填入1
12
13  print('無向圖形矩陣：')
14  for i in range(1,6):
15      for j in range(1,6):
16          print('[%d] ' % arr[i][j],end='')    #列印矩陣內容
17      print()
```

【執行結果】

```
無向圖形矩陣：
[0] [1] [0] [0] [1]
[1] [0] [1] [1] [0]
[0] [1] [0] [1] [0]
[0] [1] [1] [0] [0]
[1] [0] [0] [0] [0]
```

ChatGPT 解決觀點

提問畫面

> **A** 請設計一Python程式，假設有一無向圖形各邊的起點值及終點值如下陣列：
> data=[[1,2],[2,1],[1,5],[5,1],[2,3],[3,2],[2,4],[4,2],[3,4],[4,3]]
> 試輸出此圖形的相鄰矩陣。

> 以下是根據提供的邊的起點值和終點值陣列，建立相鄰矩陣的Python程式：
>
> ```python
> # 計算節點的總數量
> def get_num_nodes(data):
>     nodes = set()
>     for edge in data:
>         nodes.add(edge[0])
>         nodes.add(edge[1])
>     return max(nodes)
>
> # 建立相鄰矩陣
> def create_adjacency_matrix(data):
>     num_nodes = get_num_nodes(data)
>     matrix = [[0] * num_nodes for _ in range(num_nodes)]
>     for edge in data:
>         start = edge[0] - 1
>         end = edge[1] - 1
>         matrix[start][end] = 1
>         matrix[end][start] = 1
>     return matrix
> ```

AI 參考程式名稱　CH07_01(CGPT).py

範例 7.2.2

程式碼：CH07_02.py

```
01  arr=[[0]*6 for row in range(6)]    #宣告矩陣arr
02
03  data=[[1,2],[2,1],[2,3],[2,4],[4,3],[4,1]]    #圖形各邊的起點值及終點值
04  for i in range(6):    #讀取圖形資料
05      for j in range(6):    #填入arr矩陣
06          tmpi=data[i][0]        #tmpi為起始頂點
07          tmpj=data[i][1]        #tmpj為終止頂點
08          arr[tmpi][tmpj]=1    #有邊的點填入1
09
10  print('有向圖形矩陣：')
```

```
11   for i in range(1,6):
12       for j in range(1,6):
13           print('[%d] ' %arr[i][j],end='')   #列印矩陣內容
14       print()
```

【執行結果】

```
有向圖形矩陣：
[0] [1] [0] [0] [0]
[1] [0] [1] [1] [0]
[0] [0] [0] [0] [0]
[1] [0] [1] [0] [0]
[0] [0] [0] [0] [0]
```

7-2-2　相鄰串列法

前面所介紹的相鄰矩陣法，優點是藉著矩陣的運算，可以求取許多特別的應用，如要在圖形中加入新邊時，這個表示法的插入與刪除相當簡易。不過考慮到稀疏矩陣空間浪費的問題，如要計算所有頂點的分支度時，其時間複雜度為 $O(n^2)$。

因此可以考慮更有效的方法，就是相鄰串列法（adjacency list）。這種表示法就是將一個 n 列的相鄰矩陣，表示成 n 個鏈結串列，這種作法和相鄰矩陣相比較節省空間，如計算所有頂點的分支度時，其時間複雜度為 O(n+e)，缺點是圖形新邊的加入或刪除會更動到相關的串列鏈結，較為麻煩費時。

首先將圖形的 n 個頂點形 n 個串列首，每個串列中的節點表示它們和首節點之間有邊相連。 節點宣告如下：

```
class list_node:
    def __init__(self):
        self.val=0
        self.next=None
```

在無向圖形中，因為對稱的關係，若有 n 個頂點、m 個邊，則形成 n 個串列首，2m 個節點。若為有向圖形中，則有 n 個串列首，以及 m 個頂點，因此相鄰串列中，求所有頂點分支度所需的時間複雜度為 O(n+m)。現在分別來討論下圖的兩個範例，該如何使用相鄰串列表示：

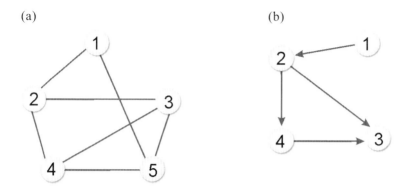

首先來看 (a) 圖，因為 5 個頂點使用 5 個串列首，V_1 串列代表頂點 1，與頂點 1 相鄰的頂點有 2 及 5，依此類推。

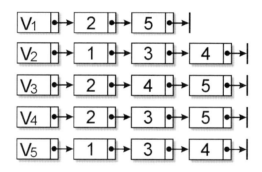

因為 4 個頂點使用 4 個串列首，V_1 串列代表頂點 1，與頂點 1 相鄰的頂點有 2，依此類推。

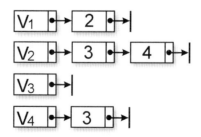

範例 **7.2.3**

程式碼：**CH07_03.py**

```
01  class list_node:
02      def __init__(self):
03          self.val=0
04          self.next=None
05
06  head=[list_node]*6 #宣告一個節點型態串列
07
08  newnode=list_node()
09
10
11  #圖形陣列宣告
12  data=[[1,2],[2,1],[2,5],[5,2], \
13        [2,3],[3,2],[2,4],[4,2], \
14        [3,4],[4,3],[3,5],[5,3], \
15        [4,5],[5,4]]
16
17  print('圖形的鄰接串列內容：')
18  print('--------------------------------')
19  for i in range(1,6):
20      head[i].val=i    #串列首head
21      head[i].next=None
22      print('頂點 %d=>' %i,end='')    #把頂點值列印出來
23      ptr=head[i]
24      for j in range(14):    #走訪圖形陣列
25          if data[j][0]==i:    #如果節點值=i，加入節點到串列首
26              newnode.val=data[j][1]    #宣告新節點，值為終點值
27              newnode.next=None
28              while ptr!=None:    #判斷是否為串列的尾端
29                  ptr=ptr.next
30              ptr=newnode         #加入新節點
31              print('[%d] ' %newnode.val,end='')    #列印相鄰頂點
32      print()
```

【執行結果】

```
圖形的鄰接串列內容：
--------------------------------
頂點 1 =>[2]
頂點 2 =>[1] [5] [3] [4]
頂點 3 =>[2] [4] [5]
頂點 4 =>[2] [3] [5]
頂點 5 =>[2] [3] [4]
```

💬 ChatGPT 解決觀點
　　• 提問畫面

```
A    請使用陣列儲存圖形的邊，並使用相鄰串列法來輸出鄰接節點的內容。data = [[1,2],[2,1],[2,5],
     [5,2],[2,3],[3,2],[2,4],[4,2], [3,4],[4,3],[3,5],[5,3],[4,5],[5,4]]

     使用陣列儲存圖形的邊並使用相鄰串列法來輸出鄰接節點的內容，可以使用字典來實現。下
     面是使用Python的程式碼示例：

     python                                                     Copy code

     data = [[1, 2], [2, 1], [2, 5], [5, 2], [2, 3], [3, 2], [2, 4], [4, 2], [3,

     adjacency_list = {}

     # 建立相鄰串列
     for edge in data:
         node1, node2 = edge
         if node1 not in adjacency_list:
             adjacency_list[node1] = []
         if node2 not in adjacency_list:
             adjacency_list[node2] = []
         adjacency_list[node1].append(node2)

     # 輸出相鄰節點的內容
     for node, neighbors in adjacency_list.items():
         print(f"節點 {node} 的相鄰節點：{neighbors}")
```

💬 AI 參考程式名稱　CH07_03(CGPT).py

7-2-3 相鄰複合串列法

　　上面介紹了兩個圖形表示法都是從頂點的觀點出發，但如果要處理的是「邊」則必須使用相鄰多元串列，相鄰多元串列是處理無向圖形的另一種方法。相鄰多元串列的節點是存放邊線的資料，其結構如下：

M	V_1	V_2	LINK1	LINK2
記錄單元	邊線起點	邊線終點	起點指標	終點指標

　　其中相關特性說明如下：

M：是記錄該邊是否被找過的一個位元之欄位。

V_1 及 V_2：是所記錄的邊的起點與終點。

LINK1：在尚有其它頂點與 V_1 相連的情況下，此欄位會指向下一個與 V_1 相連的邊節點，如果已經沒有任何頂點與 V_1 相連時，則指向 None。

LINK2：在尚有其它頂點與 V_2 相連的情況下，此欄位會指向下一個與 V_2 相連的邊節點，如果已經沒有任何頂點與 V_2 相連時，則指向 None。

例如有三條邊線 (1,2)(1,3)(2,4)，則邊線 (1,2) 表示法如下：

我們現在以相鄰多元串列表示下圖所示：

首先分別把頂點及邊的節點找出。

範例　7.2.4 試求出下圖的相鄰複合串列表示法。

解答　其表示法為：

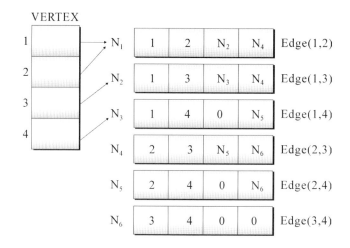

由上圖，我們可以得知：

頂點 $1(V_1)$：$N_1 \rightarrow N_2 \rightarrow N_3$

頂點 $2(V_2)$：$N_1 \rightarrow N_4 \rightarrow N_5$

頂點 $3(V_3)$：$N_2 \rightarrow N_4 \rightarrow N_6$

頂點 $4(V_4)$：$N_3 \rightarrow N_5 \rightarrow N_6$

7-2-4　索引表格法

索引表格表示法，是一種用一維陣列來依序儲存與各頂點相鄰的所有頂點，並建立索引表格，來記錄各頂點在此一維陣列中第一個與該頂點相鄰的位置。我們將以下圖來說明索引表格法的實例。

則索引表格法的表示外觀為：

A	1
B	4
C	7
D	10

B C D A C D A B D A B C

範例 **7.2.5** 右圖為尤拉七橋問題的圖示法，
A,B,C,D 為四島，1,2,3,4,5,6,7 為七橋，
今欲以不同之資料結構描述此圖，試說
明三種不同的表示法。

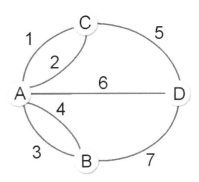

解答 根據複線圖的定義，Euler 七橋問題是一種複線圖，它並不是圖。如果要以
不同表示法來實作圖形的資料結構，必須先將上述的複線圖分解成如下的兩
個圖形：

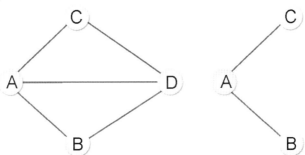

下面我們以相鄰矩陣、相鄰串列及索引表格法說明如下：

❖ 相鄰矩陣（Adjacency Matrix）

令圖形 G=(V,E) 共有 n 個頂點，我們以 n*n 的二維矩陣來表示點與點之間是否相鄰。其中

$a_{ij}=0$ 表示頂點 i 及 j 頂點沒有相鄰的邊
$a_{ij}=1$ 表示頂點 i 及 j 頂點有相鄰的邊

❖ 相鄰串列法（Adjacency Lists）

❖ 索引表格法（Indexed Table）

是一種用一個一維陣列，來依序儲存與各頂點相鄰的所有頂點，並建立索引表格，來記錄各頂點在此一維陣列中第一個與該頂點相鄰的位置。

A	1
B	4
C	6
D	8

1	2	3	4	5	6	7	8	9	10	11	12	13	14
B	C	D	A	D	A	D	A	B	C	B	C	A	A

A	11
B	13
C	14

7-3 圖形的走訪

　　樹的追蹤目的是欲拜訪樹的每一個節點一次，可用的方法有中序法、前序法和後序法等三種。而圖形追蹤的定義如下：

> 一個圖形 G=(V,E)，存在某一頂點 v∈V，我們希望從 v 開始，經由此節點相鄰的節點而去拜訪 G 中其它節點，這稱之為「圖形追蹤」。

　　也就是從某一個頂點 V_1 開始，走訪可以經由 V_1 到達的頂點，接著再走訪下一個頂點直到全部的頂點走訪完畢為止。在走訪的過程中可能會重複經過某些頂點及邊線。經由圖形的走訪可以判斷該圖形是否連通，並找出連通單元及路徑。圖形走訪的方法有兩種：「先深後廣走訪」及「先廣後深走訪」。

7-3-1 先深後廣法

　　先深後廣走訪的方式有點類似前序走訪。是從圖形的某一頂點開始走訪，被拜訪過的頂點就做上已拜訪的記號，接著走訪此頂點的所有相鄰且未拜訪過的頂點中的任意一個頂點，並做上已拜訪的記號，再以該點為新的起點繼續進行先深後廣的搜尋。

　　這種圖形追蹤方法結合了遞迴及堆疊兩種資料結構的技巧，由於此方法會造成無窮迴路，所以必須加入一個變數，判斷該點是否已經走訪完畢。底下我們以右圖來看看這個方法的走訪過程：

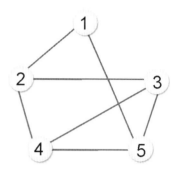

步驟 1　以頂點 1 為起點，將相鄰的頂點 2 及頂點 5 放入堆疊。

步驟 2　取出頂點 2，將與頂點 2 相鄰且未拜訪過的頂點 3 及頂點 4 放入堆疊。

步驟 3　取出頂點 3，將與頂點 3 相鄰且未拜訪過的頂點 4 及頂點 5 放入堆疊。

步驟 4　取出頂點 4，將與頂點 4 相鄰且未拜訪過的頂點 5 放入堆疊。

步驟 5　取出頂點 5，將與頂點 5 相鄰且未拜訪過的頂點放入堆疊，各位可以發現與頂點 5 相鄰的頂點全部被拜訪過，所以無需再放入堆疊。

步驟 6　將堆疊內的值取出並判斷是否已經走訪過了，直到堆疊內無節點可走訪為止。

故先深後廣的走訪順序為：**頂點 1、頂點 2、頂點 3、頂點 4、頂點 5**。

深度優先函數的演算法如下：

```
def dfs(current): #深度優先函數
    run[current]=1
    print('[%d] ' %current, end='')
    ptr=head[current].next
    while ptr!=None:
        if run[ptr.val]==0: #如果頂點尚未走訪，
            dfs(ptr.val)   #就進行dfs的遞迴呼叫
        ptr=ptr.next
```

範例 **7.3.1**

程式碼：**CH07_04.py**

```
01  class list_node:
02      def __init__(self):
03          self.val=0
04          self.next=None
05
06  head=[list_node()]*9 #宣告一個節點型態陣列
07
08  run=[0]*9
09
10  def dfs(current): #深度優先函數
11      run[current]=1
12      print('[%d] ' %current, end='')
13      ptr=head[current].next
14      while ptr!=None:
15          if run[ptr.val]==0: #如果頂點尚未走訪，
16              dfs(ptr.val)            #就進行dfs的遞迴呼叫
17          ptr=ptr.next
18
19  #圖形邊線陣列宣告
20  data=[[1,2],[2,1],[1,3],[3,1], \
21       [2,4],[4,2],[2,5],[5,2], \
22       [3,6],[6,3],[3,7],[7,3], \
23       [4,8],[8,4],[5,8],[8,5], \
24       [6,8],[8,6],[8,7],[7,8]]
25  for i in range(1,9):  #共有八個頂點
26      run[i]=0          #設定所有頂點成尚未走訪過
27      head[i]=list_node()
28      head[i].val=i     #設定各個串列首的初值
29      head[i].next=None
```

```
30          ptr=head[i]            #設定指標為串列首
31          for j in range(20):  #二十條邊線
32              if data[j][0]==i:  #如果起點和串列首相等，則把頂點加入串列
33                  newnode=list_node()
34                  newnode.val=data[j][1]
35                  newnode.next=None
36                  while True:
37                      ptr.next=newnode      #加入新節點
38                      ptr=ptr.next
39                      if ptr.next==None:
40                          break
41
42
43  print('圖形的鄰接串列內容：')        #列印圖形的鄰接串列內容
44  for i in range(1,9):
45      ptr=head[i]
46      print('頂點 %d=> ' %i,end='')
47      ptr=ptr.next
48      while ptr!=None:
49          print('[%d] ' %ptr.val,end='')
50          ptr=ptr.next
51      print()
52  print('深度優先走訪頂點：')        #列印深度優先走訪的頂點
53  dfs(1)
54  print()
55
```

【執行結果】

```
圖形的鄰接串列內容：
頂點 1=> [2] [3]
頂點 2=> [1] [4] [5]
頂點 3=> [1] [6] [7]
頂點 4=> [2] [8]
頂點 5=> [2] [8]
頂點 6=> [3] [8]
頂點 7=> [3] [8]
頂點 8=> [4] [5] [6] [7]
深度優先走訪頂點：
[1] [2] [4] [8] [5] [6] [3] [7]
```

ChatGPT 解決觀點

提問畫面

A **User**
請將上圖的先深後廣搜尋法，以**Python**程式實作。請先列出圖形的鄰接串列內容。其中圖形
陣列如下：
data=[[1,2],[2,1],[1,3],[3,1],\
    [2,4],[4,2],[2,5],[5,2],\
    [3,6],[6,3],[3,7],[7,3],\
    [4,8],[8,4],[5,8],[8,5],\
    [6,8],[8,6],[8,7],[7,8] 最後請列出深度優先走訪頂點：

以下是使用Python程式碼來實作先深後廣搜尋法（Depth-First Search, DFS）並列出圖形的
鄰接串列表示：

python   Copy code

```python
def create_adjacency_list(data):
    max_node = max(max(edge) for edge in data)  # 找出最大節點數
    adjacency_list = [[] for _ in range(max_node + 1)]  # 初始化鄰接串列

    for edge in data:
        start_node, end_node = edge
        adjacency_list[start_node].append(end_node)

    return adjacency_list

def dfs(adjacency_list, start_node):
    visited = set()
    traversal_order = []

    def dfs_recursive(node):
```

AI 參考程式名稱 CH07_04(CGPT).py

7-3-2 先廣後深搜尋法

之前所談到先深後廣是利用堆疊及遞迴的技巧來走訪圖形，而先廣後深
（Breadth-First Search, BFS）走訪方式則是以佇列
及遞迴技巧來走訪，也是從圖形的某一頂點開始走
訪，被拜訪過的頂點就做上已拜訪的記號。

接著走訪此頂點的所有相鄰且未拜訪過的頂點
中的任意一個頂點，並做上已拜訪的記號，再以該
點為新的起點繼續進行先廣後深的搜尋。底下我們
以右圖來看看 BFS 的走訪過程：

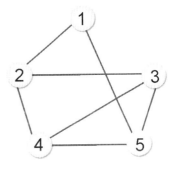

步驟 1 以頂點 1 為起點，與頂點 1 相鄰且未拜訪過的頂點 2 及頂點 5 放入佇列。

②	⑤			

步驟 2 取出頂點 2，將與頂點 2 相鄰且未拜訪過的頂點 3 及頂點 4 放入佇列。

⑤	③	④		

步驟 3 取出頂點 5，將與頂點 5 相鄰且未拜訪過的頂點 3 及頂點 4 放入佇列。

③	④	③	④	

步驟 4 取出頂點 3，將與頂點 3 相鄰且未拜訪過的頂點 4 放入佇列。

④	③	④	④	

步驟 5 取出頂點 4，將與頂點 4 相鄰且未拜訪過的頂點放入佇列中，各位可以發現與頂點 4 相鄰的頂點全部被拜訪過，所以無需再放入佇列中。

③	④	④		

步驟 6 將佇列內的值取出並判斷是否已經走訪過了，直到佇列內無節點可走訪為止。

所以，先廣後深的走訪順序為：**頂點 1、頂點 2、頂點 5、頂點 3、頂點 4**。

先廣後深函數的 Python 演算法如下：

```
#廣度優先搜尋法
def bfs(current):
    global front
    global rear
    global Head
```

```
    global run
    enqueue(current)  #將第一個頂點存入佇列
    run[current]=1 #將走訪過的頂點設定為1
    print('[%d]' %current, end='')  #印出該走訪過的頂點
    while front!=rear: #判斷目前是否為空佇列
        current=dequeue()  #將頂點從佇列中取出
        tempnode=Head[current].first #先記錄目前頂點的位置
        while tempnode!=None:
            if run[tempnode.x]==0:
                enqueue(tempnode.x)
                run[tempnode.x]=1 #記錄已走訪過
                print('[%d]' %tempnode.x,end='')
            tempnode=tempnode.next
```

範例 7.3.2

程式碼：**CH07_05.py**

```
01   MAXSIZE=10   #定義佇列的最大容量
02
03   front=-1 #指向佇列的前端
04   rear=-1 #指向佇列的後端
05
06   class Node:
07       def __init__(self,x):
08           self.x=x    #頂點資料
09           self.next=None   #指向下一個頂點的指標
10
11   class GraphLink:
12       def __init__(self):
13           self.first=None
14           self.last=None
15
16       def my_print(self):
17           current=self.first
18           while current!=None:
19               print('[%d]' %current.x,end='')
20               current=current.next
21           print()
22
23       def insert(self,x):
24           newNode=Node(x)
25           if self.first==None:
26               self.first=newNode
27               self.last=newNode
28           else:
```

```
29              self.last.next=newNode
30              self.last=newNode
31
32  #佇列資料的存入
33  def enqueue(value):
34      global MAXSIZE
35      global rear
36      global queue
37      if rear>=MAXSIZE:
38          return
39      rear+=1
40      queue[rear]=value
41
42
43  #佇列資料的取出
44  def dequeue():
45      global front
46      global queue
47      if front==rear:
48          return -1
49      front+=1
50      return queue[front]
51
52  #廣度優先搜尋法
53  def bfs(current):
54      global front
55      global rear
56      global Head
57      global run
58      enqueue(current)  #將第一個頂點存入佇列
59      run[current]=1 #將走訪過的頂點設定為1
60      print('[%d]' %current, end='')  #印出該走訪過的頂點
61      while front!=rear: #判斷目前是否為空佇列
62          current=dequeue()  #將頂點從佇列中取出
63          tempnode=Head[current].first #先記錄目前頂點的位置
64          while tempnode!=None:
65              if run[tempnode.x]==0:
66                  enqueue(tempnode.x)
67                  run[tempnode.x]=1 #記錄已走訪過
68                  print('[%d]' %tempnode.x,end='')
69              tempnode=tempnode.next
70
71  #圖形邊線陣列宣告
72  Data=[[0]*2 for row in range(20)]
```

```
73
74  Data=[[1,2],[2,1],[1,3],[3,1],[2,4], \
75        [4,2],[2,5],[5,2],[3,6],[6,3], \
76        [3,7],[7,3],[4,5],[5,4],[6,7],[7,6],[5,8],[8,5],[6,8],[8,6]]
77
78  run=[0]*9 #用來記錄各頂點是否走訪過
79  queue=[0]*MAXSIZE
80  Head=[GraphLink]*9
81
82  print('圖形的鄰接串列內容：')  #列印圖形的鄰接串列內容
83  for i in range(1,9):   #共有8個頂點
84      run[i]=0  #設定所有頂點成尚未走訪過
85      print('頂點%d=>' %i,end='')
86      Head[i]=GraphLink()
87      for j in range(20):
88          if Data[j][0]==i: #如果起點和串列首相等，則把頂點加入串列
89              DataNum=Data[j][1]
90              Head[i].insert(DataNum)
91      Head[i].my_print()#列印圖形的鄰接串列內容
92
93  print('廣度優先走訪頂點：')#列印廣度優先走訪的頂點
94  bfs(1)
95  print()
```

【執行結果】

```
圖形的鄰接串列內容：
頂點1=>[2][3]
頂點2=>[1][4][5]
頂點3=>[1][6][7]
頂點4=>[2][5]
頂點5=>[2][4][8]
頂點6=>[3][7][8]
頂點7=>[3][6]
頂點8=>[5][6]
廣度優先走訪頂點：
[1][2][3][4][5][6][7][8]
```

ChatGPT 解決觀點

提問畫面

> A　請將上述的先廣後深搜尋法，以**Python**程式實作，其中圖形陣列如下：
> Data =[[1,2],[2,1],[1,3],[3,1],[2,4], \
> 　　　[4,2],[2,5],[5,2],[3,6],[6,3], \
> 　　　[3,7],[7,3],[4,5],[5,4],[6,7],[7,6],[5,8],[8,5],[6,8],[8,6]]

> 以下是使用**Python**实现的先广后深搜索算法：

```python
def create_adjacency_list(data):
    adjacency_list = {}

    for edge in data:
        u, v = edge

        if u in adjacency_list:
            adjacency_list[u].append(v)
        else:
            adjacency_list[u] = [v]

    return adjacency_list

def bfs(graph, start):
    visited = set()
    queue = [start]

    while queue:
        vertex = queue.pop(0)
```

AI 參考程式名稱　CH07_05(CGPT).py

7-4 擴張樹

擴張樹又稱「花費樹」或「值樹」，一個圖形的擴張樹（Spanning Tree）就是以最少的邊來連結圖形中所有的頂點，且不造成循環（Cycle）的樹狀結構。更清楚的説，當一個圖形連通時，則使用 DFS 或 BFS 必能拜訪圖形中所有的頂點，且 G=(V,E) 的所有邊可分成兩個集合：T 和 B（T 為搜尋時所經過的所有邊，而 B 為其餘未被經過的邊）。if S=(V,T) 為 G 中的擴張樹（Spanning Tree），具有以下三項性質：

1. E=T+B
2. 加入 B 中的任一邊到 S 中，則會產生循環（Cycle）。
3. V 中的任何 2 頂點 V$_i$、V$_j$ 在 S 中存在唯一的一條簡單路徑。

例如以下則是圖 G 與它的三棵擴張樹，如下圖所示：

圖 G

7-4-1　DFS 擴張樹及 BFS 擴張樹

　　基本上，一棵擴張樹也可以利用先深後廣搜尋法（DFS）與先廣後深搜尋法（BFS）來產生，所得到的擴張樹則稱為縱向擴張樹（DFS 擴張樹）或橫向擴張樹（BFS 擴張樹）。我們立刻來練習求出右圖的 DFS 擴張樹及 BFS 擴張樹：

　　依擴張樹的定義，我們可以得到下列幾顆擴張樹：

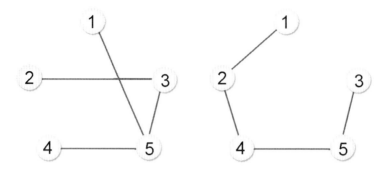

　　由上圖我們可以得知，一個圖形通常具有不只一顆擴張樹。上圖的先深後廣擴張樹為①②③④⑤，如下圖 (a)，先廣後深擴張樹則為①②⑤③④，如下圖 (b)：

(a)　　　　　　　　　　　　　　(b)

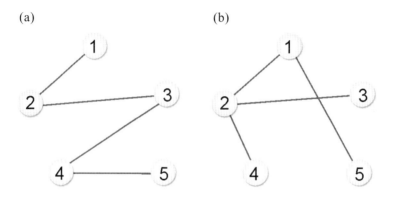

7-4-2　最小花費擴張樹

　　假設在樹的邊加上一個權重（weight）值，這種圖形就成為「加權圖形（Weighted Graph）」。如果這個權重值代表兩個頂點間的距離（distance）或成本（Cost），這類圖形就稱為網路（Network）。如下圖所示：

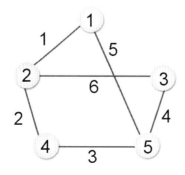

假如想知道從某個點到另一個點間的路徑成本，例如由頂點 1 到頂點 5 有 (1+2+3)、(1+6+4) 及 5 這三個路徑成本，而「最小成本擴張樹（Minimum Cost Spanning Tree）」則是路徑成本為 5 的擴張樹。請看下圖說明：

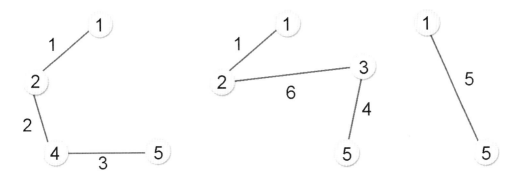

一個加權圖形中如何找到最小成本擴張樹是相當重要，因為許多工作都可以由圖形來表示，例如從高雄到花蓮的距離或花費等。接著將介紹以所謂「貪婪法則」（Greedy Rule）為基礎，來求得一個無向連通圖形的最小花費樹的常見建立方法，分別是 Kruskal's 演算法與 Prim's 演算法。

7-4-3 Kruskal 演算法

Kruskal 演算法是將各邊線依權值大小由小到大排列，接著從權值最低的邊線開始架構最小成本擴張樹，如果加入的邊線會造成迴路則捨棄不用，直到加入了 n-1 個邊線為止。

這方法看起來似乎不難，我們直接來看如何以 K 氏法得到範例下圖中最小成本擴張樹：

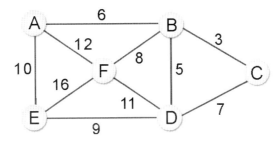

步驟 1　把所有邊線的成本列出並由小到大排序：

起始頂點	終止頂點	成本
B	C	3
B	D	5
A	B	6
C	D	7
B	F	8
D	E	9
A	E	10
D	F	11
A	F	12
E	F	16

步驟 2　選擇成本最低的一條邊線作為架構最小成本擴張樹的起點。

步驟 3　依步驟 1 所建立的表格，依序加入邊線。

步驟 4 C–D 加入會形成迴路，所以直接跳過。

完成圖

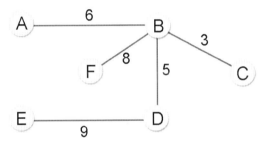

Kruskal 法的 Python 演算法：

```
VERTS=6                    #圖形頂點數

class edge:    #邊的組成宣告
    def __init__(self):
        self.start=0
        self.to=0
        self.find=0
        self.val=0
        self.next=None

v=[0]*(VERTS+1)


def findmincost(head):    #搜尋成本最小的邊
    minval=100
    ptr=head
    while ptr!=None:
        if ptr.val<minval and ptr.find==0:  #假如ptr.val的值小於minval
            minval=ptr.val                  #就把ptr.val設為最小值
            retptr=ptr                      #並且把ptr紀錄下來
        ptr=ptr.next
```

```
        retptr.find=1    #將retptr設為已找到的邊
        return retptr    #傳回retptr

def mintree(head):                      #最小成本擴張樹函數
    global VERTS
    result=0
    ptr=head
    for i in range(VERTS):
        v[i]=0
    while ptr!=None:
        mceptr=findmincost(head)
        v[mceptr.start]=v[mceptr.start]+1
        v[mceptr.to]=v[mceptr.to]+1
        if v[mceptr.start]>1 and v[mceptr.to]>1:
            v[mceptr.start]=v[mceptr.start]-1
            v[mceptr.to]=v[mceptr.to]-1
            result=1
        else:
            result=0
        if result==0:
            print('起始頂點 [%d] -> 終止頂點 [%d] -> 路徑長度 [%d]' \
                  %(mceptr.start,mceptr.to,mceptr.val))
        ptr=ptr.next
```

範例　**7.4.1**

程式碼：**CH07_06.py**

```
01    VERTS=6                  #圖形頂點數
02
03    class edge:    #邊的組成宣告
04        def __init__(self):
05            self.start=0
06            self.to=0
07            self.find=0
08            self.val=0
09            self.next=None
10
11    v=[0]*(VERTS+1)
12
13
14    def findmincost(head):    #搜尋成本最小的邊
15        minval=100
16        ptr=head
17        while ptr!=None:
18            if ptr.val<minval and ptr.find==0:  #假如ptr.val的值小於minval
19                minval=ptr.val                   #就把ptr.val設為最小值
20                retptr=ptr                       #並且把ptr紀錄下來
21            ptr=ptr.next
22        retptr.find=1    #將retptr設為已找到的邊
23        return retptr    #傳回retptr
```

```
24
25
26   def mintree(head):                              #最小成本擴張樹函數
27       global VERTS
28       result=0
29       ptr=head
30       for i in range(VERTS):
31           v[i]=0
32       while ptr!=None:
33           mceptr=findmincost(head)
34           v[mceptr.start]=v[mceptr.start]+1
35           v[mceptr.to]=v[mceptr.to]+1
36           if v[mceptr.start]>1 and v[mceptr.to]>1:
37               v[mceptr.start]=v[mceptr.start]-1
38               v[mceptr.to]=v[mceptr.to]-1
39               result=1
40           else:
41               result=0
42           if result==0:
43               print('起始頂點 [%d] -> 終止頂點 [%d] -> 路徑長度 [%d]' \
44                     %(mceptr.start,mceptr.to,mceptr.val))
45           ptr=ptr.next
46
47   #成本表陣列
48   data=[[1,2,6],[1,6,12],[1,5,10],[2,3,3], \
49         [2,4,5],[2,6,8],[3,4,7],[4,6,11], \
50         [4,5,9],[5,6,16]]
51   head=None
52   #建立圖形串列
53   for i in range(10):
54       for j in range(1,VERTS+1):
55           if data[i][0]==j:
56               newnode=edge()
57               newnode.start=data[i][0]
58               newnode.to=data[i][1]
59               newnode.val=data[i][2]
60               newnode.find=0
61               newnode.next=None
62               if head==None:
63                   head=newnode
64                   head.next=None
65                   ptr=head
66               else:
67                   ptr.next=newnode
68                   ptr=ptr.next
69
70   print('--------------------------------------------------')
71   print('建立最小成本擴張樹：')
72   print('--------------------------------------------------')
73   mintree(head)                                   #建立最小成本擴張樹
```

【執行結果】

```
--------------------------------------------------------
建立最小成本擴張樹：
--------------------------------------------------------
起始頂點 [2] -> 終止頂點 [3] -> 路徑長度 [3]
起始頂點 [2] -> 終止頂點 [4] -> 路徑長度 [5]
起始頂點 [1] -> 終止頂點 [2] -> 路徑長度 [6]
起始頂點 [2] -> 終止頂點 [6] -> 路徑長度 [8]
起始頂點 [4] -> 終止頂點 [5] -> 路徑長度 [9]
```

ChatGPT 解決觀點
提問畫面

A　以下將利用一個二維陣列儲存並排序K氏法的成本表，試設計一Python程式來說明並求取最小成本花費樹，二維陣列如下：

```
data=[[1,2,6],[1,6,12],[1,5,10],[2,3,3], \
      [2,4,5],[2,6,8],[3,4,7],[4,6,11], \
      [4,5,9],[5,6,16]]
```

在Kruskal算法中，我們需要使用並查集數據結構來維護已经连接的顶点和检测是否形成环路。以下是使用Python實現的程序來說明和求解最小成本生成树：

python   　Copy code

```python
def find(parent, i):
    if parent[i] == i:
        return i
    return find(parent, parent[i])


def union(parent, rank, x, y):
    x_root = find(parent, x)
    y_root = find(parent, y)

    if rank[x_root] < rank[y_root]:
        parent[x_root] = y_root
    elif rank[x_root] > rank[y_root]:
        parent[y_root] = x_root
    else:
        parent[y_root] = x_root
        rank[x_root] += 1
```

AI 參考程式名稱　CH07_06(CGPT).py

7-4-4　Prim 演算法

Prim 演算法又稱 P 氏法，對一個加權圖形 G=(V,E)，設 V={1,2,......n}，假設 U={1}，也就是說，U 及 V 是兩個頂點的集合。然後從 U-V 差集所產生的集合中找出一個頂點 x，該頂點 x 能與 U 集合中的某點形成最小成本的邊，且不會造成迴圈。然後將頂點 x 加入 U 集合中，反覆執行同樣的步驟，一直到 U 集合等於 V 集合（即 U=V）為止。接下來，我們將實際利用 P 氏法求出下圖的 MST。

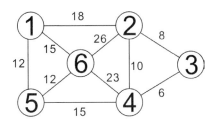

從此圖形中可得 V={1,2,3,4,5,6},U=1

從 V–U={2,3,4,5,6} 中找一頂點與 U 頂點能形成最小成本邊，得

V–U={2,3,4,6} U={1,5}

從 V–U 中頂點找出與 U 頂點能形成最小成本的邊，得

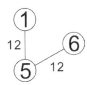

且 U={1,5,6}，V–U={2,3,4}

同理，找到頂點 4

U={1,5,6,4}　V–U={2,3}

同理，找到頂點 3

同理，找到頂點 2

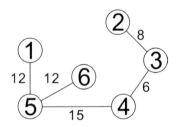

Prim 演算法函數的 Python 語言演算法如下：

```
def Prim(graph, start):   #定義Prim's演算法
    visited=defaultdict(list)#預設字典物件
    #visited=dict()
    #開始頂點begin, 結束頂點stop, 權值cost
    for begin, stop, cost in graph:
        visited[begin].append((cost, begin, stop))
        visited[stop].append((cost, stop, begin))

    mst=[]#空的List
    attend=set(start)
    node=visited[start]
    total=0    #計算擴張樹的路徑和
    while node: #讀取已走訪節點
        wt, begin, stop=heapq.heappop(node)
        if stop not in attend: #找到未走訪頂點
            attend.add(stop)
            mst.append((begin, stop, wt))
```

```
        for item in visited[stop]:
            if item[2] not in attend:
                heapq.heappush (node, item)
        total +=wt
    return mst, total
```

範例 **7.4.2**

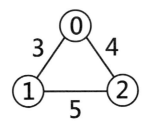

📄 程式碼：**CH07_07.py**

```
01  from collections import defaultdict #預設字典物件
02  import heapq      #優先佇列
03
04  def Prim(graph, start):  #定義Prim's演算法
05     visited=defaultdict(list)#預設字典物件
06     #visited=dict()
07     #開始頂點begin, 結束頂點stop, 權值cost
08     for begin, stop, cost in graph:
09         visited[begin].append((cost, begin, stop))
10         visited[stop].append((cost, stop, begin))
11
12     mst=[]#空的List
13     attend=set(start)
14     node=visited[start]
15     total=0    #計算擴張樹的路徑和
16     while node: #讀取已走訪的節點
17         wt, begin, stop=heapq.heappop(node)
18         if stop not in attend: #找到未走訪頂點
19             attend.add(stop)
20             mst.append((begin, stop, wt))
21             for item in visited[stop]:
22                 if item[2] not in attend:
23                     heapq.heappush(node, item)
24             total +=wt
25     return mst, total
26
27  graph=[('0', '1', 3), ('0', '2', 4), ('1', '2', 5)]
28
29  print("請輸入最小成本擴張樹起始頂點: ",end='')
30
31  start=input()#最小成本擴張樹的起點
32
33  data, total=Prim(graph, start)
```

```
34
35  print("最小成本擴張樹的路徑為：")
36  print('--頂點---花費')
37  for item in data:
38      print('({0[0]}, {0[1]})={0[2]:2}'.format(item))
39  print('花費最小擴張樹之路徑和=%d' %total)
```

【執行結果】

```
請輸入最小成本擴張樹起始頂點：1
最小成本擴張樹的路徑為：
--頂點---花費
(1, 0) =  3
(0, 2) =  4
花費最小擴張樹之路徑和 =7
```

ChatGPT 解決觀點

└•提問畫面

A　請利用 Prim's 演算法，並以 Python 語言實作與說明下圖的最小成本擴張樹的路徑及總成本。
graph = [('0', '1', 3), ('0', '2', 4), ('1', '2', 5)]

Prim's 演算法用於找到連接所有節點的最小成本擴張樹。

以下是使用 Python 語言實現 Prim's 演算法並計算最小成本擴張樹的路徑及總成本的程式碼：

```python
def prim(graph):
    # 初始化
    visited = set()
    start_node = graph[0][0]
    visited.add(start_node)
    mst = []
    total_cost = 0

    # 重複直到所有節點都被訪問
    while len(visited) != len(graph):
        min_edge = None

        # 在已訪問的節點和未訪問的節點之間找到具有最小權重的邊
        for edge in graph:
            if edge[0] in visited and edge[1] not in visited:
                if min_edge is None or edge[2] < min_edge[2]:
                    min_edge = edge
            elif edge[1] in visited and edge[0] not in visited:
                if min_edge is None or edge[2] < min_edge[2]:
                    min_edge = edge
```

AI 參考程式名稱　CH07_07(CGPT).py

7-5 圖形最短路徑

在一個有向圖形 G=(V,E)，G 中每一個邊都有一個比例常數 W（Weight）與之對應，如果想求 G 圖形中某一個頂點 V_0 到其它頂點的最少 W 總和之值，這類問題就稱為最短路徑問題（The Shortest Path Problem）。由於交通運輸工具的便利與普及，所以兩地之間有發生運送或者資訊的傳遞下，最短路徑（Shortest Path）的問題隨時都可能因應需求而產生，簡單來說，就是找出兩個端點間可通行的捷徑。

我們在上節中所說明的花費最少擴張樹（MST），是計算連繫網路中每一個頂點所須的最少花費，但連繫樹中任兩頂點的路徑倒不一定是一條花費最少的路徑，這也是本節將研究最短路徑問題的主要理由。一般討論的方向有兩種：

1. 單點對全部頂點（Single Source All Destination）。
2. 所有頂點對兩兩之間的最短距離（All Pairs Shortest Paths）。

7-5-1 單點對全部頂點

一個頂點到多個頂點通常使用 Dijkstra 演算法求得，Dijkstra 的演算法如下：

假設 $S=\{V_i | V_i \in V\}$，且 V_i 在已發現的最短路徑，其中 $V_0 \in S$ 是起點。

假設 $w \notin S$，定義 Dist(w) 是從 V_0 到 w 的最短路徑，這條路徑除了 w 外必屬於 S。且有下列幾點特性：

1. 如果 u 是目前所找到最短路徑之下一個節點，則 u 必屬於 V-S 集合中最小花費成本的邊。
2. 若 u 被選中，將 u 加入 S 集合中，則會產生目前的由 V_0 到 u 最短路徑，對於 $w \notin S$，DIST(w) 被改變成 DIST(w) ← Min{DIST(w),DIST(u)+COST(u,w)}

從上述的演算法我們可以推演出如下的步驟：

步驟 1　G=(V,E)

D[k]=A[F,k] 其中 k 從 1 到 N

S={F}

V={1,2,……N}

D 為一個 N 維陣列用來存放某一頂點到其他頂點最短距離

F 表示起始頂點

A[F,I] 為頂點 F 到 I 的距離，

V 是網路中所有頂點的集合。

E 是網路中所有邊的組合。

S 也是頂點的集合，其初始值是 S={F}。

步驟 2 從 V-S 集合中找到一個頂點 x，使 D(x) 的值為最小值，並把 x 放入 S 集合中。

步驟 3 依下列公式

D[I]=min(D[I],D[x]+A[x,I]) 其中 (x,I)∈E 來調整 D 陣列的值，其中 I 是指 x 的相鄰各頂點。

步驟 4 重複執行 **步驟 2**，一直到 V-S 是空集合為止。

我們直接來看一個例子，請找出下圖中，頂點 5 到各頂點間的最短路徑。

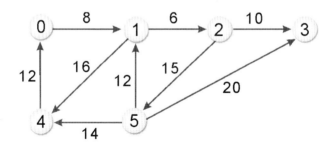

做法相當簡單，首先由頂點 5 開始，找出頂點 5 到各頂點間最小的距離，到達不了以 ∞ 表示。步驟如下：

步驟 1 D[0]=∞,D[1]=12,D[2]=∞,D[3]=20,D[4]=14。在其中找出值最小的頂點，加入 S 集合中。

步驟 2 D[0]=∞,D[1]=12,D[2]=18,D[3]=20,D[4]=14。D[4] 最小，加入 S 集合中。

步驟 3 D[0]=26,D[1]=12,D[2]=18,D[3]=20,D[4]=14。D[2] 最小，加入 S 集合中。

步驟 4 D[0]=26,D[1]=12,D[2]=18,D[3]=20,D[4]=14。D[3] 最小，加入 S 集合中。

步驟**5** 加入最後一個頂點即可到下表：

步驟	S	0	1	2	3	4	5	選擇
1	5	∞	12	∞	20	14	0	1
2	5,1	∞	12	18	20	14	0	4
3	5,1,4	26	12	18	20	14	0	2
4	5,1,4,2	26	12	18	20	14	0	3
5	5,1,4,2,3	26	12	18	20	14	0	0

由頂點 5 到其他各頂點的最短距離為：

頂點 5- 頂點 0：26

頂點 5- 頂點 1：12

頂點 5- 頂點 2：18

頂點 5- 頂點 3：20

頂點 5- 頂點 4：14

範例 **7.5.1**

程式碼：**CH07_08.py**

```
01  SIZE=7
02  NUMBER=6
03  INFINITE=99999 # 無窮大
04
05  Graph_Matrix=[[0]*SIZE for row in range(SIZE)] # 圖形陣列
06  distance=[0]*SIZE   # 路徑長度陣列
07
08  def BuildGraph_Matrix(Path_Cost):
09      for i in range(1,SIZE):
10          for j in range(1,SIZE):
11              if i==j :
12                  Graph_Matrix[i][j]=0 # 對角線設為0
13              else:
14                  Graph_Matrix[i][j]=INFINITE
15      # 存入圖形的邊線
16      i=0
17      while i<SIZE:
18          Start_Point=Path_Cost[i][0]
19          End_Point=Path_Cost[i][1]
20          Graph_Matrix[Start_Point][End_Point]=Path_Cost[i][2]
```

```
21          i+=1
22
23
24   # 單點對全部頂點最短距離
25   def shortestPath(vertex1, vertex_total):
26       shortest_vertex=1 #紀錄最短距離的頂點
27       goal=[0]*SIZE   #用來紀錄該頂點是否被選取
28       for i in range(1,vertex_total+1):
29           goal[i]=0
30           distance[i]=Graph_Matrix[vertex1][i]
31       goal[vertex1]=1
32       distance[vertex1]=0
33       print()
34
35       for i in range(1,vertex_total):
36           shortest_distance=INFINITE
37           for j in range(1,vertex_total+1):
38               if goal[j]==0 and shortest_distance>distance[j]:
39                   shortest_distance=distance[j]
40                   shortest_vertex=j
41
42           goal[shortest_vertex]=1
43           # 計算開始頂點到各頂點最短距離
44           for j in range(vertex_total+1):
45               if goal[j]==0 and \
46                   distance[shortest_vertex]+Graph_Matrix[shortest_vertex][j] \
47                   <distance[j]:
48                    distance[j]=distance[shortest_vertex] \
49                    +Graph_Matrix[shortest_vertex][j]
50
51   # 主程式
52   global Path_Cost
53   Path_Cost=[ [1, 2, 29], [2, 3, 30],[2, 4, 35], \
54               [3, 5, 28],[3, 6, 87],[4, 5, 42], \
55               [4, 6, 75],[5, 6, 97]]
56
57   BuildGraph_Matrix(Path_Cost)
58   shortestPath(1,NUMBER) # 找尋最短路徑
59   print('--------------------------------')
60   print('頂點1到各頂點最短距離的最終結果')
61   print('--------------------------------')
62   for j in range(1,SIZE):
63       print('頂點 1到頂點%2d的最短距離=%3d' %(j,distance[j]))
64   print('--------------------------------')
65   print()
```

【執行結果】

```
------------------------------------
頂點1到各頂點最短距離的最終結果
------------------------------------
頂點 1到頂點 1的最短距離＝    0
頂點 1到頂點 2的最短距離＝  29
頂點 1到頂點 3的最短距離＝  59
頂點 1到頂點 4的最短距離＝  64
頂點 1到頂點 5的最短距離＝  87
頂點 1到頂點 6的最短距離＝139
------------------------------------
```

ChatGPT 解決觀點

提問畫面

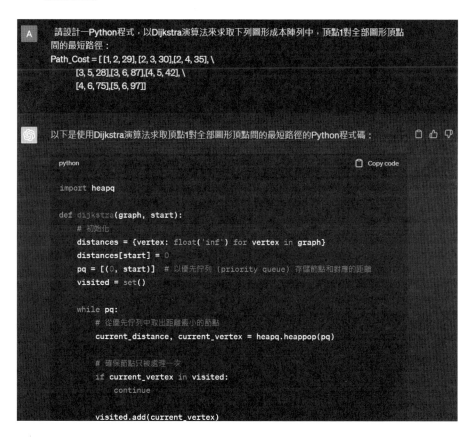

A　請設計一Python程式，以Dijkstra演算法來求取下列圖形成本陣列中，頂點1對全部圖形頂點
間的最短路徑：
Path_Cost = [[1, 2, 29], [2, 3, 30],[2, 4, 35], \
　　　　[3, 5, 28],[3, 6, 87],[4, 5, 42], \
　　　　[4, 6, 75],[5, 6, 97]]

以下是使用Dijkstra演算法求取頂點1對全部圖形頂點間的最短路徑的Python程式碼：

```python
import heapq

def dijkstra(graph, start):
    # 初始化
    distances = {vertex: float('inf') for vertex in graph}
    distances[start] = 0
    pq = [(0, start)]  # 以優先佇列 (priority queue) 存儲節點和對應的距離
    visited = set()

    while pq:
        # 從優先佇列中取出距離最小的節點
        current_distance, current_vertex = heapq.heappop(pq)

        # 確保節點只被處理一次
        if current_vertex in visited:
            continue

        visited.add(current_vertex)
```

AI 參考程式名稱　CH07_08(CGPT).py

7-5-2　兩兩頂點間的最短路徑

由於 Dijkstra 的方法只能求出某一點到其他頂點的最短距離，如果要求出圖形中任兩點甚至所有頂點間最短的距離，就必須使用 Floyd 演算法。

Floyd 演算法定義：

1. $A^k[i][j]=min\{A^{k-1}[i][j],A^{k-1}[i][k]+A^{k-1}[k][j]\}$，$k≧1$

   k 表示經過的頂點，$A^k[i][j]$ 為從頂點 i 到 j 的經由 k 頂點的最短路徑。
2. $A^0[i][j]=COST[i][j]$（即 A^0 便等於 COST）
3. A^0 為頂點 i 到 j 間的直通距離。
4. $A^n[i,j]$ 代表 i 到 j 的最短距離，即 A^n 便是我們所要求的最短路徑成本矩陣。

這樣看起來似乎覺得 Floyd 演算法相當複雜難懂，我們將直接以實例說明它的演算法則。例如試以 Floyd 演算法求得下圖各頂點間的最短路徑：

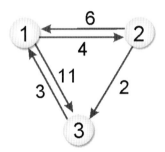

步驟 1　找到 $A^0[i][j]=COST[i][j]$，A^0 為不經任何頂點的成本矩陣。若沒有路徑則以 ∞（無窮大）表示。

A^0	1	2	3
1	0	4	11
2	6	0	2
3	3	∞	0

步驟 2　找出 $A^1[i][j]$ 由 i 到 j，經由頂點①的最短距離，並填入矩陣。

$$A^1[1][2]=min\{A^0[1][2],A^0[1][1]+A^0[1][2]\}$$
$$=min\{4,0+4\}=4$$

$A^1[1][3] = \min\{A^0[1][3], A^0[1][1]+A^0[1][3]\}$
$= \min\{11, 0+11\} = 11$

$A^1[2][1] = \min\{A^0[2][1], A^0[2][1]+A^0[1][1]\}$
$= \min\{6, 6+0\} = 6$

$A^1[2][3] = \min\{A^0[2][3], A^0[2][1]+A^0[1][3]\}$
$= \min\{2, 6+11\} = 2$

$A^1[3][1] = \min\{A^0[3][1], A^0[3][1]+A^0[1][1]\}$
$= \min\{3, 3+0\} = 3$

$A^1[3][2] = \min\{A^0[3][2], A^0[3][1]+A^0[1][2]\}$
$= \min\{\infty, 3+4\} = 7$

依序求出各頂點的值後可以得到 A^1 矩陣：

A^1	1	2	3
1	0	4	11
2	6	0	2
3	3	7	0

步驟3 求出 $A^2[i][j]$ 經由頂點②的最短距離。

$A^2[1][2] = \min\{A^1[1][2], A^1[1][2]+A^1[2][2]\}$
$= \min\{4, 4+0\} = 4$

$A^2[1][3] = \min\{A^1[1][3], A^1[1][2]+A^1[2][3]\}$
$= \min\{11, 4+2\} = 6$

依序求其他各頂點的值可得到 A^2 矩陣：

A^2	1	2	3
1	0	4	6
2	6	0	2
3	3	7	0

步驟 4　出 A³[i][j] 經由頂點③的最短距離。

$$A^3[1][2] = \min\{A^2[1][2], A^2[1][3]+A^2[3][2]\}$$
$$= \min\{4, 6+7\} = 4$$

$$A^3[1][3] = \min\{A^2[1][3], A^2[1][3]+A^2[3][3]\}$$
$$= \min\{6, 6+0\} = 6$$

依序求其他各頂點的值可得到 A³ 矩陣

A³	1	2	3
1	0	4	6
2	5	0	2
3	3	7	0

完 成　所有頂點間的最短路徑為矩陣 A³ 所示。

由上例可知，一個加權圖形若有 n 個頂點，則此方法必須執行 n 次迴圈，逐一產生 A1,A2,A3,......Ak 個矩陣。但因 Floyd 演算法較為複雜，讀者也可以用上一小節所討論的 Dijkstra 演算法，依序以各頂點為起始頂點，如此一來可以得到相同的結果。

範例 7.5.2

程式碼：CH07_09.py

```
01  SIZE=7
02  NUMBER=6
03  INFINITE=99999 # 無窮大
04
05  Graph_Matrix=[[0]*SIZE for row in range(SIZE)] # 圖形陣列
06  distance=[[0]*SIZE for row in range(SIZE)] # 路徑長度陣列
07
08  # 建立圖形
09  def BuildGraph_Matrix(Path_Cost):
10      for i in range(1,SIZE):
11          for j in range(1,SIZE):
12              if i==j :
13                  Graph_Matrix[i][j]=0 # 對角線設為0
```

```
14              else:
15                  Graph_Matrix[i][j]=INFINITE
16      # 存入圖形的邊線
17      i=0
18      while i<SIZE:
19          Start_Point=Path_Cost[i][0]
20          End_Point=Path_Cost[i][1]
21          Graph_Matrix[Start_Point][End_Point]=Path_Cost[i][2]
22          i+=1
23
24  # 印出圖形
25
26  def shortestPath(vertex_total):
27      # 圖形長度陣列初始化
28      for i in range(1,vertex_total+1):
29          for j in range(i,vertex_total+1):
30              distance[i][j]=Graph_Matrix[i][j]
31              distance[j][i]=Graph_Matrix[i][j]
32
33      # 利用Floyd演算法找出所有頂點兩兩之間的最短距離
34      for k in range(1,vertex_total+1):
35          for i in range(1,vertex_total+1):
36              for j in range(1,vertex_total+1):
37                  if distance[i][k]+distance[k][j]<distance[i][j]:
38                      distance[i][j]=distance[i][k] + distance[k][j]
39
40
41  Path_Cost=[[1, 2,20],[2, 3, 30],[2, 4, 25], \
42              [3, 5, 28],[4, 5, 32],[4, 6, 95],[5, 6, 67]]
43  BuildGraph_Matrix(Path_Cost)
44  print('========================================')
45  print('      所有頂點兩兩之間的最短距離: ')
46  print('========================================')
47  shortestPath(NUMBER) # 計算所有頂點間的最短路徑
48  #求得兩兩頂點間的最短路徑長度陣列後,將其印出
49  print('      頂點1  頂點2  頂點3  頂點4  頂點5  頂點6')
50  for i in range(1,NUMBER+1):
51      print('頂點%d' %i, end='')
52      for j in range(1,NUMBER+1):
53          print('%5d ' %distance[i][j],end='')
54      print()
55  print('========================================')
56  print()
```

【執行結果】

```
====================================================
        所有頂點兩兩之間的最短距離:
====================================================
        頂點1    頂點2    頂點3    頂點4    頂點5    頂點6
頂點1     0       20       50       45       77      140
頂點2     20       0       30       25       57      120
頂點3     50       30       0       55       28       95
頂點4     45       25       55       0       32       95
頂點5     77       57       28       32       0       67
頂點6    140      120       95       95       67        0
====================================================
```

7-5-3　A* 演算法

前面所介紹的 Dijkstra's 演算法在尋找最短路徑的過程中算是一個較不具效率的作法，那是因為這個演算法在尋找起點到各頂點的距離的過程中，不論哪一個頂點，都要實際去計算起點與各頂點間的距離，來取得最後的一個判斷，到底哪一個頂點距離與起點最近。

也就是說 Dijkstra's 演算法在帶有權重值（cost value）的有向圖形間的最短路徑的尋找方式，只是簡單地做廣度優先的搜尋工作，完全忽略許多有用的資訊，這種搜尋演算法會消耗許多系統資源，包括 CPU 時間與記憶體空間。其實如果能有更好的方式幫助我們預估從各頂點到終點的距離，善加利用這些資訊，就可以預先判斷圖形上有哪些頂點離終點的距離較遠，而直接略過這些頂點的搜尋，這種更有效率的搜尋演算法，絕對有助於程式以更快的方式決定最短路徑。

在這種需求的考量下，A* 演算法可以說是一種 Dijkstra's 演算法的改良版，它結合了在路徑搜尋過程中從起點到各頂點的「實際權重」及各頂點預估到達終點的「推測權重」（或稱為試探權重 heuristic cost）兩項因素，這個演算法可以有效減少不必要的搜尋動作，以提高搜尋最短路徑的效率。

Dijkstra's 演算法   A* 演算（Dijkstra's 演算法的改良版）

因此 A* 演算法也是一種最短路徑演算法，和 Dijkstra's 演算法不同的是 A* 演算法會預先設定一個「推測權重」，並在找尋最短路徑的過程中，將「推測權重」一併納入決定最短路徑的考慮因素。所謂「推測權重」就是根據事先知道的資訊來給定一個預估值，結合這個預估值，A* 演算法可以更有效率搜尋最短路徑。

例如：在尋找一個已知「起點位置」與「終點位置」的迷宮的最短路徑問題中，因為事先知道迷宮的終點位置，所以可以採用頂點和終點的歐氏幾何平面直線距離（Euclidean distance），即數學定義中的平面兩點間的距離：$D=\sqrt{(x1-x2)^2+(y1-y2)^2}$ 作為該頂點的推測權重。

A* 演算法在計算從起點到各頂點的權重，會同步考慮從起點到這個頂點的實際權重，再加上該頂點到終點的推測權重，以推估出該頂點從起點到終點的權重。再從其中選出一個權重最小的頂點，並將該頂點標示為已搜尋完畢。反覆進行同樣的步驟，一直到抵達終點，才結束搜尋的工作，就可以得到最短路徑的最佳解答。實作 A* 演算法的主要步驟，摘要如下：

步驟 1　首先決定各頂點到終點的「推測權重」。「推測權重」的計算方式可以採用各頂點和終點之間的直線距離採用四捨五入後的值，直線距離的計算函數，可從上述三種距離的計算方式擇一。

步驟 2　分別計算從起點可抵達的各個頂點的權重，其計算方式是由起點到該頂點的「實際權重」，加上該頂點抵達終點的「推測權重」。計算完畢後，選出權重最小的點，並標示為搜尋完畢的點。

步驟 3　接著計算從搜尋完畢的點出發到各點的權重，並再從其中選出一個權重最小的點，並再將其標示為搜尋完畢的點。以此類推⋯⋯反覆進行同樣的計算過程，一直到抵達最後的終點。

　　A* 演算法適用於可以事先獲得或預估各頂點到終點距離的情況，但是萬一無法取得各頂點到目的地終點的距離資訊時，就無法使用 A* 演算法。因此 A* 演算法常被應用在遊戲軟體開發中的玩家與怪物兩種角色間的追逐行為，或是引導玩家以最有效率的路徑及最便捷的方式，快速突破遊戲關卡。

A* 演算法常被應用在遊戲中角色追逐與快速突破關卡的設計

7-6　AOV 網路與拓樸排序

　　網路圖主要用來協助規劃大型工作計劃，首先我們將複雜的工作細分成很多工作項，而每一個工作項代表網路的一個頂點，由於每一個工作可能有完成之先後順序，有些可以同時進行，有些則不行。因此可用網路圖來表示其先後完成之順序。這種以頂點來代表工作的網路，稱頂點工作網路（Activity On Vertex Network），簡稱 AOV 網路。如下所示：

更清楚的説，AOV 網路就是在一個有向圖形 G 中，每一節點代表一項工作或行為，邊代表工作之間存在的優先關係。即 <Vi,Vj> 表示 $V_i \rightarrow V_j$ 的工作，其中頂點 V_i 的工作必須先完成後，才能進行頂點 V_j 的工作，則稱 V_i 為 V_j 的「先行者」，而 V_j 為 V_i 的「後繼者」。

7-6-1 拓樸序列簡介

如果在 AOV 網路中，具有部份次序的關係（即有某幾個頂點為先行者），拓樸排序的功能就是將這些部份次序（Partial Order）的關係，轉換成線性次序（Linear Order）的關係。例如 i 是 j 的先行者，在線性次序中，i 仍排在 j 的前面，具有這種特性的線性次序就稱為拓樸序列（Topological Order）。排序的步驟如下：

1. 尋找圖形中任何一個沒有先行者的頂點。
2. 輸出此頂點，並將此頂點的所有邊全部刪除。
3. 重複以上兩個步驟處理所有頂點。

我們將試著實作求出下圖的拓樸排序，拓樸排序所輸出的結果不一定是唯一的，如果同時有兩個以上的頂點沒有先行者，那結果就不是唯一解：

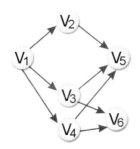

步驟 1　首先輸出 V_1，因為 V_1 沒有先行者，且刪除 $<V_1,V_2>$，$<V_1,V_3>$，$<V_1,V_4>$。

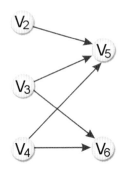

步驟 2　可輸出 V_2、V_3 或 V_4，這裡我們選擇輸出 V_4。

步驟 3　輸出 V_3。

步驟 4　輸出 V_6。

步驟 5　輸出 V_2、V_5。

　　　=> 拓撲排序則為　$V_1 \rightarrow V_4 \rightarrow V_3 \rightarrow V_6 \rightarrow V_2 \rightarrow V_5$

範例 **7.6.1**

請寫出下圖的拓樸排序。

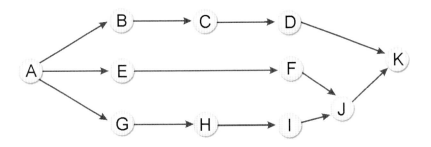

解答 拓樸排序結果：A, B, E, G, C, F, H, D, I, J, K

7-7 AOE 網路

之前所談的 AOV 網路是指在有向圖形中的頂點表示一項工作，而邊表示頂點之間的先後關係。下面還要來介紹一個新名詞 AOE（Activity On Edge）。所謂 AOE 是指事件（event）的行動（action）在邊上的有向圖形。

其中的頂點做為各「進入邊事件」（incident in edge）的匯集點，當所有「進入邊事件」的行動全部完成後，才可以開始「外出邊事件」（incident out edge）的行動。在 AOE 網路會有一個源頭頂點和目的頂點。從源頭頂點開始計時，執行各邊上事件的行動，到目的頂點完成為止，所需的時間為所有事件完成的時間總花費。

7-7-1 臨界路徑

AOE 完成所需的時間是由一條或數條的臨界路徑（critical path）所控制。所謂臨界路徑就是 AOE 有向圖形從源頭頂點到目的頂點間所需花費時間最長的一條有方向性的路徑，當有一條以上的花費時間相等，而且都是最長，則這些路徑都稱為此 AOE 有向圖形的臨界路徑（critical path）。也就是說，想縮短整個 AOE 完成的花費時間，必須設法縮短臨界路徑各邊行動所需花費的時間。

臨界路徑乃是用來決定一個計劃至少需要多少時間才可以完成。亦即在 AOE 有向圖形中從源頭頂點到目的頂點間最長的路徑長度。我們看下圖：

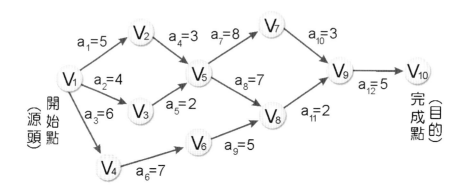

上圖代表 12 個 action($a_1,a_2,a_3,a_4...,a_{12}$) 及 10 個 event($v_1,v_2,v_3...V_{10}$)，我們先看看一些重要相關定義：

※ 最早時間（Earliest Time）

AOE 網路中頂點的最早時間為該頂點最早可以開始其外出邊事件（incident out edge）的時間，它必須由最慢完成的進入邊事件所控制，我們用 TE 表示。

※ 最晚時間（Latest Time）

AOE 網路中頂點的最晚時間為該頂點最慢可以開始其外出邊事件（incident out edge）而不會影響整個 AOE 網路完成的時間。它是由外出邊事件（incident out edge）中最早要求開始者所控制。我們以 TL 表示。

至於 TE 及 TL 的計算原則為

> TE：由前往後（即由源頭到目的正方向），若第 i 項工作前面幾項工作有好幾個完成時段，取其中最大值。
> TL：由後往前（即由目的到源頭的反方向），若第 i 項工作後面幾項工作有好幾個完成時段，取其中最小值。

▒ 臨界頂點（**Critical Vertex**）

AOE 網路中頂點的 TE＝TL，我們就稱它為臨界頂點。從源頭頂點到目的頂點的各個臨界頂點可以構成一條或數條的有向臨界路徑。只要控制好臨界路徑所花費的時間，就不會 Delay 工作進度。如果集中火力縮短臨界路徑所需花費的時間，就可以加速整個計劃完成的速度。我們以下圖為例來簡單說明如何決定臨界路徑：

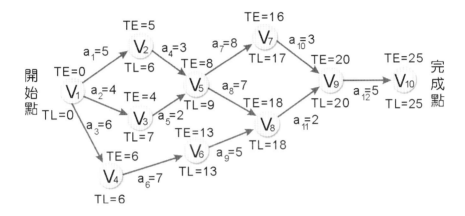

由上圖得知 $V_1, V_4, V_6, V_8, V_9, V_{10}$ 為臨界頂點（Critical Vertex），可以求得如下的臨界路徑（Critical Path）：

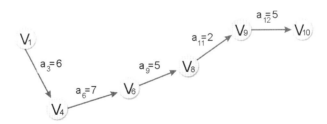

課後評量

1. 請問以下哪些是圖形的應用（Application）？

   (1) 工作排程　　　　(2) 遞迴程式　　(3) 電路分析　　　(4) 排序

   (5) 最短路徑尋找　　(6) 模擬　　　　(7) 副程式呼叫　　(8) 都市計畫

2. 何謂尤拉鏈（Eulerian chain）理論？試繪圖說明。

3. 求出下圖的 DFS 與 BFS 結果。

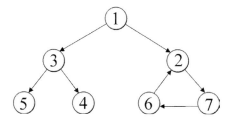

4. 何謂複線圖（multigraph）？試繪圖說明。

5. 請以 K 氏法求取下圖中最小成本擴張樹：

6. 請寫出下圖的相鄰矩陣表示法及兩地之間最短距離的表示矩陣。

7. 求下圖之拓樸排序。

8. 求下取圖的拓撲排序。

9. 下圖是否為雙連通圖形（Biconnected Graph）？有哪些連通單元（Connected Components）？試說明之。

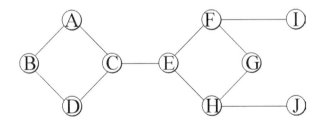

10. 請問圖形有那四種常見的表示法？

11. 請以 Python，簡單寫出求取圖形 G 的遞移封閉矩陣演算法及其時間複雜度。

12. 試簡述圖形追蹤的定義。

13. 請簡述拓樸排序的步驟。

14. 以下為一有限狀態機（finite state machine）之狀態轉移圖（state transition diagram），試列舉兩種圖形資料結構以表示之，其中

- S 代表狀態 S
- 射線（→）表示轉移方式
- 射線上方 A/B
- A 代表輸入訊號
- B 代表輸出訊號

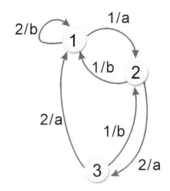

15. 何謂完整圖形，請説明之。

16. 下圖為圖形 G

(1) 請以① 相鄰串列（Adjacency List）及

② 相鄰陣列（Adjacency Matrix）表示 G

(2) 利用① 深度優先（Depth First）搜尋法

② 廣度優先（Breadth First）搜尋法求出 Spanning Tree

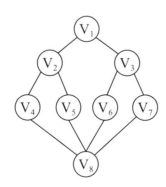

17. 以下所列之樹皆是關於圖形 G 之搜尋樹（Search Tree）。假設所有的搜尋皆始於節點（Node）1。試判定每棵樹是深度優先搜尋樹（Depth-First Search Tree），或廣度優先搜尋樹（Breadth-First Search Tree），或二者皆非。

18. 求 V_1、V_2、V_3 任兩頂點之最短距離。

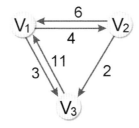

並描述其過程。

19. 假設在註有各地距離之圖上（單行道），求各地之間之最短距離（Shortest Paths）求下列各題。

    (1) 利用距離，將下圖資料儲存起來，請寫出結果。

    (2) 寫出所有各地間最短距離執行法。

(3) 寫出最後所得之矩陣，並説明其可表示所求各地間之最短距雜。

20. 求下圖之相鄰矩陣：

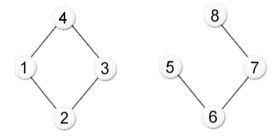

21. 何謂擴張樹？擴張樹應該包含那些特點？

22. 在求得一個無向連通圖形的最小花費樹 Prim's 演算法的主要作法為何？試簡述之。

23. 在求得一個無向連通圖形的最小花費樹 Kruskal 演算法的主要作法為何？試簡述之。

24. 請以相鄰矩陣表示下列有向圖。

8

Chapter

排序演算法

「排序」（Sorting）功能對於電腦相關領域而言，是一種非常重要且普遍的工作。所謂「排序」，就是將一群資料按照某一個特定規則重新排列，使其具有遞增或遞減的次序關係。按照特定規則，用以排序的依據，我們稱為鍵（Key），它所含的值就稱為「鍵值」。通常鍵值資料型態有數值型態、中文字串型態及非中文字串型態三種。

參加比賽最重要是分出排名

如果鍵值為數值型態，在比較的過程中，則直接以數值的大小作為鍵值大小比較的依據；但如果鍵值為中文字串，則依該中文字串由左到右逐字比較，並以該中文內碼（例如：中文繁體 BIG5 碼、中文簡體 GB 碼）的編碼順序作為鍵值大小比較的依據。最後假設該鍵值為非中文字串，則和中文字串型態的比較方式類似，仍然以該字串由左到右逐字比較，不過卻以該字串的 ASCII 碼的編碼順序作為鍵值大小比較的依據。

8-1　認識排序

在排序的過程中，資料的移動方式可分為「直接移動」及「邏輯移動」兩種。「直接移動」是直接交換儲存資料的位置，而「邏輯移動」並不會移動資料儲存位置，僅改變指向這些資料的輔助指標的值。

鍵值						原來指標		排序後指標表		

直接移動排序　　　　　　　　　　　邏輯移動排序

兩者間優劣在於直接移動會浪費許多時間進行資料的更動，而邏輯移動只要改變輔助指標指向的位置就能輕易達到排序的目的，例如在資料庫中可在報表中可顯示多筆記錄，也可以針對這些欄位的特性來分組並進行排序與彙總，這就是屬於邏輯移動，而不是真正移動實際改變檔案中的位置。基本上，資料在經過排序後，會有下列三點好處：

1. 資料較容易閱讀。
2. 資料較利於統計及整理。
3. 可大幅減少資料搜尋的時間。

8-1-1　排序的分類

排序可以依照執行時所使用的記憶體種類區分為以下兩種方式：

1. 內部排序：排序的資料量小，可以完全在記憶體內進行排序。
2. 外部排序：排序的資料量無法直接在記憶體內進行排序，而必須使用到輔助記憶體（如硬碟）。

常見的內部排序法有：氣泡排序法、選擇排序法、插入排序法、合併排序法、快速排序法、堆積排序法、謝耳排序法、基數排序法等。至於比較常見的外部排序法有：直接合併排序法、k 路合併法、多相合併法等。在後面的章節中，將會針對以上方法作更進一步的說明。

8-1-2　排序演算法分析

排序演算法的選擇將影響到排序的結果與績效，通常可由以下幾點決定：

⚙ 演算法穩定與否

穩定的排序是指資料在經過排序後，兩個相同鍵值的記錄仍然保持原來的次序，如下例中 $7_左$ 的原始位置在 $7_右$ 的左邊（所謂 $7_左$ 及 $7_右$ 是指相同鍵值一個在左一個在右），穩定的排序（Stable Sort）後 $7_左$ 仍應在 $7_右$ 的左邊，不穩定排序則有可能 $7_左$ 會跑到 $7_右$ 的右邊去。例如：

原始資料順序：	$7_左$	2	9	$7_右$	6
穩定的排序：	2	6	$7_左$	$7_右$	9
不穩定的排序：	2	6	$7_右$	$7_左$	9

⠿ 時間複雜度（Time Complexity）

當資料量相當大時，排序演算法所花費的時間就顯得相當重要。排序演算法的時間複雜度可分為最好情況（Best Case）、最壞情況（Worst Case）及平均情況（Average Case）。最好情況就是資料已完成排序，例如原本資料已經完成遞增排序了，如果再進行一次遞增排序所使用的時間複雜度就是最好情況。最壞情況是指每一鍵值均須重新排列，簡單的例子如原本為遞增排序重新排序成為遞減，就是最壞情況，如下所示：

```
排序前：2    3    4    6    8    9
排序後：9    8    6    4    3    2
```

【這種排序的時間複雜度就是最壞情況】

⠿ 空間複雜度（Space Complexity）

我們知道空間複雜度就是指演算法在執行過程所需付出的額外記憶體空間。例如所挑選的排序法必須藉助遞迴的方式來進行，那麼遞迴過程中會使用到的堆疊就是這個排序法必須付出的額外空間。另外，任何排序法都有資料對調的動作，資料對調就會暫時用到一個額外的空間，它也是排序法中空間複雜度要考慮的問題。排序法所使用到的額外空間愈少，它的空間複雜度就愈佳。例如氣泡法在排序過程中僅會用到一個額的空間，在所有的排序演算法中，這樣的空間複雜度就算是最好的。

8-2 內部排序法

排序的各種演算法稱得上是資料結構這門學科的精髓所在。每一種排序方法都有其適用的情況與資料種類。首先我們將內部排序法依照演算法的時間複雜度及鍵值整理如下表：

	排序名稱	排序特性
簡單排序法	1. 氣泡排序法（Bubble Sort）	(1) 穩定排序法 (2) 空間複雜度為最佳，只需一個額外空間 O(1)
	2. 選擇排序法（Selection Sort）	(1) 不穩定排序法 (2) 空間複雜度為最佳，只需一個額外空間 O(1)
	3. 插入排序法（Insertion Sort）	(1) 穩定排序法 (2) 空間複雜度為最佳，只需一個額外空間 O(1)
	4. 謝耳排序法（Shell Sort）	(1) 穩定排序法 (2) 空間複雜度為最佳，只需一個額外空間 O(1)
高等排序法	1. 快速排序法（Quick Sort）	(1) 不穩定排序法 (2) 空間複雜度最差 O(n) 最佳 $O(\log_2 n)$
	2. 堆積排序法（Heap Sort）	(1) 不穩定排序法 (2) 空間複雜度為最佳，只需一個額外空間 O(1)
	3. 基數排序法（Radix Sort）	(1) 穩定排序法 (2) 空間複雜度為 O(np)，n 為原始資料的個數，p 為基底

8-2-1 氣泡排序法

氣泡排序法又稱為交換排序法，是由觀察水中氣泡變化構思而成，原理是由第一個元素開始，比較相鄰元素大小，若大小順序有誤，則對調後再進行下一個元素的比較，就彷彿氣泡逐漸由水底逐漸冒升到水面上一樣。如此掃瞄過一次之後就可確保最後一個元素是位於正確的順序。接著再逐步進行第二次掃瞄，直到完成所有元素的排序關係為止。

以下排序我們利用 55、23、87、62、16 數列的排序過程，您可以清楚知道氣泡排序法的演算流程：

由小到大排序：

原始值： 55　23　87　62　16

　　第一次掃瞄會先拿第一個元素 55 和第二個元素 23 作比較，如果第二個元素小於第一個元素，則作交換的動作。接著拿 55 和 87 作比較，就這樣一直比較並交換，到第 4 次比較完後即可確定最大值在陣列的最後面。

　　第二次掃瞄亦從頭比較起，但因最後一個元素在第一次掃瞄就已確定是陣列最大值，故只需比較 3 次即可把剩餘陣列元素的最大值排到剩餘陣列的最後面。

第三次掃瞄完，完成三個值的排序

第四次掃瞄完，即可完成所有排序

由此可知 5 個元素的氣泡排序法必須執行 5-1 次掃瞄，第一次掃瞄需比較 5-1 次，共比較 4+3+2+1=10 次

⁂ 氣泡法分析

1. 最壞清況及平均情況均需比較：$(n-1)+(n-2)+(n-3)+\cdots+3+2+1=\dfrac{n(n-1)}{2}$ 次；時間複雜度為 $O(n^2)$，最好情況只需完成一次掃瞄，發現沒有做交換的動作則表示已經排序完成，所以只做了 n-1 次比較，時間複雜度為 $O(n)$。

2. 由於氣泡排序為相鄰兩者相互比較對調，並不會更改其原本排列的順序，所以是穩定排序法。

3. 只需一個額外的空間，所以空間複雜度為最佳。

4. 此排序法適用於資料量小或有部份資料已經過排序。

範例 8.2.1

程式碼：CH08_01.py

```
01   data=[16,25,39,27,12,8,45,63]    # 原始資料
02   print('氣泡排序法：原始資料為：')
03   for i in range(8):
04       print('%3d' %data[i],end='')
05   print()
06
07   for i in range(7,-1,-1): #掃描次數
08       for j in range(i):
09           if data[j]>data[j+1]:#比較,交換的次數
10               data[j],data[j+1]=data[j+1],data[j]#比較相鄰兩數,如果第一數較
                                                        大則交換
11       print('第 %d 次排序後的結果是：' %(8-i),end='')  #把各次掃描後的結果印出
12       for j in range(8):
13           print('%3d' %data[j],end='')
14       print()
15
16   print('排序後結果為：')
17   for j in range(8):
18       print('%3d' %data[j],end='')
19   print()
```

【執行結果】

```
氣泡排序法：原始資料為：
 16 25 39 27 12  8 45 63
第 1 次排序後的結果是： 16 25 27 12  8 39 45 63
第 2 次排序後的結果是： 16 25 12  8 27 39 45 63
第 3 次排序後的結果是： 16 12  8 25 27 39 45 63
第 4 次排序後的結果是： 12  8 16 25 27 39 45 63
第 5 次排序後的結果是：  8 12 16 25 27 39 45 63
第 6 次排序後的結果是：  8 12 16 25 27 39 45 63
第 7 次排序後的結果是：  8 12 16 25 27 39 45 63
第 8 次排序後的結果是：  8 12 16 25 27 39 45 63
排序後結果為：
  8 12 16 25 27 39 45 63
```

提問畫面

CH08_01(CGPT).py

範例 8.2.2

程式碼：CH08_02.py

```
01   #[示範]:改良氣泡排序法
02   def showdata(data):       #利用迴圈列印資料
03       for i in range(6):
04           print('%3d' %data[i],end='')
05       print()
06
07   def bubble (data):
08       for i in range(5,-1,-1):
09           flag=0  #flag用來判斷是否有執行交換的動作
10           for j in range(i):
11               if data[j+1]<data[j]:
12                   data[j],data[j+1]=data[j+1],data[j]
13                   flag+=1    #如果有執行過交換，則flag不為0
14           if flag==0:
15               break
16           #當執行完一次掃描就判斷是否做過交換動作，如果沒有交換過資料
17       #，表示此時陣列已完成排序，故可直接跳出迴圈
```

```
18              print('第 %d 次排序：' %(6-i),end='')
19          for j in range(6):
20              print('%3d' %data[j],end='')
21          print()
22      print('排序後結果為：',end='')
23      showdata (data)
24
25  def main():
26      data=[4,6,2,7,8,9]    #原始資料
27      print('改良氣泡排序法原始資料為：')
28      bubble (data)
29
30  main()
```

【執行結果】

```
改良氣泡排序法原始資料為：
第 1 次排序：    4   2   6   7   8   9
第 2 次排序：    2   4   6   7   8   9
排序後結果為：    2   4   6   7   8   9
```

ChatGPT 解決觀點

提問畫面

> A　我們知道統氣泡排序法有個缺點，就是不管資料是否已排序完成都固定會執行n(n-1)/2次，請設計一Python程式，利用所謂崗哨的觀念，可以提前中斷程式，又可得到正確的資料，來增加程式執行效能。

> 你提到的使用崗哨觀念來增加氣泡排序法的執行效能是一種最佳化技巧，稱為「提前終止」或「提前中斷」。它可以在數列已經完成排序時提前終止迴圈，避免不必要的迭代。以下是使用提前終止優化的氣泡排序法的Python程式碼：

```python
def bubble_sort(arr):
    n = len(arr)

    for i in range(n - 1):
        # flag用於標記是否有交換操作
        flag = False

        for j in range(n - i - 1):
            if arr[j] > arr[j + 1]:
                # 交換相鄰元素
                arr[j], arr[j + 1] = arr[j + 1], arr[j]
                flag = True

        # 如果沒有交換操作，表示數列已經完成排序，提前終止迴圈
        if not flag:
            break
```

AI 參考程式名稱　CH08_02(CGPT).py

8-2-2　雞尾酒排序法

雞尾酒排序法（Cocktail Sort）又叫雙向氣泡排序法（Bidirectional Bubble Sort）、搖晃排序法（Shaker Sort）、波浪排序法（Ripple Sort）、搖曳排序法（Shuffle Sort）、飛梭排序法（Shuttle Sort）、歡樂時光排序法（Happy Hour Sort）。

傳統汽泡排序法的特點是由左至右進行比較，如果排序資料的筆數為 n，則必須執行 n-1 次的迴圈，每個迴圈必須進行 n-1 次的比較，但是雞尾酒排序法為氣泡排序法的改良，第一個迴圈會先從左到右比較，每回會利用氣泡排序法，經過第一個迴圈會找到最大值，並將此最大值放在最右邊的索引位置。接著再從次右邊的索引從右到左方向的比較，經過這一次向左方向的迴圈可以找到最小值，並將此最小值放在最左邊的索引位置。

下一步再從尚未排序的索引值進行第二次向右迴圈的比較，如此一來會找到第二大的值。找到後再從尚未排序的索引值進行第二次向左迴圈的比較，如此一來會找到第二小的值。只要在執行迴圈工作時，沒有更動到任何值的位置，就表示排序完成。這一點和氣泡排序法必須執行完迴圈內所有的指令是有所不同。

因此，如果序列資料大部份已排好，最佳的時間複雜度為 O(n)，另外最壞情況及平均情況的時間複雜度為 O(n²)。接著就來實際例子為各位示範完整的排序過程。

原始資料：

排序過程中圓形數字代表尚未排序資料，方形數字代表已排序資料。排序過程如下：

第 1 次向右迴圈，會找到最大值，找到最大值放在最右邊索引位置。

接著針對未排序的資料執行第一次向左迴圈，找到最小值，放在最左邊索引位置。

接著繼續執行第 2 次迴圈，執行過程如下：

這次迴圈的比較過程中並沒有任何資料的交換動作，表示排序工作已完成。

範例 8.2.3

程式碼：CH08_03.py

```python
01   # 雞尾酒排序法
02
03   flag=1    #用來紀錄是否停止排序工作的旗標變數
04   data=[52,8,40,66,37]    #原始資料
05
06   print('雞尾酒排序法原始資料為：',data)
07
08
09   for i in range(int(len(data)/2)):    #控制迴圈次數
10       if flag:
11           flag=0
12           for j in range(i,len(data)-i-1):    #大值後移
13               if data[j] > data[j + 1]:
14                   data[j + 1], data[j]=data[j], data[j + 1]
15
16           for k in range(len(data)-i-2,i,-1):    #小值前移
17               if data[k] < data[k-1]:
18                   data[k-1],data[k]=data[k],data[k-1]
19           flag=1
20       else:
21           break
22
23   print('排序後結果為：',data)
```

【執行結果】

```
雞尾酒排序法原始資料為：  [52, 8, 40, 66, 37]
排序後結果為：  [8, 37, 40, 52, 66]
```

ChatGPT 解決觀點

提問畫面

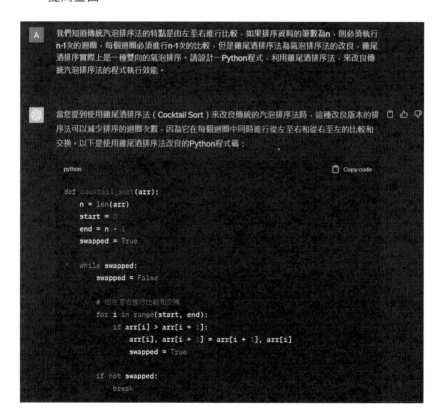

A　我們知道傳統汽泡排序法的特點是由左至右進行比較，如果排序資料的筆數為n，則必須執行 n-1次的迴圈，每個迴圈必須進行n-1次的比較，但是雞尾酒排序法為氣泡排序法的改良，雞尾 酒排序實際上是一種雙向的氣泡排序。請設計一Python程式，利用雞尾酒排序法，來改良傳 統汽泡排序法的程式執行效能。

當您提到使用雞尾酒排序法（Cocktail Sort）來改良傳統的汽泡排序法時，這種改良版本的排 序法可以減少排序的迴圈次數，因為它在每個迴圈中同時進行從左至右和從右至左的比較和 交換。以下是使用雞尾酒排序法改良的Python程式碼：

```python
def cocktail_sort(arr):
    n = len(arr)
    start = 0
    end = n - 1
    swapped = True

    while swapped:
        swapped = False

        # 從左至右進行比較和交換
        for i in range(start, end):
            if arr[i] > arr[i + 1]:
                arr[i], arr[i + 1] = arr[i + 1], arr[i]
                swapped = True

        if not swapped:
            break
```

AI 參考程式名稱　CH08_03(CGPT).py

8-2-3　選擇排序法

選擇排序法（Selection Sort）可使用兩種方式排序，一為在所有的資料中， 當由大至小排序，則將最大值放入第一位置；若由小至大排序時，則將最大值放 入位置末端。例如一開始在所有的資料中挑選一個最小項放在第一個位置（假設 是由小到大），丙從第二筆開始挑選一個最小項放在第 2 個位置，依樣重覆，直到 完成排序為止。

以下我們仍然利用 55、23、87、62、16 數列的由小到大排序過程，來說明選擇排序法的演算流程：

1. 首先找到此數列中最小值後與第一個元素交換：

2. 從第二個值找起，找到此數列中（不包含第一個）的最小值，再和第二個值交換：

3. 從第三個值找起，找到此數列中（不包含第一、二個）的最小值，再和第三個值交換：

4. 從第四個值找起，找到此數列中（不包含第一、二、三個）的最小值，再和第四個值交換，則此排序完成：

第四次掃瞄：　16　　23　　55

　　　　　　　16　　23　　55　　62　　87

選擇法分析

1. 無論是最壞清況、最佳情況及平均情況都需要找到最大值（或最小值），因此其比較次數為：(n-1)+(n-2)+(n-3)+⋯+3+2+1= $\dfrac{n(n-1)}{2}$ 次；時間複雜度為 $O(n^2)$。

2. 由於選擇排序是以最大或最小值直接與最前方未排序的鍵值交換，資料排列順序很有可能被改變，故不是穩定排序法。

3. 只需一個額外的空間，所以空間複雜度為最佳。

4. 此排序法適用於資料量小或有部份資料已經過排序。

範例 8.2.4

程式碼：CH08_04.py

```
01  def showdata (data):
02      for i in range(8):
03          print('%3d' %data[i],end='')
04      print()
05
06  def select (data):
07      for i in range(7):
08          for j in range(i+1,8):
09              if data[i]>data[j]: #比較第i及第j個元素
10                  data[i],data[j]=data[j],data[i]
11      print()
12
13  data=[16,25,39,27,12,8,45,63]
14  print('原始資料為：')
15  for i in range(8):
16      print('%3d' %data[i],end='')
```

```
17    print('\n------------------------------------')
18    select(data)
19    print("排序後資料：")
20    for i in range(8):
21        print('%3d' %data[i],end='')
22    print('')
```

【執行結果】

```
原始資料為：
 16 25 39 27 12  8 45 63
------------------------------------

排序後資料：
  8 12 16 25 27 39 45 63
```

ChatGPT 解決觀點

└• 提問畫面

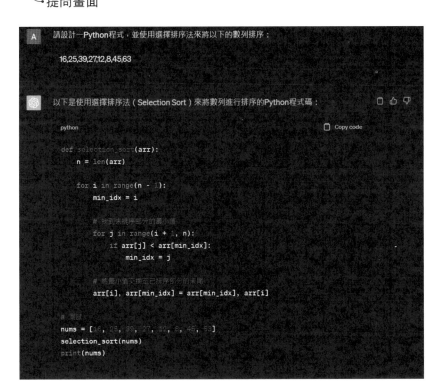

AI 參考程式名稱 CH08_04(CGPT).py

8-2-4　插入排序法

插入排序法（Insert Sort）是將陣列中的元素，逐一與已排序好的資料作比較，如前兩個元素先排好，再將第三個元素插入適當的位置，所以這三個元素仍然是已排序好，接著再將第四個元素加入，重覆此步驟，直到排序完成為止。可以看做是在一串有序的記錄 R_1、R_2...R_i，插入新的記錄 R，使得 i+1 個記錄排序妥當。

以下我們仍然利用 55、23、87、62、16 數列的由小到大排序過程，來說明插入排序法的演算流程。下圖中，在步驟二，以 23 為基準與其他元素比較後，放到適當位置（55 的前面），步驟三則拿 87 與其他兩個元素比較，接著 62 在比較完前三個數後插入 87 的前面，將最後一個元素比較完後即完成排序：

插入法分析

1. 最壞及平均清況需比較 (n-1)+(n-2)+(n-3)+⋯+3+2+1= $\dfrac{n(n-1)}{2}$ 次；時間複雜度為 $O(n^2)$，最好情況時間複雜度為：$O(n)$。

2. 插入排序是穩定排序法。

3. 只需一個額外的空間，所以空間複雜度為最佳。

4. 此排序法適用於大部份資料已經過排序或已排序資料庫新增資料後進行排序。

5. 插入排序法會造成資料的大量搬移，所以建議在鏈結串列上使用。

範例 **8.2.5**

程式碼：**CH08_05.py**

```
01   SIZE=8          #定義陣列大小
02   def showdata(data):
03       for i in range(SIZE):
04           print('%3d' %data[i],end='')     #列印陣列資料
05       print()
06
07   def insert(data):
08       for i in range(1,SIZE):
09           tmp=data[i] #tmp用來暫存資料
10           no=i-1
11           while no>=0 and tmp<data[no]:
12               data[no+1]=data[no] #就把所有元素往後推一個位置
13               no-=1
14           data[no+1]=tmp #最小的元素放到第一個元素
15
16   def main():
17       data=[16,25,39,27,12,8,45,63]
18       print('原始陣列是：')
19       showdata(data)
20       insert(data)
21       print('排序後陣列是：')
22       showdata(data)
23
24   main()
```

【執行結果】

```
原始陣列是：
 16 25 39 27 12  8 45 63
排序後陣列是：
  8 12 16 25 27 39 45 63
```

💬 **ChatGPT 解決觀點**
↳ 提問畫面

> **A**　請設計一Python程式，並使用插入排序法來將以下的數列排序：
>
> 16,25,39,27,12,8,45,63
>
> ---
>
> 以下是使用插入排序法（Insertion Sort）來將數列進行排序的Python程式碼：

```python
def insertion_sort(arr):
    n = len(arr)

    for i in range(1, n):
        key = arr[i]
        j = i - 1

        # 將大於key的元素往後移動
        while j >= 0 and arr[j] > key:
            arr[j + 1] = arr[j]
            j -= 1

        # 插入key到合適的位置
        arr[j + 1] = key

# 測試
nums = [16, 25, 39, 27, 12, 8, 45, 63]
insertion_sort(nums)
print(nums)
```

💬 **AI 參考程式名稱**　CH08_05(CGPT).py

8-2-5　謝耳排序法

我們知道當原始記錄之鍵值大部份已排序好的情況下，插入排序法會非常有效率，因為它毋需做太多的資料搬移動作。「謝耳排序法」是 D. L. Shell 在 1959 年 7 月所發明的一種排序法，可以減少插入排序法中資料搬移的次數，以加速排序進行。排序的原則是將資料區分成特定間隔的幾個小區塊，以插入排序法排完區塊內的資料後再漸漸減少間隔的距離。

以下我們仍然利用 63、92、27、36、45、71、58、7 數列的由小到大排序過程，來說明謝耳排序法的演算流程：

（63） （92） （27） （36） （45） （71） （58） （7）

　　首先將所有資料分成 Y：(8div2) 即 Y=4，稱為劃分數。請注意！劃分數不一定要是 2，質數是最好。但為演算法方便，所以我們習慣選 2。則一開始的間隔設定為 8/2 區隔成：

　　如此一來可得到四個區塊分別是：(63,45)(92,71)(27,58)(36,7) 再各別用插入排序法排序成為：(45,63)(71,92)(27,58)(7,36)

接著再縮小間隔為 (8/2)/2 成

(45,27,63,58)(71,7,92,36) 分別用插入排序法後得到：

　　最後再以 ((8/2)/2)/2 的間距做插入排序，也就是每一個元素進行排序得到最後的結果：

⸬ 謝耳法分析

1. 任何情況的時間複雜度均為 $O(n^{3/2})$。

2. 謝耳排序法和插入排序法一樣，都是穩定排序。

3. 只需一個額外空間，所以空間複雜度是最佳。

4. 此排序法適用於資料大部份都已排序完成的情況。

範例 8.2.6

程式碼：CH08_06.py

```python
01   SIZE=8
02
03   def showdata(data):
04       for i in range(SIZE):
05           print('%3d' %data[i],end='')
06       print()
07
08   def shell(data,size):
09       k=1  #k列印計數
10       jmp=size//2
11       while jmp !=0:
12           for i in range(jmp, size):   #i為掃描次數 jmp為設定間距位移量
13               tmp=data[i] #tmp用來暫存資料
14               j=i-jmp   #以j來定位比較的元素
15               while tmp<data[j] and j>=0:  #插入排序法
16                   data[j+jmp]=data[j]
17                   j=j-jmp
18               data[jmp+j]=tmp
19           print('第 %d 次排序過程:' %k,end='')
20           k+=1
21           showdata (data)
22           print('----------------------------------------')
23           jmp=jmp//2      #控制迴圈數
24
25   def main():
26       data=[16,25,39,27,12,8,45,63]
27       print('原始陣列是:        ')
28       showdata (data)
29       print('----------------------------------------')
30       shell(data,SIZE)
31
32   main()
```

【執行結果】

```
原始陣列是:
 16 25 39 27 12  8 45 63
----------------------------------
第 1 次排序過程:  12  8 39 27 16 25 45 63
----------------------------------
第 2 次排序過程:  12  8 16 25 39 27 45 63
----------------------------------
第 3 次排序過程:   8 12 16 25 27 39 45 63
----------------------------------
```

> A　請設計一Python程式，使用謝耳排序法來將以下的數列排序：
>
> 16,25,39,27,12,8,45,63 同時列出排序過程

> 以下是使用謝耳排序法（Shell Sort）來將數列進行排序並列出排序過程的Python程式碼：

```python
def shell_sort(arr):
    n = len(arr)
    gap = n // 2

    while gap > 0:
        for i in range(gap, n):
            temp = arr[i]
            j = i

            while j >= gap and arr[j - gap] > temp:
                arr[j] = arr[j - gap]
                j -= gap

            arr[j] = temp

        gap //= 2
# 測試
nums = [16, 25, 39, 27, 12, 8, 45, 63]
```

😊 **AI 參考程式名稱**　CH08_06(CGPT).py

8-2-6　合併排序法

　　合併排序法（Merge Sort）工作原理乃是針對已排序好的二個或二個以上的數列，經由合併的方式，將其組合成一個大的且已排序好的數列。步驟如下：

1. 將 N 個長度為 1 的鍵值成對地合併成 N/2 個長度為 2 的鍵值組。
2. 將 N/2 個長度為 2 的鍵值組成對地合併成 N/4 個長度為 4 的鍵值組。
3. 將鍵值組不斷地合併，直到合併成一組長度為 N 的鍵值組為止。

以下我們仍然利用 38、16、41、72、52、98、63、25 數列的由小到大排序過程，來說明合併排序法的基本演算流程：

$$38、16、41、72、52、98、63、25$$
$$\boxed{16、38}、\boxed{41、72}、\boxed{52、98}、\boxed{25、63}$$
$$\boxed{16、38、41、72}、\boxed{25、52、63、98}$$
$$\boxed{16、25、38、41、52、63、72、98}$$

上面展示的合併排序法例子是一種最簡單的合併排序，又稱為 2 路（2-way）合併排序，主要概念是把原來的檔案視作 N 個已排序妥當且長度為 1 的數列，再將這些長度為 1 的資料兩兩合併，結合成 N/2 個已排序妥當且長度為 2 的數列；同樣的作法，再依序兩兩合併，合併成 N/4 個已排序妥當且長度為 4 的數列……，以此類推，最後合併成一個已排序妥當且長度為 N 的數列。

我們以條列的方式將步驟整理如下：

1. 將 N 個長度為 1 的數列合併成 N/2 個已排序妥當且長度為 2 的數列。
2. 將 N/2 個長度為 2 的數列合併成 N/4 個已排序妥當且長度為 4 的數列。
3. 將 N/4 個長度為 4 的數列合併成 N/8 個已排序妥當且長度為 8 的數列。
4. 將 $N/2^{i-1}$ 個長度為 2^{i-1} 的數列合併成 $N/2^i$ 個已排序妥當且長度為 2^i 的數列。

▓ 合併排序法分析

1. 合併排序法 n 筆資料一般需要約 $\log_2 n$ 次處理，每次處理的時間複雜度為 O(n)，所以合併排序法的最佳情況、最差情況及平均情況複雜度為 O（nlogn）。

2. 由於在排序過程中需要一個與檔案大小同樣的額外空間，故其空間複雜度 O(n)。

3. 是一個穩定（stable）的排序方式。

[範例] 8.2.6

[</>] 程式碼：CH08_07.py

```
01  # 合併排序法(Merge Sort)
02
03  #99999為串列1的結束數字不列入排序
04  list1=[20,45,51,88,99999]
```

```
05    #99999為串列2的結束數字不列入排序
06    list2=[98,10,23,15,99999]
07    list3=[]
08
09    def merge_sort():
10        global list1
11        global list2
12        global list3
13
14        # 先使用選擇排序將兩數列排序，再作合併
15        select_sort(list1, len(list1)-1)
16        select_sort(list2, len(list2)-1)
17
18
19        print('\n第1組資料的排序結果: ', end='')
20        for i in range(len(list1)-1):
21            print(list1[i], ' ', end='')
22
23        print('\n第2組資料的排序結果: ', end='')
24        for i in range(len(list2)-1):
25            print(list2[i], ' ', end='')
26        print()
27
28        for i in range(60):
29            print('=', end='')
30        print()
31
32        My_Merge(len(list1)-1, len(list2)-1)
33
34        for i in range(60):
35            print('=', end='')
36        print()
37
38        print('\n合併排序法的最終結果: ', end='')
39        for i in range(len(list1)+len(list2)-2):
40            print('%d ' % list3[i], end='')
41
42    def select_sort(data, size):
43        for base in range(size-1):
44            small=base
45            for j in range(base+1, size):
46                if data[j] < data[small]:
47                    small=j
48            data[small], data[base]=data[base], data[small]
49
50    def My_Merge(size1, size2):
51        global list1
```

```
52        global list2
53        global list3
54
55        index1=0
56        index2=0
57        for index3 in range(len(list1)+len(list2)-2):
58            if list1[index1] < list2[index2]: # 比較兩數列，資料小的先存於合併
                                                   後的數列
59                list3.append(list1[index1])
60                index1 +=1
61                print('此數字%d取自於第1組資料' % list3[index3])
62            else:
63                list3.append(list2[index2])
64                index2 +=1
65                print('此數字%d取自於第2組資料' % list3[index3])
66            print('目前的合併排序結果: ', end='')
67            for i in range(index3+1):
68                print(list3[i], ' ', end='')
69            print('\n')
70
71    #主程式開始
72
73    merge_sort()    #呼叫所定義的合併排序法函數
```

【執行結果】

```
第1組資料的排序結果: 20   45   51   88
第2組資料的排序結果: 10   15   23   98
=================================================================
此數字10取自於第2組資料
目前的合併排序結果: 10

此數字15取自於第2組資料
目前的合併排序結果: 10   15

此數字20取自於第1組資料
目前的合併排序結果: 10   15   20

此數字23取自於第2組資料
目前的合併排序結果: 10   15   20   23

此數字45取自於第1組資料
目前的合併排序結果: 10   15   20   23   45

此數字51取自於第1組資料
目前的合併排序結果: 10   15   20   23   45   51

此數字88取自於第1組資料
目前的合併排序結果: 10   15   20   23   45   51   88

此數字98取自於第2組資料
目前的合併排序結果: 10   15   20   23   45   51   88   98

=================================================================
合併排序法的最終結果: 10 15 20 23 45 51 88 98
```

提問畫面

```python
def merge_sort(arr):
    if len(arr) <= 1:
        return arr

    # 分割數列
    mid = len(arr) // 2
    left = arr[:mid]
    right = arr[mid:]

    # 遞迴排序左右兩部分
    left = merge_sort(left)
    right = merge_sort(right)

    # 合併兩部分數列
    merged = merge(left, right)

    return merged
```

> 請設計一Python程式，並使用合併排序法將2個陣列之數字排序
>
> 以下是使用合併排序法（Merge Sort）將兩個陣列的數字排序的Python程式碼：
>
> python   Copy code

AI 參考程式名稱　CH08_07(CGPT).py

8-2-7　快速排序法

快速排序法又稱分割交換排序法，是目前公認最佳的排序法，也是使用切割征服（Divide and Conquer）的方式，會先在資料中找到一個隨機會自行設定一個虛擬中間值，並依此中間值將所有打算排序的資料分為兩部份。其中小於中間值的資料放在左邊而大於中間值的資料放在右邊，再以同樣的方式分別處理左右兩邊的資料，直到排序完為止。操作與分割步驟如下：

假設有 n 筆 R1、R2、R3…Rn 記錄，其鍵值為 K_1、K_2、K_3…K_n：

① 先假設 K 的值為第一個鍵值。

② 由左向右找出鍵值 K_i，使得 $K_i > K$。

③ 由右向左找出鍵值 K_j 使得 $K_j < K$。

④ 如果 i<j，那麼 K_i 與 K_j 互換，並回到步驟②。

⑤ 若 i≧j 則將 K 與 K$_j$ 交換，並以 j 為基準點分割成左右部份。然後再針對左右兩邊進行步驟①至⑤，直到左半邊鍵值 = 右半邊鍵值為止。

下面為您示範快速排序法將下列資料的排序過程：

```
R1  R2  R3  R4  R5  R6  R7  R8  R9  R10
26   3  38   1  67   8  55  14  43  18
K=26     i                           j
```

因為 i<j 故交換 K$_i$ 與 K$_j$，然後繼續比較：

```
26   3  18   1  67   8  55  14  43  18
               i              j
```

因為 i<j 故交換 K$_i$ 與 K$_j$，然後繼續比較：

```
26   3  18   1  14   8  55  67  43  38
               i   j
```

因為 i≥j 故交換 K 與 K$_j$，並以 j 為基準點分割成左右兩半：

```
| 8  3  18  1  14 | 26 | 55  67  43  38 |
```

由上述這幾個步驟，各位可以將小於鍵值 K 放在左半部；大於鍵值 K 放在右半部，依上述的排序過程，針對左右兩部份分別排序。過程如下：

```
| 1  3 | 8 | 18  14 | 26 | 55  67  43  38 |
  1  3   8 | 18  14 | 26 | 55  67  43  38 |
  1  3   8  14  18   26 | 55  67  43  38 |
  1  3   8  14  18   26 | 43  38 | 55 | 67 |
  1  3   8  14  18   26  38  43  55  67
```

⁂ 快速法分析

1. 在最快及平均情況下，時間複雜度為 O(nlog2n)。最壞情況就是每次挑中的中間值不是最大就是最小，其時間複雜度為 O(n^2)。

2. 快速排序法不是穩定排序法。

3. 在最差的情況下，空間複雜度為 O(n)，而最佳情況為 O($\log_2 n$)。

4. 快速排序法是平均執行時間最快的排序法。

範例 8.2.8

程式碼：CH08_08.py

```python
01   import random
02
03   def inputarr(data,size):
04       for i in range(size):
05           data[i]=random.randint(1,100)
06
07   def showdata(data,size):
08       for i in range(size):
09           print('%3d' %data[i],end='')
10       print()
11
12   def quick(d,size,lf,rg):
13       #第一筆鍵值為d[lf]
14       if lf<rg:   #排序資料的左邊與右邊
15           lf_idx=lf+1
16           while d[lf_idx]<d[lf]:
17               if lf_idx+1 >size:
18                   break
19               lf_idx +=1
20           rg_idx=rg
21           while d[rg_idx] >d[lf]:
22               rg_idx -=1
23           while lf_idx<rg_idx:
24               d[lf_idx],d[rg_idx]=d[rg_idx],d[lf_idx]
25               lf_idx +=1
26               while d[lf_idx]<d[lf]:
27                   lf_idx +=1
28               rg_idx -=1
29               while d[rg_idx] >d[lf]:
30                   rg_idx -=1
```

```
31              d[lf],d[rg_idx]=d[rg_idx],d[lf]
32
33              for i in range(size):
34                  print('%3d' %d[i],end='')
35              print()
36
37              quick(d,size,lf,rg_idx-1)      #以rg_idx為基準點分成左右兩半以遞迴方式
38              quick(d,size,rg_idx+1,rg)      #分別為左右兩半進行排序直至完成排序
39
40   def main():
41       data=[0]*100
42       size=int(input('請輸入陣列大小(100以下)：'))
43       inputarr (data,size)
44       print('您輸入的原始資料是：')
45       showdata (data,size)
46       print('排序過程如下：')
47       quick(data,size,0,size-1)
48       print('最終排序結果：')
49       showdata(data,size)
50
51   main()
```

【執行結果】

```
請輸入陣列大小(100以下)：10
您輸入的原始資料是：
 93 29 30 69 31 75 91 70 86 85
排序過程如下：
 85 29 30 69 31 75 91 70 86 93
 70 29 30 69 31 75 85 91 86 93
 31 29 30 69 70 75 85 91 86 93
 30 29 31 69 70 75 85 91 86 93
 29 30 31 69 70 75 85 91 86 93
 29 30 31 69 70 75 86 91 93
最終排序結果：
 29 30 31 69 70 75 85 86 91 93
```

請設計一Python程式，使用快速排序法將數字排序並列出排序過程。

以下是使用快速排序法（Quick Sort）將數字排序並列出排序過程的Python程式碼：

```python
def quick_sort(arr):
    if len(arr) <= 1:
        return arr

    # 選擇基準點
    pivot = arr[len(arr) // 2]

    # 分割數列
    left = [x for x in arr if x < pivot]
    equal = [x for x in arr if x == pivot]
    right = [x for x in arr if x > pivot]

    # 遞迴排序左右兩部分
    sorted_arr = quick_sort(left) + equal + quick_sort(right)
```

AI 參考程式名稱 CH08_08(CGPT).py

8-2-8 堆積排序法

堆積排序法可以算是選擇排序法的改進版，它可以減少在選擇排序法中的比較次數，進而減少排序時間。堆積排序法使用到了二元樹的技巧，它是利用堆積樹來完成排序。堆積是一種特殊的二元樹，可分為最大堆積樹及最小堆積樹兩種。而最大堆積樹滿足以下 3 個條件：

1. 它是一個完整二元樹。
2. 所有節點的值都大於或等於它左右子節點的值。
3. 樹根是堆積樹中最大的。

而最小堆積樹則具備以下 3 個條件：

1. 它是一個完整二元樹。
2. 所有節點的值都小於或等於它左右子節點的值。
3. 樹根是堆積樹中最小的。

在開始談論堆積排序法前，各位必須先認識如何將二元樹轉換成堆積樹（heap tree）。我們以下面實例進行說明：

假設有 9 筆資料 32、17、16、24、35、87、65、4、12，我們以二元樹表示如下：

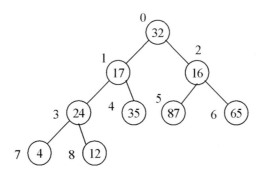

如果要將該二元樹轉換成堆積樹（heap tree）。我們可以用陣列來儲存二元樹所有節點的值，即

A[0]=32、A[1]=17、A[2]=16、A[3]=24、A[4]=35、A[5]=87、A[6]=65、A[7]=4、A[8]=12

① A[0]=32 為樹根，若 A[1] 大於父節點則必須互換。此處 A[1]=17<A[0]=32 故不交換。

② A[2]=16<A[0] 故不交換。

③ A[3]=24>A[1]=17 故交換。

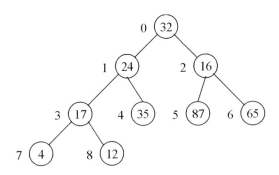

④ A[4]=35>A[1]=24 故交換，再與 A[0]=32 比較，A[1]=35>A[0]=32 故交換。

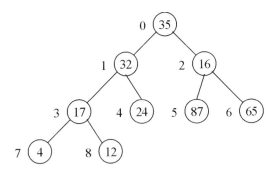

⑤ A[5]=87>A[2]=16 故交換，再與 A[0]=35 比較，A[2]=87>A[0]=35 故交換。

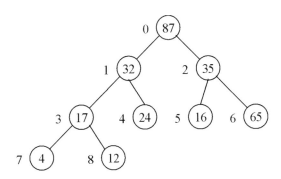

⑥　A[6]=65>A[2]=35 故交換，且 A[2]=65<A[0]=87 故不必換。

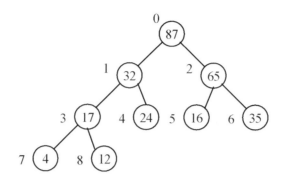

⑦　A[7]=4<A[3]=17 故不必換。

A[8]=12<A[3]=17 故不必換。

可得下列的堆積樹。

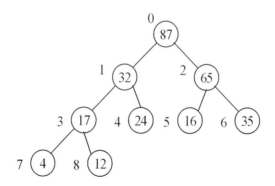

　　剛才示範由二元樹的樹根開始由上往下逐一依堆積樹的建立原則來改變各節點值，最終得到一最大堆積樹。各位可以發現堆積樹並非唯一，您也可以由陣列最後一個元素（例如此例中的 A[8]）由下往上逐一比較來建立最大堆積樹。如果您想由小到大排序，就必須建立最小堆積樹，作法和建立最大堆積樹類似，在此不另外說明。

　　下面我們將利用堆積排序法針對 34、19、40、14、57、17、4、43 的排序過程示範如下：

① 依下圖數字順序建立完整二元樹

② 建立堆積樹

③ 將 57 自樹根移除，重新建立堆積樹

④ 將 43 自樹根移除，重新建立堆積樹

⑤ 將 40 自樹根移除，重新建立堆積樹

⑥ 將 34 自樹根移除，重新建立堆積樹

⑦ 將 19 自樹根移除，重新建立堆積樹

⑧ 將 17 自樹根移除，重新建立堆積樹

⑨ 將 14 自樹根移除，重新建立堆積樹

最後將 4 自樹根移除。得到的排序結果為

57、43、40、34、19、17、14、4

▒ 堆積法分析

1. 在所有情況下，時間複雜度均為 O（nlogn）。

2. 堆積排序法不是穩定排序法。

3. 只需要一額外的空間，空間複雜度為 O(1)。

範例 **8.2.9**

◁/▷ 程式碼：CH08_09.py

```
01  def heap(data,size):
02      for i in range(int(size/2),0,-1):#建立堆積樹節點
03          ad_heap(data,i,size-1)
```

```
04      print()
05      print('堆積內容：',end='')
06      for i in range(1,size): #原始堆積樹內容
07          print('[%2d] ' %data[i],end='')
08      print('\n')
09      for i in range(size-2,0,-1): #堆積排序
10          data[i+1],data[1]=data[1],data[i+1]#頭尾節點交換
11          ad_heap(data,1,i)#處理剩餘節點
12          print('處理過程：',end='')
13          for j in range(1,size):
14              print('[%2d] ' %data[j],end='')
15          print()
16
17  def ad_heap(data,i,size):
18      j=2*i
19      tmp=data[i]
20      post=0
21      while j<=size and post==0:
22          if j<size:
23              if data[j]<data[j+1]: #找出最大節點
24                  j+=1
25          if tmp>=data[j]: #若樹根較大，結束比較過程
26              post=1
27          else:
28              data[int(j/2)]=data[j]#若樹根較小，則繼續比較
29              j=2*j
30      data[int(j/2)]=tmp #指定樹根為父節點
31
32  def main():
33      data=[0,5,6,4,8,3,2,7,1]      #原始陣列內容
34      size=9
35      print('原始陣列：',end='')
36      for i in range(1,size):
37          print('[%2d] ' %data[i],end='')
38      heap(data,size)  #建立堆積樹
39      print('排序結果：',end='')
40      for i in range(1,size):
41          print('[%2d] ' %data[i],end='')
42
43  main()
```

【執行結果】

```
原始陣列: [ 5] [ 6] [ 4] [ 8] [ 3] [ 2] [ 7] [ 1]
堆積內容: [ 8] [ 6] [ 7] [ 5] [ 3] [ 2] [ 4] [ 1]

處理過程: [ 7] [ 6] [ 4] [ 5] [ 3] [ 2] [ 1] [ 8]
處理過程: [ 6] [ 5] [ 4] [ 1] [ 3] [ 2] [ 7] [ 8]
處理過程: [ 5] [ 3] [ 4] [ 1] [ 2] [ 6] [ 7] [ 8]
處理過程: [ 4] [ 3] [ 2] [ 1] [ 5] [ 6] [ 7] [ 8]
處理過程: [ 3] [ 1] [ 2] [ 4] [ 5] [ 6] [ 7] [ 8]
處理過程: [ 2] [ 1] [ 3] [ 4] [ 5] [ 6] [ 7] [ 8]
處理過程: [ 1] [ 2] [ 3] [ 4] [ 5] [ 6] [ 7] [ 8]
排序結果: [ 1] [ 2] [ 3] [ 4] [ 5] [ 6] [ 7] [ 8]
```

ChatGPT 解決觀點

• 提問畫面

AI 參考程式名稱 CH08_09(CGPT).py

8-2-9 基數排序法

基數排序法和我們之前所討論到的排序法不太一樣,它並不需要進行元素間的比較動作,而是屬於一種分配模式排序方式。

　　基數排序法依比較的方向可分為最有效鍵優先（Most Significant Digit First:MSD）和最無效鍵優先（Least Significant Digit First:LSD）兩種。MSD 法是從最左邊的位數開始比較，而 LSD 則是從最右邊的位數開始比較。底下的範例我們以 LSD 將三位數的整數資料來加以排序，它是依個位數、十位數、百位數來進行排序。請直接看以下最無效鍵優先（LSD）例子的說明，便可清楚的知道它的動作原理：

原始資料：

59	95	7	34	60	168	171	259	372	45	88	133

步驟 1　把每個整數依其個位數字放到串列中：

個位數字	0	1	2	3	4	5	6	7	8	9
資料	60	171	372	133	34	95 45		7	168 88	59 259

合併後成為：

60	171	372	133	34	95	45	7	168	88	59	259

步驟 2　再依其十位數字，依序放到串列中：

十位數字	0	1	2	3	4	5	6	7	8	9
資料	7			133 34	45	59 259	60 168	171 372	88	95

合併後成為：

7	133	34	45	59	259	60	168	171	372	88	95

步驟 3 再依其百位數字，依序放到串列中：

百位數字	0	1	2	3	4	5	6	7	8	9
資料	7 34 45 59 60 88 95	133 168 171	259	372						

最後合併即完成排序：

7	34	45	59	60	88	95	133	168	171	259	372

※ 基數法分析

1. 在所有情況下，時間複雜度均為 O（nlogpk），k 是原始資料的最大值。

2. 基數排序法是穩定排序法。

3. 基數排序法會使用到很大的額外空間來存放串列資料，其空間複雜度為 O(n*p)，n 是原始資料的個數，p 是資料字元數；如上例中，資料的個數 n=12，字元數 p=3。

4. 若 n 很大，p 固定或很小，此排序法將很有效率。

範例 8.2.10

程式碼：CH08_10.py

```
01  # 基數排序法 由小到大排序
02  import random
03
04  def inputarr(data,size):
05      for i in range(size):
06          data[i]=random.randint(0,999)  #設定data值最大為3位數
07
08  def showdata(data,size):
09      for i in range(size):
```

```
10              print('%5d' %data[i],end='')
11      print()
12
13  def radix(data,size):
14      n=1  #n為基數，由個位數開始排序
15      while n<=100:
16          tmp=[[0]*100 for row in range(10)]  # 設定暫存陣列，[0~9位數][資料
    個數]，所有內容均為0
17          for i in range(size):  # 比對所有資料
18              m=(data[i]//n)%10# m為n位數的值，如 36取十位數 (36/10)%10=3
19              tmp[m][i]=data[i]# 把data[i]的值暫存於tmp 裡
20          k=0
21          for i in range(10):
22              for j in range(size):
23                  if tmp[i][j] !=0:      # 因一開始設定 tmp={0}，故不為0者即為
24                      data[k]=tmp[i][j] # data暫存在 tmp 裡的值，把tmp 裡的
    值放
25                      k+=1                # 回data[ ]裡
26          print('經過%3d位數排序後：' %n,end='')
27          showdata(data,size)
28          n=10*n
29
30  def main():
31      data=[0]*100
32      size=int(input('請輸入陣列大小(100以下)：'))
33      print('您輸入的原始資料是：')
34      inputarr (data,size)
35      showdata (data,size)
36      radix (data,size)
37
38  main()
```

【執行結果】

```
請輸入陣列大小(100以下)：10
您輸入的原始資料是：
   98    5  644  289  139  376   19   16  926  566
經過  1位數排序後：  644    5  376   16  926  566   98  289  139   19
經過 10位數排序後：    5   16   19  926  139  644  566  376  289   98
經過100位數排序後：    5   16   19   98  139  289  376  566  644  926
```

ChatGPT 解決觀點

提問畫面

A　請設計一Python程式，並使用基數排序法來排序。

以下是使用基數排序法（Radix Sort）來排序的Python程式碼：

```python
def radix_sort(nums):
    # 找到最大數字，確定需要遍歷的次數
    max_num = max(nums)
    # 計算最大數字的位數
    max_digit = len(str(max_num))

    # 進行每一位的排序
    for i in range(max_digit):
        # 建立10個空的桶子
        buckets = [[] for _ in range(10)]

        # 將數字放入對應的桶子中
        for num in nums:
            # 取得當前位數的數字
            digit = (num // (10 ** i)) % 10
            # 將數字放入對應的桶子中
            buckets[digit].append(num)

        # 從桶子中收集數字
```

AI 參考程式名稱　CH08_10(CGPT).py

課後評量

1. 請問排序的資料是以陣列資料結構來儲存，則下列的排序法中，何者的資料搬移量最大。(a) 氣泡排序法 (b) 選擇排序法 (C) 插入排序法

2. 請舉例說明合併排序法是否為一穩定排序？

3. 待排序鍵值如下，請使用氣泡排序法列出每回合的結果：

   26、5、37、1、61

4. 建立下列序列的堆積樹：8、4、2、1、5、6、16、10、9、11。

5. 待排序鍵值如下，請使用選擇排序法列出每回合的結果：

   8、7、2、4、6

6. 待排序鍵值如下，請使用選擇排序法列出每回合的結果：

   26、5、37、1、61

7. 待排序鍵值如下，請使用合併排序法列出每回合的結果：

   11、8、14、7、6、8+、23、4

8. 在排序過程中，資料移動的方式可分為那兩種方式？兩者間的優劣如何？

9. 排序如果依照執行時所使用的記憶體區分為兩種方式？

10. 何謂穩定的排序？請試著舉出三種穩定的排序？

11. (1) 何謂堆積（Heap）？

    (2) 為什麼有 n 個元素之堆積可完全存放在大小為 n 之陣列中？

    (3) 將下圖中之堆積表示為陣列。

    (4) 將 88 移去後，則該堆積變為如何？

    (5) 若將 100 插入 (3) 之堆積，則該堆積變為如何？

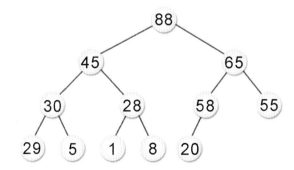

12. 請問最大堆積樹必須滿足那三個條件？

13. 請回答下列問題：

    (1) 何謂最大堆積（max heap）？

    (2) 請問下面三棵樹何者為堆積（設 a<b<c<...<y<z）

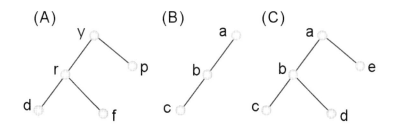

    (3) 利用堆積排序法（heap sort）把第 (2) 題中堆積內的資料排成由小到大的次序，請畫出堆積的每一次變化。

14. 請簡述基數排序法的主要特點。

15. 循序輸入以下資料：5,7,2,1,8,3,4。並完成以下工作：

    (1) 建立最大堆積樹。

    (2) 將樹根節點刪除後，再建立最大堆積樹。

    (3) 在插入 9 後的最大堆積樹為何？

16. 若輸入資料儲存於雙鍵串列（doubly linked list），則下列各種排序方法是否仍適用？説明理由為何？

    (1) 快速排序（quick sort）

    (2) 插入排序（insertion sort）

    (3) 選擇排序（selection sort）

    (4) 堆積排序（heap sort）

17. 如何改良快速排序（quick sort）的執行速度？

18. 下列敘述正確與否？請説明原因。

    (1) 不論輸入資料為何，插入排序（Insertion Sort）的元素比較總數較泡沫排序（Bubble Sort）的元素比較次數之總數為少。

    (2) 若輸入資料已排序完成，則再利用堆積排序（Heap Sort）只需 O(n) 時間即可排序完成。n 為元素個數。

19. 我們在討論一個排序法的複雜度（complexity），對於那些以比較（comparison）為主要排序手段的運算法而言決策樹是一個常用的方法。

(1) 何謂決策樹（decision tree）？

(2) 請以插入排序法（Insertion Sort）為例，將（a、b、c）三項元素（Element）排序，則其決策樹為何？請畫出。

(3) 就此決策樹而言，什麼能表示此一運算法的最壞表現（worst case behavior）。

(4) 就此決策樹而言，什麼能表示此一運算法的平均比較次數（Average number of comparisons）。

20. 位置利用二元搜尋法（binary search），在 L[1]≦L[2]≦…≦L[i-1] 中找出適當位置。

(1) 最壞情形下，此一修改的插入排序元素比較總數為何？（以 Big-Oh 符號表示）

(2) 最壞情形下，共需元素搬動總數為何？（以 Big-Oh 符號表示）

21. 討論下列排序法的平均狀況（average case）和最壞狀況（worst case）時的時間複雜度：

(1) 氣泡法（bubble sort）

(2) 快速法（quick sort）

(3) 堆積法（heap sort）

(4) 合併法（merge sort）

22. 試以下列資料 26,73,15,42,39,7,92,84 說明堆積排序（Heap Sort）的過程。

23. 請回答以下選擇題：

(1) 若以平均所花的時間考量，利用插入排序法（insertion sort）排序 n 筆資料的時間複雜度為：

(a) $O(n)$　(b) $O(\log_2 n)$　(c) $O(n\log_2 n)$　(d) $O(n^2)$

(2) 資料排序（Sorting）中常使用一種資料值的比較而得到排列好的資料結果。若現有 N 個資料，試問在各資料排序方法中，最快的平均比較次數為何？

(a) $\log_2 N$　(b) $N\log_2 N$　(c) N　(d) N^2

(3) 在一個堆積（heap）資料結構上搜尋最大值的時間複雜度為：

(a) O(n)　(b) O(log₂n)　(c) O(1)　(d) O(n²)

(4) 關於額外記憶體空間，那一種排序法需要最多？

(a) 選擇排序法（Selection sort）

(b) 氣泡排序法（Bubble sort）

(c) 插入排序法（Insertion sort）

(d) 快速排序法（Quick sort）

24. 請建立一個最小堆積（minimum heap）（必須寫出建立此堆積的每一個步驟）。

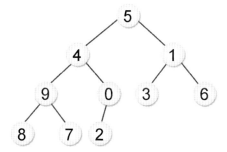

25. 請說明選擇排序為何不是一種穩定的排序法？

26. 數列（43,35,12,9,3,99）經由氣泡排序法（Bubble Sort）由小到大排序，在執行時前三次（Swap）的結果各為何？

Note

9
Chapter

搜尋演算法與
雜湊函數

在資料處理過程中，是否能在最短時間內搜尋到所需要的資料，是一個相當值得資訊從業人員關心的議題。所謂搜尋（Search）指的是從資料檔案中找出滿足某些條件的記錄之動作，用以搜尋的條件稱為「鍵值」（Key），就如同排序所用的鍵值一樣，我們平常在電話簿中找某人的電話，那麼這個人的姓名就成為在電話簿中搜尋電話資料的鍵值。例如大家常使用的 Google

我們每天都在搜尋許多標的物

搜尋引擎所設計的 Spider 程式會主動經由網站上的超連結爬行到另一個網站，並收集每個網站上的資訊，並收錄到資料庫中，這就必須仰賴不同的搜尋演算法來進行。

此外，通常判斷一個搜尋法的好壞主要由其比較次數及搜尋時間來決定，雜湊法又可稱為赫序法或散置法，任何透過雜湊搜尋的資料都不須要經過事先的排序，也就是說這種搜尋可以直接且快速的找到鍵值所放的地址。一般的搜尋技巧主要是透過各種不同的比較方式來搜尋所要的資料項目，反觀雜湊法則直接透過數學函數來取得對應的位址，因此可以快速找到所要的資料。

9-1　常見搜尋演算法

如果根據資料量的大小，我們可將搜尋分為：

1. **內部搜尋**：資料量較小的檔案可以一次全部載入記憶體以進行搜尋。

2. **外部搜尋**：資料龐大的檔案便無法全部容納於記憶體中，這種檔案通常均先加以組織化，再存於磁碟中，搜尋時也必須循著檔案的組織性來達成。

但如果從另一個角度來看，搜尋的技巧又可分為「靜態搜尋」及「動態搜尋」兩種。定義如下：

1. **靜態搜尋**：指的是搜尋過程中，搜尋的表格或檔案的內容不會受到更動。例如符號表的搜尋就是一種靜態搜尋。

2. **動態搜尋**：指的是搜尋過程中，搜尋的表格或檔案的內容可能會更動，例如在樹狀結構中 B-tree 搜尋就是屬於一種動態搜尋的技巧。

搜尋技巧中比較常見的方法有循序法、二元搜尋法、費勃那法、插補插入法、雜湊法、m 路搜尋樹、B- 樹法等。為了讓各位能確實掌握搜尋之技巧基本原理，以便應用於日後之各種領域，茲將幾個主流的搜尋方法分述於後。

在 Google 中搜尋資料就是一種動態搜尋

9-1-1 循序搜尋法

循序搜尋法又稱線性搜尋法，是一種最簡單的搜尋法。它的方法是將資料一筆一筆的循序逐次搜尋。所以不管資料順序為何，都是得從頭到尾走訪過一次。此法的優點是檔案在搜尋前不需要作任何的處理與排序，缺點為搜尋速度較慢。如果資料沒有重覆，找到資料就可中止搜尋的話，在最差狀況是未找到資料，需作 n 次比較，最好狀況則是一次就找到，只需 1 次比較。

我們就以一個例子來說明，假設已存在數列 74,53,61,28,99,46,88，如果要搜尋 28 需要比較 4 次；搜尋 74 僅需比較 1 次；搜尋 88 則需搜尋 7 次，這表示當搜尋的數列長度 n 很大時，利用循序搜尋是不太適合的，它是一種適用在小檔案的搜尋方法。在日常生活中，我們經常會使用到這種搜尋法，例如各位想在衣櫃中找衣服時，通常會從櫃子最上方的抽屜逐層尋找。

在衣櫃中逐層找尋衣服，也是一種循序搜尋法的應用。

循序法分析

1. 時間複雜度：如果資料沒有重覆，找到資料就可中止搜尋的話，在最差狀況是未找到資料，需作 n 次比較，時間複雜度為 O(n)。

2. 在平均狀況下，假設資料出現的機率相等，則需 (n+1)/2 次比較。

3. 當資料量很大時，不適合使用循序搜尋法。但如果預估所搜尋的資料在檔案
前端則可以減少搜尋的時間。

範例 9.1.1

程式碼：CH09_01.py

```
01    import random
02
03    val=0
04    data=[0]*80
05    for i in range(80):
06        data[i]=random.randint(1,150)
07    while val!=-1:
08        find=0
09        val=int(input('請輸入搜尋鍵值(1-150)，輸入-1離開：'))
10        for i in range(80):
11            if data[i]==val:
12                print('在第 %3d個位置找到鍵值 [%3d]' %(i+1,data[i]))
13                find+=1
14        if find==0 and val !=-1 :
15            print('######沒有找到 [%3d]######' %val)
16    print('資料內容：')
17    for i in range(10):
18        for j in range(8):
19            print('%2d[%3d]  ' %(i*8+j+1,data[i*8+j]),end='')
20        print('')
```

【執行結果】

```
請輸入搜尋鍵值(1-150)，輸入-1離開：76
在第    18個位置找到鍵值 [ 76]
請輸入搜尋鍵值(1-150)，輸入-1離開：78
######沒有找到 [ 78]######
請輸入搜尋鍵值(1-150)，輸入-1離開：79
在第     2個位置找到鍵值 [ 79]
在第    24個位置找到鍵值 [ 79]
在第    60個位置找到鍵值 [ 79]
請輸入搜尋鍵值(1-150)，輸入-1離開：-1
資料內容：
 1[121]   2[ 79]   3[ 71]   4[ 39]   5[ 60]   6[ 39]   7[ 14]   8[ 20]
 9[113]  10[147]  11[  2]  12[  1]  13[ 30]  14[ 57]  15[134]  16[ 89]
17[  6]  18[ 76]  19[ 98]  20[ 17]  21[125]  22[ 46]  23[ 68]  24[ 79]
25[129]  26[ 52]  27[ 31]  28[119]  29[ 17]  30[ 83]  31[ 73]  32[ 87]
33[ 21]  34[112]  35[ 29]  36[ 35]  37[ 82]  38[ 65]  39[  6]  40[  9]
41[ 81]  42[ 24]  43[134]  44[127]  45[102]  46[144]  47[125]  48[ 40]
49[ 91]  50[142]  51[110]  52[ 13]  53[141]  54[103]  55[ 83]  56[106]
57[ 45]  58[124]  59[141]  60[ 79]  61[ 96]  62[ 72]  63[  8]  64[ 12]
65[ 85]  66[130]  67[129]  68[ 70]  69[100]  70[ 18]  71[ 22]  72[ 46]
73[ 80]  74[ 32]  75[ 94]  76[ 52]  77[ 16]  78[ 35]  79[ 28]  80[ 38]
```

提問畫面

> A　請設計一Python程式，以亂數產生1-150間的80個整數同時先列印出來。讓使用者輸入想要找
> 的數字，並實作循序搜尋法的過程。

> 以下是使用Python程式碼來生成亂數、列印它們，讓使用者輸入欲找的數字，並實現循序
> 搜尋法的過程：

```python
import random

# 生成亂數
random_numbers = random.sample(range(1, 151), 80)

# 列印亂數
print("Random Numbers:", random_numbers)

# 循序搜尋法
def sequential_search(array, target):
    for i, num in enumerate(array):
        if num == target:
            return i  # 找到目標值，返回索引位置
    return -1  # 目標值不存在，返回-1

# 使用者輸入欲尋找的數字
target = int(input("請輸入您想要找的數字："))
```

AI 參考程式名稱　CH09_01(CGPT).py

9-1-2　二分搜尋法

如果要搜尋的資料已經事先排序好，則可使用二分搜尋法來進行搜尋。二分搜尋法是將資料分割成兩等份，再比較鍵值與中間值的大小，如果鍵值小於中間值，可確定要找的資料在前半段的元素，否則在後半部。如此分割數次直到找到或確定不存在為止。例如以下已排序數列 2、3、5、8、9、11、12、16、18 ，而所要搜尋值為 11 時：

首先跟第五個數值 9 比較：

數列內容　2　3　5　8　9　11　12　16　18

因為 11 ＞ 9，所以和後半部的中間值 12 比較：

數列內容　不處理　11　12　16　18

因為 11 ＜ 12，所以和前半部的中間值 11 比較：

數列內容　不處理　11　不處理

因為 11=11，表示搜尋完成，如果不相等則表示找不到。

▓ 二分搜尋法分析

1.　時間複雜度：因為每次的搜尋都會比上一次少一半的範圍，最多只需要比較 $\lceil \log_2 n \rceil +1$ 或 $\lceil \log_2 (n+1) \rceil$，時間複雜度為 O(log n)。

2.　二分法必須事先經過排序，且資料量必須能直接在記憶體中執行。

3.　此法適合用於不需增刪的靜態資料。

範例 9.1.2

</>　程式碼：CH09_02.py

```
01   import random
02
03   def bin_search(data,val):
04       low=0
05       high=49
06       while low <=high and val !=-1:
07           mid=int((low+high)/2)
08           if val<data[mid]:
09               print('%d 介於位置 %d[%3d]及中間值 %d[%3d]，找左半邊' \
10                       %(val,low+1,data[low],mid+1,data[mid]))
11               high=mid-1
12           elif val>data[mid]:
13               print('%d 介於中間值位置 %d[%3d] 及 %d[%3d]，找右半邊' \
14                       %(val,mid+1,data[mid],high+1,data[high]))
15               low=mid+1
16           else:
```

```
17                return mid
18        return -1
19
20   val=1
21   data=[0]*50
22   for i in range(50):
23        data[i]=val
24        val=val+random.randint(1,5)
25
26   while True:
27        num=0
28        val=int(input('請輸入搜尋鍵值(1-150)，輸入-1結束：'))
29        if val==-1:
30            break
31        num=bin_search(data,val)
32        if num==-1:
33            print('##### 沒有找到[%3d] #####' %val)
34        else:
35            print('在第 %2d個位置找到 [%3d]' %(num+1,data[num]))
36
37   print('資料內容：')
38   for i in range(5):
39        for j in range(10):
40            print('%3d-%-3d' %(i*10+j+1,data[i*10+j]), end='')
41        print()
```

【執行結果】

```
請輸入搜尋鍵值(1-150)，輸入-1結束：58
58 介於位置 1[  1]及中間值 25[ 78]，找左半邊
58 介於中間值位置 12[ 39] 及 24[ 76]，找右半邊
58 介於位置 13[ 41]及中間值 18[ 59]，找左半邊
58 介於中間值位置 15[ 49] 及 17[ 56]，找右半邊
58 介於中間值位置 16[ 53] 及 17[ 56]，找右半邊
58 介於中間值位置 17[ 56] 及 17[ 56]，找右半邊
##### 沒有找到[ 58] #####
請輸入搜尋鍵值(1-150)，輸入-1結束：69
69 介於位置 1[  1]及中間值 25[ 78]，找左半邊
69 介於中間值位置 12[ 39] 及 24[ 76]，找右半邊
69 介於中間值位置 18[ 59] 及 24[ 76]，找右半邊
69 介於中間值位置 21[ 65] 及 24[ 76]，找右半邊
69 介於位置 22[ 69]及中間值 23[ 73]，找左半邊
在第 22個位置找到 [ 69]
請輸入搜尋鍵值(1-150)，輸入-1結束：-1
資料內容：
  1-1    2-6    3-10   4-13   5-14   6-19   7-22   8-27   9-30  10-34
 11-35  12-39  13-41  14-46  15-49  16-53  17-56  18-59  19-60  20-63
 21-65  22-69  23-73  24-76  25-78  26-82  27-85  28-90  29-93  30-97
 31-99 32-101 33-102 34-107 35-111 36-115 37-116 38-117 39-120 40-122
41-123 42-124 43-126 44-128 45-131 46-136 47-141 48-145 49-147 50-150
```

ChatGPT 解決觀點

提問畫面

> **A** 請設計一Python程式,以亂數產生1~150間的80個整數,能讓使用者輸入想要的數字並實作二分搜尋法的過程與步驟

> 以下是一个Python程序,它使用随机数生成器生成80个介于1到150之间的整数,并实现了二分搜索算法的过程和步骤。用户可以输入他们想要查找的数字:

```python
import random

def generate_random_numbers():
    numbers = []
    for _ in range(80):
        number = random.randint(1, 150)
        numbers.append(number)
    return numbers

def binary_search(numbers, target):
    low = 0
    high = len(numbers) - 1

    while low <= high:
        mid = (low + high) // 2
        guess = numbers[mid]

        if guess == target:
            return mid
        elif guess < target:
            low = mid + 1
```

AI 參考程式名稱　CH09_02(CGPT).py

9-1-3　內插搜尋法

內插搜尋法(Interpolation Search)又叫做插補搜尋法,是二分搜尋法的改版。它是依照資料位置的分佈,利用公式預測資料的所在位置,再以二分法的方式漸漸逼近。使用內插法是假設資料平均分佈在陣列中,而每一筆資料的差距是相當接近或有一定的距離比例。其內插法的公式為:

$$\text{Mid} = \text{low} + \frac{\text{key} - \text{data[low]}}{\text{data[high]} - \text{data[low]}} * (\text{high} - \text{low})$$

其中 key 是要尋找的鍵，data[high]、data[low] 是剩餘待尋找記錄中的最大值及最小值，對資料筆數為 n，其插補搜尋法的步驟如下：

① 將記錄由小到大的順序給予 1,2,3...n 的編號。

② 令 low=1，high=n

③ 當 low<high 時，重複執行步驟④及步驟⑤

④ 令 $\text{Mid}=\text{low}+\dfrac{\text{key - data[low]}}{\text{data[high] - data[low]}}*(\text{high - low})$

⑤ 若 key<key_{Mid} 且 high≠Mid-1 則令 high=Mid-1

⑥ 若 key=key_{Mid} 表示成功搜尋到鍵值的位置

⑦ 若 key>key_{Mid} 且 low≠Mid+1 則令 low=Mid+1

▒ 內插法分析

1. 一般而言，內插搜尋法優於循序搜尋法，而如果資料的分佈愈平均，則搜尋速度愈快，甚至可能第一次就找到資料。此法的時間複雜度取決於資料分佈的情況而定，平均而言優於 O(log n)。

2. 使用內插搜尋法資料需先經過排序

範例 **9.1.3**

</> 程式碼：**CH09_03.py**

```
01   import random
02
03   def interpolation_search(data,val):
04       low=0
05       high=49
06       print('搜尋處理中......')
07       while low<=high and val !=-1:
08           mid=low+int((val-data[low])*(high-low)/(data[high]-data[low]))
             #內插法公式
09           if val==data[mid]:
10               return mid
11           elif val < data[mid]:
12               print('%d 介於位置 %d[%3d]及中間值 %d[%3d]，找左半邊' \
13                       %(val,low+1,data[low],mid+1,data[mid]))
14               high=mid-1
15           elif val > data[mid]:
```

```
16              print('%d 介於中間值位置 %d[%3d] 及 %d[%3d]，找右半邊' \
17                    % (val,mid+1,data[mid],high+1,data[high]))
18              low=mid+1
19      return -1
20
21  val=1
22  data=[0]*50
23  for i in range(50):
24      data[i]=val
25      val=val+random.randint(1,5)
26
27  while True:
28      num=0
29      val=int(input('請輸入搜尋鍵值(1-150)，輸入-1結束：'))
30      if val==-1:
31          break
32      num=interpolation_search(data,val)
33      if num==-1:
34          print('##### 沒有找到[%3d] #####' %val)
35      else:
36          print('在第 %2d個位置找到 [%3d]' %(num+1,data[num]))
37
38  print('資料內容：')
39  for i in range(5):
40      for j in range(10):
41          print('%3d-%-3d' %(i*10+j+1,data[i*10+j]),end='')
42      print()
```

【執行結果】

```
請輸入搜尋鍵值(1-150)，輸入-1結束：76
搜尋處理中......
76 介於位置 1[  1]及中間值 25[ 84]，找左半邊
在第 22個位置找到 [ 76]
請輸入搜尋鍵值(1-150)，輸入-1結束：87
搜尋處理中......
87 介於位置 1[  1]及中間值 29[ 94]，找左半邊
87 介於中間值位置 26[ 85] 及 28[ 92]，找右半邊
87 介於位置 27[ 88]及中間值 27[ 88]，找左半邊
##### 沒有找到[ 87] #####
請輸入搜尋鍵值(1-150)，輸入-1結束：-1
資料內容：
 1-1    2-6    3-11   4-12   5-17   6-18   7-20   8-21   9-25  10-28
11-33  12-36  13-41  14-44  15-49  16-53  17-56  18-61  19-64  20-66
21-71  22-76  23-80  24-83  25-84  26-85  27-88  28-92  29-94  30-99
31-101 32-102 33-105 34-107 35-111 36-114 37-118 38-119 39-121 40-125
41-127 42-129 43-132 44-137 45-138 46-141 47-142 48-145 49-147 50-151
```

ChatGPT 解決觀點

提問畫面

A　請設計一Python程式，以亂數產生1~150間的50個整數，能讓使用者輸入想要的數字並實作內
插搜尋法的過程與步驟。

以下是一个Python程序，它使用隨机数生成器生成50个介于1到150之间的整数，并实现了内
插搜索算法的过程和步骤。用户可以输入他们想要查找的数字：

python　　　　　　　　　　　　　　　　　　　　　　　　　　　　　　　　　　　🗐 Copy code

```python
import random

def generate_random_numbers():
    numbers = []
    for _ in range(50):
        number = random.randint(1, 150)
        numbers.append(number)
    return numbers

def interpolation_search(numbers, target):
    low = 0
    high = len(numbers) - 1

    while low <= high and target >= numbers[low] and target <= numbers[high]:
        if low == high:
            if numbers[low] == target:
                return low
            return -1
```

AI 參考程式名稱　CH09_03(CGPT).py

9-1-4　費氏搜尋法

費氏搜尋法（Fibonacci Search）又稱費伯那搜尋法，此法和二分法一樣都是
以切割範圍來進行搜尋，不同的是費氏搜尋法不以對半切割而是以費氏級數的方
式切割。

費氏級數 F(n) 的定義如下：

$$\begin{cases} F_0=0, \ F_1=1 \\ F_i=F_{i-1}+F_{i-2} \ , \ i \geqq 2 \end{cases}$$

費氏級數：0,1,1,2,3,5,8,13,21,34,55,89,...。也就是除了第 0 及第 1 個元素外，
每個值都是前兩個值的加總。

　　費氏搜尋法的好處是只用到加減運算而不需用到乘法及除法，這以電腦運算的過程來看效率會高於前兩種搜尋法。在尚未介紹費氏搜尋法之前，我們先來認識費氏搜尋樹。所謂費氏搜尋樹是以費氏級數的特性所建立的二元樹，其建立的原則如下：

1. 費氏樹的左右子樹均亦為費氏樹。
2. 當資料個數 n 決定，若想決定費氏樹的階層 k 值為何，我們必須找到一個最小的 k 值，使得費氏級數的 Fib(k+1)≧n+1。
3. 費氏樹的樹根定為一費氏數，且子節點與父節點的差值絕對值為費氏數。
4. 當 k ≥ 2 時，費氏樹的樹根為 FiB(k)，左子樹為 (k-1) 階費氏樹（其樹根為 Fib(k-1)），右子樹為 (k-2) 階費氏樹（其樹根為 FiB(k)+Fib(k-2)）。
5. 若 n+1 值不為費氏數的值，則可以找出存在一個 m 使用 Fib(k+1)-m=n+1，m=Fib(k+1)-(n+1)，再依費氏樹的建立原則完成費氏樹的建立，最後費氏樹的各節點再減去差值 m 即可，並把小於 1 的節點去掉即可。

　　費氏樹的建立程序概念圖，我們以下圖為您示範說明：

k 階費氏樹示意圖

　　也就是說當資料個數為 n，且我們找到一個最小的費氏數 Fib(k+1) 使得 Fib(k+1)≧n+1。則 FiB(k) 就是這棵費氏樹的樹根，而 Fib(k-2) 則是與左右子樹開始的差值，左子樹用減的；右子樹用加的。例如我們來實際求取 n=33 的費氏樹：

由於 n=33，且 n+1=34 為一費氏數，並我們知道費氏數列的三項特性：

Fib(0)=0

Fib(1)=1

FiB(k)=Fib(k-1)+Fib(k-2)

得知 Fib(0)=0、Fib(1)=1、Fib(2)=1、Fib(3)=2、Fib(4)=3、Fib(5)=5

Fib(6)=8、Fib(7)=13、Fib(8)=21、Fib(9)=34

由上式可得知 Fib(k+1)=34→k=8，建立二元樹的樹根為 Fib(8)=21

左子樹樹根為 Fib(8-1)=Fib(7)=13

右子樹樹根為 Fib(8) ＋ Fib(8-2)=21+8=29

依此原則我們可以建立如下的費氏樹：

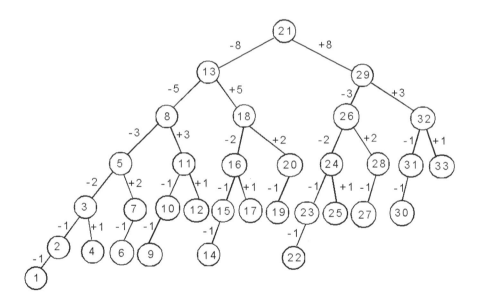

費氏搜尋法是以費氏樹來找尋資料，如果資料的個數為 n，而且 n 比某一費氏數小，且滿足如下的運算式：

Fib(k+1) ≧ n+1

此時 FiB(k) 就是這棵費氏樹的樹根，而 Fib(k-2) 則是與左右子樹開始的差值，若我們要尋找的鍵值為 key，首先比較陣列索引 FiB(k) 和鍵值 key，此時可以有下列三種比較情況：

① 當 key 值比較小，表示所找的鍵值 key 落在 1 到 FiB(k)-1 之間，故繼續尋找 1 到 FiB(k)-1 之間的資料。

② 如果鍵值與陣列索引 FiB(k) 的值相等，表示成功搜尋到所要的資料。

③ 當 key 值比較大，表示所找的鍵值 key 落在 FiB(k)+1 到 Fib(k+1)-1 之間，故繼續尋找 FiB(k)+1 到 Fib(k+1)-1 之間的資料。

※ 費氏搜尋法分析

1. 平均而言，費氏搜尋法的比較次數會少於二元搜尋法，但在最壞的情況下則二元搜尋法較快。其平均時間複雜度為 $O(\log_2 N)$。

2. 費氏搜尋演算法較為複雜，需額外產生費氏樹。

範例 9.1.4

程式碼：CH09_04.py

```
01   MAX=20
02
03   def fib(n):
04       if n==1 or n==0:
05           return n
06       else:
07           return fib(n-1)+fib(n-2)
08
09   def fib_search(data,SearchKey):
10       global MAX
11       index=2
12       #費氏數列的搜尋
13       while fib(index)<=MAX :
14           index+=1
15       index-=1
16       # index >=2
17       #起始的費氏數
18       RootNode=fib(index)
19       #上一個費氏數
20       diff1=fib(index-1)
```

```python
21          #上二個費氏數即diff2=fib(index-2)
22          diff2=RootNode-diff1
23          RootNode-=1  #這列運算式是配合陣列的索引是從0開始儲存資料
24          while True:
25              if SearchKey==data[RootNode]:
26                  return RootNode
27              else:
28                  if index==2:
29                      return MAX  #沒有找到
30                  if SearchKey<data[RootNode]:
31                      RootNode=RootNode-diff2#左子樹的新費氏數
32                      temp=diff1
33                      diff1=diff2#上一個費氏數
34                      diff2=temp-diff2#上二個費氏數
35                      index=index-1
36                  else:
37                      if index==3:
38                          return MAX
39                      RootNode=RootNode+diff2#右子樹的新費氏數
40                      diff1=diff1-diff2#上一個費氏數
41                      diff2=diff2-diff1#上二個費氏數
42                      index=index-2
43
44
45  data=[5,7,12,23,25,37,48,54,68,77, \
46      91,99,102,110,118,120,130,135,136,150]
47  i=0
48  j=0
49  while True:
50      val=int(input('請輸入搜尋鍵值(1-150)，輸入-1結束：'))
51      if val==-1:  #輸入值為-1就跳離迴圈
52          break
53      RootNode=fib_search(data,val)#利用費氏搜尋法找尋資料
54      if RootNode==MAX:
55          print('##### 沒有找到[%3d] #####' %val)
56      else:
57          print('在第 %2d個位置找到 [%3d]' %(RootNode+1,data[RootNode]))
58
59  print('資料內容：')
60  for i in range(2):
61      for j in range(10):
62          print('%3d-%-3d' %(i*10+j+1,data[i*10+j]),end='')
63      print()
```

【執行結果】

```
請輸入搜尋鍵值(1-150)，輸入-1結束：56
##### 沒有找到[ 56] #####
請輸入搜尋鍵值(1-150)，輸入-1結束：68
在第　9個位置找到 [ 68]
請輸入搜尋鍵值(1-150)，輸入-1結束：-1
資料內容：
 1-5    2-7    3-12   4-23   5-25   6-37   7-48   8-54   9-68   10-77
 11-91  12-99  13-102 14-110 15-118 16-120 17-130 18-135 19-136 20-150
```

ChatGPT 解決觀點

└ 提問畫面

以下是能讓使用者輸入想要搜尋的數字，並實作費氏搜尋法的Python程式，搜尋的陣列內容為 `data=`
`[5,7,12,23,25,37,48,54,68,77,91,99,102,110,118,120,130,135,136,150]`：

```python
# 定義費氏搜尋法函式
def fibonacci_search(arr, x):
    n = len(arr)
    # 初始化費氏數列及索引
    fib_n_2 = 0
    fib_n_1 = 1
    fib_n = fib_n_1 + fib_n_2

    # 找到大於等於n的最小費氏數列數字
    while fib_n < n:
        fib_n_2 = fib_n_1
        fib_n_1 = fib_n
        fib_n = fib_n_1 + fib_n_2

    # 設定搜尋範圍
    offset = -1
    while fib_n > 1:
        i = min(offset + fib_n_2, n - 1)
        if arr[i] < x:
            fib_n = fib_n_1
            fib_n_1 = fib_n_2
            fib_n_2 = fib_n - fib_n_1
            offset = i
        elif arr[i] > x:
            fib_n = fib_n_2
```

AI 參考程式名稱　CH09_04(CGPT).py

9-2 雜湊搜尋法

　　雜湊法（或稱赫序法或散置法）這個主題通常被放在和搜尋法一起討論，主要原因是雜湊法不僅被用於資料的搜尋外，在資料結構的領域中，您還能將它應用在資料的建立、插入、刪除與更新。

　　例如符號表在電腦上的應用領域很廣泛，包含組譯程式、編譯程式、資料庫使用的資料字典等，都是利用提供的名稱來找到對應的屬性。符號表依其特性可分為二類：靜態表（Static Table）和「動態表」（Dynamic Table）。而「雜湊表」（Hash Table）則是屬於靜態表格中的一種，我們將相關的資料和鍵值儲存在一個固定大小的表格中。

9-2-1 雜湊法簡介

　　基本上，所謂雜湊法（Hashing）就是將本身的鍵值，經由特定的數學函數運算或使用其他的方法，轉換成相對應的資料儲存位址。而雜湊所使用的數學函數就稱為「雜湊函數」（Hashing function）。現在我們先來介紹有關雜湊函數的相關名詞：

- **bucket（桶）**：雜湊表中儲存資料的位置，每一個位置對應到唯一的一個位址（bucket address），桶就好比一筆記錄。

- **slot（槽）**：每一筆記錄中可能包含好幾個欄位，而 slot 指的就是「桶」中的欄位。

- **collision（碰撞）**：若兩筆不同的資料，經過雜湊函數運算後，對應到相同的位址時，稱為碰撞。

- **溢位**：如果資料經過雜湊函數運算後，所對應到的 bucket 已滿，則會使 bucket 發生溢位。

- **雜湊表**：儲存記錄的連續記憶體。雜湊表是一種類似資料表的索引表格，其中可分為 n 個 bucket，每個 bucket 又可分為 m 個 slot，如下圖所示：

	索引	姓名	電話
bucket →	0001	Allen	07-772-1234
	0002	Jacky	07-772-5525
	0003	May	07-772-6604

↑ slot　　　　　↑ slot

- 同義字（Synonym）：當兩個識別字 I_1 及 I_2，經雜湊函數運算後所得的數值相同，即 $f(I_1)=f(I_2)$，則稱 I_1 與 I_2 對於 f 這個雜湊函數是同義字。

- 載入密度（Loading Factor）：所謂載入密度是指識別字的使用數目除以雜湊表內槽的總數：

$$\alpha(載入密度) = \frac{n(識別字的使用數目)}{s(每一個桶內的槽數) \cdot b(桶的數目)} = \frac{n}{s \cdot b}$$

如果 α 值愈大則表示雜湊空間的使用率越高，碰撞或溢位的機率會越高。

- 完美雜湊（perfect hashing）：指沒有碰撞又沒有溢位的雜湊函數。

在此建議各位，通常在設計雜湊函數應該遵循底下幾個原則：

1. 降低碰撞及溢位的產生。
2. 雜湊函數不宜過於複雜，越容易計算越佳。
3. 儘量把文字的鍵值轉換成數字的鍵值，以利雜湊函數的運算。
4. 所設計的雜湊函數計算而得的值，儘量能均勻地分佈在每一桶中，不要太過於集中在某些桶內，這樣就可以降低碰撞，並減少溢位的處理。

9-3 常見的雜湊函數

常見的雜湊法有除法、中間平方法、折疊法及數位分析法。為您分別介紹相關的原理與執行方式，說明如下。

9-3-1 除法

最簡單的雜湊函數是將資料除以某一個常數後，取餘數來當索引。例如在一個有 13 個位置的陣列中，只使用到 7 個位址，值分別是 12,65,70,99,33,67,48。那我們就可以把陣列內的值除以 13，並以其餘數來當索引，我們可以用下例這個式子來表示：

h(key)=key mod B

在這個例子中，我們所使用的 B=13。一般而言，會建議各位在選擇 B 時，B最好是質數。而上例所建立出來的雜湊表為：

索引	資料
0	65
1	
2	67
3	
4	
5	70
6	
7	33
8	99
9	48
10	
11	
12	12

以下我們將用除法作為雜湊函數，將下列數字儲存在 11 個空間：323,458,25,340,28,969,77，請問其雜湊表外觀為何？

令雜湊函數為 h(key)=key mod B，其中 B=11 為一質數，這個函數的計算結果介於 0~10 之間（包括 0 及 10 二數），則 h(323)=4、h(458)=7、h(25)=3、h(340)=10、h(28)=6、h(969)=1、h(77)=0。

索引	資料
0	77
1	969
2	
3	25
4	323
5	
6	28
7	458
8	
9	
10	340

9-3-2　中間平方法

中間平方法和除法相當類似，它是把資料乘以自己，之後再取中間的某段數字做索引。在下例中我們用中間平方法，並將它放在 100 位址空間，其操作步驟如下：

將 12,65,70,99,33,67,51 平方後如下：

144,4225,4900,9801,1089,4489,2601

我們取佰位數及十位數作為鍵值，分別為

14、22、90、80、08、48、60

上述這 7 個數字的數列就是對應原先 12,65,70,99,33,67,51 等 7 個數字存放在 100 個位址空間的索引鍵值，即

f(14)=12

f(22)=65

f(90)=70

f(80)=99

f(8) =33

f(48)=67

f(60)=51

　　若實際空間介於 0~9（即 10 個空間），但取佰位數及十位數的值介於 0 ～ 99（共有 100 個空間），所以我們必須將中間平方法第一次所求得的鍵值，再行壓縮 1/10 才可以將 100 個可能產生的值對應到 10 個空間，即將每一個鍵值除以 10 取整數（下例我們以 DIV 運算子作為取整數的除法），我們可以得到下列的對應關係：

f(14 DIV 10)=12	f(1)=12
f(22 DIV 10)=65	f(2)=65
f(90 DIV 10)=70	f(9)=70
f(80 DIV 10)=99 ⟶	f(8)=99
f(8 DIV 10)=33	f(0)=33
f(48 DIV 10)=67	f(4)=67
f(60 DIV 10)=51	f(6)=51

9-3-3　折疊法

　　折疊法是將資料轉換成一串數字後，先將這串數字先拆成數個部份，最後再把它們加起來，就可以計算出這個鍵值的 Bucket Address。例如有一資料，轉換成數字後為 2365479125443，若以每 4 個字為一個部份則可拆為：2365,4791,2544,3。將四組數字加起來後即為索引值：

```
    2365
    4791
    2544
+      3
─────────
    9703  → bucket address
```

　　在折疊法中有兩種作法，如上例直接將每一部份相加所得的值作為其 bucket address，這種作法我們稱為「移動折疊法」。但雜湊法的設計原則之一就是降低碰撞，如果您希望降低碰撞的機會，我們可以將上述每一份部的數字中的奇數位段或偶數位段反轉，再行相加來取得其 bucket address，這種改良式的作法我們稱為「邊界折疊法（folding at the boundaries）」。

請看下例的說明：

狀況一：將偶數位段反轉

　　2365（第 1 位段屬於奇數位段故不反轉）

　　1974（第 2 位段屬於偶數位段要反轉）

　　2544（第 3 位段屬於奇數位段故不反轉）

+　　　3（第 4 位段屬於偶數位段要反轉）

　　6886 → bucket address

狀況二：將奇數位段反轉

　　5632（第 1 位段屬於奇數位段要反轉）

　　4791（第 2 位段屬於偶數位段故不反轉）

　　4452（第 3 位段屬於奇數位段要反轉）

+　　　3（第 4 位段屬於偶數位段故不反轉）

　14878 → bucket address

9-3-4　數位分析法

　　數位分析法適用於資料不會更改，且為數字型態的靜態表。在決定雜湊函數時先逐一檢查資料的相對位置及分佈情形，將重複性高的部份刪除。例如下面這個電話表，它是相當有規則性的，除了區碼全部是 07 外，在中間三個數字的變化也不大，假設位址空間大小 m=999，我們必須從下列數字擷取適當的數字，即數字比較不集中，分佈範圍較為平均（或稱亂度高），最後決定取最後那四個數字的末三碼。故最後可得雜湊表為：

電話
07-772-2234
07-772-4525
07-774-2604
07-772-4651
07-774-2285
07-772-2101
07-774-2699
07-772-2694

索引	電話
234	07-772-2234
525	07-772-4525
604	07-774-2604
651	07-772-4651
285	07-774-2285
101	07-772-2101
699	07-774-2699
694	07-772-2694

　　相信看完上面幾種雜湊函數之後,各位可以發現雜湊函數並沒有一定規則可尋,可能是其中的某一種方法,也可能同時使用好幾種方法,所以雜湊時常被用來處理資料的加密及壓縮。但是雜湊法常會遇到「碰撞」及「溢位」的情況。我們接下來要了解如果遇到上述兩種情形時,該如何解決。

9-4 碰撞與溢位問題的處理

　　沒有一種雜湊函數能夠確保資料經過處理後所得到的索引值都是唯一的,當索引值重複時就會產生碰撞的問題,而碰撞的情形在資料量大的時候特別容易發生。因此,如何在碰撞後處理溢位的問題就顯得相當的重要。常見的溢位處理方法如下:

9-4-1 線性探測法

　　線性探測法是當發生碰撞情形時,若該索引已有資料,則以線性的方式往後找尋空的儲存位置,一找到位置就把資料放進去。線性探測法通常把雜湊的位置視為環狀結構,如此一來若後面的位置已被填滿而前面還有位置時,可以將資料放到前面。

　　Python 的線性探測演算法

```
def create_table(num,index):    #建立雜湊表副程式
    tmp=num%INDEXBOX        #雜湊函數=資料%INDEXBOX
    while True:
        if index[tmp]==-1: #如果資料對應的位置是空的
            index[tmp]=num       #則直接存入資料
            break
        else:
            tmp=(tmp+1)%INDEXBOX      #否則往後找位置存放
```

範例 9.4.1

程式碼:CH09_05.py

```
01   import random
02
03   INDEXBOX=10      #雜湊表最大元素
04   MAXNUM=7         #最大資料個數
```

```
05
06  def print_data(data,max_number):   #列印陣列副程式
07      print('\t',end='')
08      for i in range(max_number):
09          print('[%2d] ' %data[i],end='')
10      print()
11
12  def create_table(num,index):   #建立雜湊表副程式
13      tmp=num%INDEXBOX         #雜湊函數=資料%INDEXBOX
14      while True:
15          if index[tmp]==-1:  #如果資料對應的位置是空的
16              index[tmp]=num          #則直接存入資料
17              break
18          else:
19              tmp=(tmp+1)%INDEXBOX        #否則往後找位置存放
20
21  #主程式
22  index=[None]*INDEXBOX
23  data=[None]*MAXNUM
24
25  print('原始陣列值：')
26  for i in range(MAXNUM):   #起始資料值
27      data[i]=random.randint(1,20)
28  for i in range(INDEXBOX): #清除雜湊表
29      index[i]=-1
30  print_data(data,MAXNUM)    #列印起始資料
31
32  print('雜湊表內容：')
33  for i in range(MAXNUM):   #建立雜湊表
34      create_table(data[i],index)
35      print('  %2d=>' %data[i],end='')    #列印單一元素的雜湊表位置
36      print_data(index,INDEXBOX)
37
38  print('完成雜湊表：')
39  print_data(index,INDEXBOX)    #列印最後完成結果
```

【執行結果】

```
原始陣列值：
        [19] [ 9] [ 1] [ 7] [ 8] [11] [ 5]
雜湊表內容：
  19 => [-1] [-1] [-1] [-1] [-1] [-1] [-1] [-1] [-1] [19]
   9 => [ 9] [-1] [-1] [-1] [-1] [-1] [-1] [-1] [-1] [19]
   1 => [ 9] [ 1] [-1] [-1] [-1] [-1] [-1] [-1] [-1] [19]
   7 => [ 9] [ 1] [-1] [-1] [-1] [-1] [-1] [ 7] [-1] [19]
   8 => [ 9] [ 1] [-1] [-1] [-1] [-1] [-1] [ 7] [ 8] [19]
  11 => [ 9] [ 1] [11] [-1] [-1] [-1] [-1] [ 7] [ 8] [19]
   5 => [ 9] [ 1] [11] [-1] [-1] [ 5] [-1] [ 7] [ 8] [19]
完成雜湊表：
        [ 9] [ 1] [11] [-1] [-1] [ 5] [-1] [ 7] [ 8] [19]
```

ChatGPT 解決觀點

提問畫面

AI 參考程式名稱 CH09_05(CGPT).py

9-4-2　平方探測法

　　線性探測法有一個缺失，就是相當類似的鍵值經常會聚集在一起，因此可以考慮以平方探測法來加以改善。在平方探測中，當溢位發生時，下一次搜尋的位址是 $(f(x)+i^2) \bmod B$ 與 $(f(x)-i^2) \bmod B$，即讓資料值加或減 i 的平方，例如資料值 key，雜湊函數 f：

第一次尋找：f(key)

第二次尋找：$(f(key)+1^2)\%B$

第三次尋找：$(f(key)-1^2)\%B$

第四次尋找：$(f(key)+2^2)\%B$

第五次尋找：$(f(key)-2^2)\%B$

．

．

．

第 n 次尋找：$(f(key)\pm((B-1)/2)2)\%B$，其中，B 必須為 4j+3 型的質數，且 $1\leqq i\leqq(B-1)/2$。

9-4-3　再雜湊法

再雜湊就是一開始就先設置一系列的雜湊函數，如果使用第一種雜湊函數出現溢位時就改用第二種，如果第二種也出現溢位則改用第三種，一直到沒有發生溢位為止。例如 h1 為 key%11，h2 為 key*key，h3 為 key*key%11，h4......。

9-4-4　鏈結串列法

將雜湊表的所有空間建立 n 個串列，最初的預設值只有 n 個串列首。如果發生溢位就把相同位址之鍵值鏈結在串列首的後面，形成一個鍵結串列，直到所有的可用空間全部用完為止。如下圖：

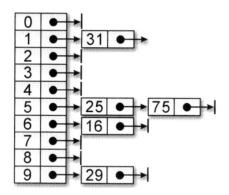

Python 的再雜湊（利用鏈結串列）演算法

```
def create_table(val):        #建立雜湊表副程式
    global indextable
    newnode=Node(val)
    myhash=val%7               #雜湊函數除以7取餘數

    current=indextable[myhash]
```

```
        if current.next==None:
            indextable[myhash].next=newnode
        else:
            while current.next!=None:
                current=current.next
        current.next=newnode #將節點加在串列
```

範例 9.4.2

程式碼：CH09_06.py

```
01   import random
02
03   INDEXBOX=7          #雜湊表元素個數
04   MAXNUM=13          #資料個數
05
06   class Node:    #宣告串列結構
07      def __init__(self,val):
08          self.val=val
09          self.next=None
10
11   global indextable
12
13   indextable=[Node]*INDEXBOX #宣告動態陣列
14
15   def create_table(val):         #建立雜湊表副程式
16      global indextable
17      newnode=Node(val)
18      myhash=val%7                    #雜湊函數除以7取餘數
19
20      current=indextable[myhash]
21
22      if current.next==None:
23          indextable[myhash].next=newnode
24      else:
25          while current.next!=None:
26              current=current.next
27      current.next=newnode #將節點加在串列
28
29   def print_data(val):          #列印雜湊表副程式
30      global indextable
31      pos=0
32      head=indextable[val].next    #起始指標
33      print('   %2d:\t' %val,end='')     #索引位址
34      while head!=None:
35          print('[%2d]-' %head.val,end='')
```

```
36              pos+=1
37              if pos % 8==7:
38                  print('\t')
39              head=head.next
40          print()
41
42
43  #主程式
44
45  data=[0]*MAXNUM
46  index=[0]*INDEXBOX
47
48
49  for i in range(INDEXBOX):    #清除雜湊表
50      indextable[i]=Node(-1)
51
52  print('原始資料：')
53  for i in range(MAXNUM):
54      data[i]=random.randint(1,30)      #亂數建立原始資料
55      print('[%2d] ' %data[i],end='')  #並列印出來
56      if i%8==7:
57          print('\n')
58
59  print('\n雜湊表：')
60  for i in range(MAXNUM):
61      create_table(data[i])    #建立雜湊表
62
63  for i in range(INDEXBOX):
64      print_data(i)                #列印雜湊表
65  print()
```

【執行結果】

```
原始資料：
[30] [28] [ 3] [18] [ 2] [ 4] [10] [10]

[12] [ 7] [27] [23] [ 4]
雜湊表：
    0:  [28]-[ 7]-
    1:
    2:  [30]-[ 2]-[23]-
    3:  [ 3]-[10]-[10]-
    4:  [18]-[ 4]-[ 4]-
    5:  [12]-
    6:  [27]-
```

ChatGPT 解決觀點

提問畫面

> A　請設計一Python程式，建立15個隨機整數的陣列並先列出。利用鏈結串列來進行再雜湊的實作。最後將雜湊表內容列出

> 以下是根據您的需求設計的Python程式，建立一個包含15個隨機整數的陣列並使用鏈結串列進行再雜湊的實作，最後列出雜湊表的內容。

```python
import random

# 定義雜湊表大小
hash_table_size = 20

# 建立節點類別
class Node:
    def __init__(self, data):
        self.data = data
        self.next = None

# 建立一個空的雜湊表
hash_table = [None] * hash_table_size

# 再雜湊函數
def rehash_function(key, attempt):
    return (key + attempt) % hash_table_size

# 生成15個隨機整數
random_integers = [random.randint(1, 100) for _ in range(15)]
```

AI 參考程式名稱　CH09_06(CGPT).py

範例 9.4.3

程式碼：CH09_07.py

```
01   import random
02
03   INDEXBOX=7          #雜湊表元素個數
04   MAXNUM=13           #資料個數
05
06   class Node:    #宣告串列結構
07       def __init__(self,val):
08           self.val=val
09           self.next=None
10
11   global indextable
12
13   indextable=[Node]*INDEXBOX #宣告動態陣列
```

```
14
15  def create_table(val):        #建立雜湊表副程式
16      global indextable
17      newnode=Node(val)
18      myhash=val%7                    #雜湊函數除以7取餘數
19
20      current=indextable[myhash]
21
22      if current.next==None:
23          indextable[myhash].next=newnode
24      else:
25          while current.next!=None:
26              current=current.next
27      current.next=newnode  #將節點加在串列
28
29  def print_data(val):          #列印雜湊表副程式
30      global indextable
31      pos=0
32      head=indextable[val].next   #起始指標
33      print('   %2d：\t' %val,end='')     #索引位址
34      while head!=None:
35          print('[%2d]-' %head.val,end='')
36          pos+=1
37          if pos % 8==7:
38              print('\t')
39          head=head.next
40      print()
41
42
43  #主程式
44
45  data=[0]*MAXNUM
46  index=[0]*INDEXBOX
47
48
49  for i in range(INDEXBOX):   #清除雜湊表
50      indextable[i]=Node(-1)
51
52  print('原始資料：')
53  for i in range(MAXNUM):
54      data[i]=random.randint(1,30)    #亂數建立原始資料
55      print('[%2d] ' %data[i],end='')  #並列印出來
56      if i%8==7:
57          print('\n')
58
59  print('\n雜湊表：')
60  for i in range(MAXNUM):
61      create_table(data[i])    #建立雜湊表
62
63  for i in range(INDEXBOX):
64      print_data(i)                #列印雜湊表
65  print()
```

【執行結果】

```
原始資料：
[12] [26] [17] [10] [18] [23] [13] [28]
[26] [19] [ 1] [ 6] [ 9]
請輸入搜尋資料(1-30)，結束請輸入-1：15
#####沒有找到 15 #####
請輸入搜尋資料(1-30)，結束請輸入-1：21
#####沒有找到 21 #####
請輸入搜尋資料(1-30)，結束請輸入-1：-1

雜湊表：
    0：  [28]-
    1：  [ 1]-
    2：  [23]-[ 9]-
    3：  [17]-[10]-
    4：  [18]-
    5：  [12]-[26]-[26]-[19]-
    6：  [13]-[ 6]-
```

ChatGPT 解決觀點

提問畫面

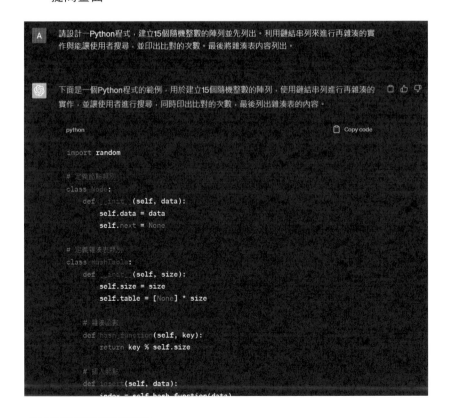

A　請設計一Python程式，建立15個隨機整數的陣列並先列出。利用鏈結串列來進行再雜湊的實作與能讓使用者搜尋，並印出比對的次數。最後將雜湊表內容列出。

下面是一個Python程式的範例，用於建立15個隨機整數的陣列，使用鏈結串列進行再雜湊的實作，並讓使用者進行搜尋，同時印出比對的次數，最後列出雜湊表的內容。

```python
import random

# 定義節點類別
class Node:
    def __init__(self, data):
        self.data = data
        self.next = None

# 定義雜湊表類別
class HashTable:
    def __init__(self, size):
        self.size = size
        self.table = [None] * size

    # 雜湊函數
    def hash_function(self, key):
        return key % self.size

    # 插入節點
    def insert(self, data):
        index = self.hash_function(data)
```

AI 參考程式名稱　CH09_07(CGPT).py

課後評量

1. 若有 n 筆資料已排序完成，請問用二元搜尋法找尋其中某一筆資料，其搜尋時間約為

   (a)$O(\log^2 n)$　(b)$O(n)$　(C)$O(n^2)$　(D)$O(\log_2 n)$

2. 請問使用二元搜尋法（Binary Search）的前提條件是什麼？

3. 有關二元搜尋法，下列敘述何者正確 (a) 檔案必須事先排序 (b) 當排序資料非常小時，其時間會比循序搜尋法慢 (c) 排序的複雜度比循序搜尋法高 (d) 以上皆正確

4. 下圖為二元搜尋樹（Binary Search Tree），試繪出當加入（Insert）鍵值（Key）為 "42" 後之圖形，注意，加入後之圖形仍需保持高度為 3 之二元搜尋樹。

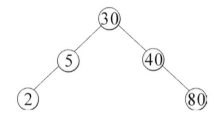

5. 用二元搜尋樹去表示 n 個元素時，最小高度及最大高度的二元搜尋樹（Height of Binary Search Tree）其值分別為何？

6. 費氏搜尋法搜尋的過程中算術運算比二元搜尋法簡單，請問上述說明是否正確？

7. 假設 A[i]=2i，$1 \leq i \leq n$。若欲搜尋鍵值為 2k-1，請以插補搜尋法進行搜尋，試求須比較幾次才能確定此為一失敗搜尋？

8. 用雜湊法將下列 7 個數字存在 0、1...6 的 7 個位置：101、186、16、315、202、572、463。若欲存入 1000 開始的 11 個位置，又應該如何存放？

9. 何謂雜湊函數？試以除法及摺疊法（Folding Method），並以 7 位電話號碼當資料說明。

10. 試述 Hashing 與一般 Search 技巧有何不同？

11. 何謂完美雜湊？在何種情況下可使用之？

12. 設有個 n 筆資料錄（Data Record）我們要在這個資料錄中找到一個特定鍵值（Key Value）的資料錄。

    (1) 若用循序搜尋（Sequential Search），則平均搜尋長度（Search Length）為多少？

    (2) 若用二分搜尋（Binary Search）則平均搜尋長度為多少？

    (3) 在什麼情況下才能使用二分搜尋法去找出一特定資料錄？

    (4) 若找不到要尋找的資料錄，則在二分搜尋法中會做多少次比較（Comparison）？

13. 採用何種雜湊函數可以使用下列的整數集合：{74,53,66,12,90,31,18,77,85,29} 存入陣列空間為 10 的 Hash Table 不會發生碰撞？

14. 解決 Hashing Collision 有一種叫 Quadratic 的方法，即證明 Collision Function 為 h(k)，其中 k 為 key，當 Hashing Collision 發生時 $h(k) \pm i^2$，$1 \leq i \leq \dfrac{M-1}{2}$，M 為表列之大小，這樣的方法能涵蓋表列的每一個位置。證 Hashing Collision 將產生 0~(M-1) 間之所有正整數。

15. 當雜湊函數 f(x)=5x+4，請分別計算下列 7 筆鍵值所對應的雜湊值。

    87、65、54、76、21、39、103

16. 請解釋下列雜湊函數的相關名詞。

    • bucket（桶）
    • 同義字
    • 完美雜湊
    • 碰撞

17. 有一個二元搜尋樹（Binary Search Tree）T

    (1) 該 key 平均分配在 [1,100] 之間，找出該搜尋樹平均要比較幾次。

    (2) 假設 k=1 時，其機率為 0.5，k=4 時其機率為 0.3，k=9 時其機率為 0.103，其餘 97 個數，機率為 0.001。

(3) 假設各 key 之機率如 (2)，是否能將此搜尋樹重新安排？

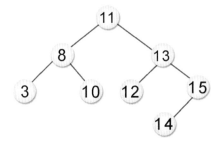

(4) 以得到之最小平均比較次數，繪出重新調整後的搜尋樹。

18. 試寫出下列一組資料（1,2,3,6,9,11,17,28,29,30,41,47,53,55,67,78）以插補法找到 9 的過程。

A

資料結構專有
名詞索引

A 字部

❑ **Abstract data type**（抽象資料型態）

　　如檔案中記錄（Record）、一般堆疊（Stack）或佇列（Queue），是一種事實上沒有程式實體的資料型態。

❑ **abstract syntax**（抽象語法）

　　例如在資料結構的演繹法中 SPARKS 語言、流程圖或語法圖。這些描述工具都不僅限於單一平台或程式，我們就稱這些描述性工具為一種 abstract syntax。

❑ **Activation record**（活動記錄表）

　　程式語言中，用來表示一子區間環境資料結構的各種相關資訊；以下是 PASCAL 的活動記錄表：

❑ **Actual parameter**（實際參數）

　　程式語言中，呼叫副程式的參數為實際參數。

❑ **Ada**（程式語言）

　　是一種大量應用在國防需要的程式語言，Ada 本身具備多種程式組合的程式庫，而且可以像其他語言一般，可以利用副程式傳遞參數。另外呼叫副程式以實質參數取代形式參數，是在執行期進行的，傳入的值或傳出的變數可以參數化，但型態無法參數化，為克服此限制，Ada 提供了一個完全分開的參數化功能，叫通用性程式單元（Generic program units）。簡單的說，通用程式單元可以以「資料的型態」或副程式來展開一段程式的本文。

❑ Adaptive Maintenance（調整性維護）

是指為了適應外在大環境改變而增加或修定原系統中部份功能的維護工作。它主要是由於硬體技術改良、輸入或輸出設備變動，而調整系統以減少反應時間，或是引進資料庫系統或者修正程式使其具相同資料結構。這類的工作佔了整個軟體維護的 25%。

❑ adjacency matrix（相鄰矩陣）

【定義】

1. 將 n 個頂點的圖形以一個 n*n 二維矩陣來表示，其中如果 A(i,j)=1，則表示 graph 中有一條 edge(V_i,V_j) 存在。反之，A(i,j)=0 則沒有一條 edge(V_i,V_j) 存在。

2. 無向圖形中，相鄰矩陣一定是對稱，且對角線為 0，不過有向圖形就不一定了。

3. 用相鄰矩陣表示圖形共需 n^2 個空間，如是無向圖形，因為對稱，我們只需儲存矩陣上的上三角或下三角形即可，只需 n*(n-1)/2（因為對角線為 0）。

4. 在無向圖形中，任一節點 i 的分支度為 $\sum_{j=1}^{n} A(i,j)$，就是第 i 列所有元素的和。在有向圖中，節點 i 的出分支度為 $\sum_{j=1}^{n} A(i,j)$，就是第 i 列所有元素的和，而入分支度為 $\sum_{i=1}^{n} A(i,j)$，就是第 j 行所有元素的和。

❑ Adjacent list（相鄰串列）

【定義】

1. 將圖形的 n 個頂點形成 n 個串列首，每個串列中的節點表示他們和首節點之間有 edge 相連。每個節點資料結構如下：

Vertex	Link

2. Vertex Link 在無向圖形中，若有 n 個頂點，則將形成 n 個串列首。2m 個節點（對稱）若為有向圖形中，則有 n 個串列首，以及 m 個頂點。

3. 相鄰串列中，求所有頂點分支度所需時間複雜度為 O(n+m)。

❑ **Algorithm（演算法）**

資料結構學科中，演算法是解決某一個工作或問題所需要的一些有限個數的指令或步驟，同時也必須具備以下五大要件：

1. **有限性**：必須在有限個步驟內解決問題，不可造成無窮迴路。

2. **有效性**：每一個步驟或運算若交給人們用筆或紙計算，也能在有限時間內達成同樣效果。

3. **明確性**：每一個步驟或指令必須要敘述得很清楚，不可以模糊不清。

4. **輸入資料**：演算法的輸入資料可有可無，零個或一個以上都可以。

5. **輸出資料**：演算法的結果一定要有一個或一個以上的輸出資料。

❑ **Aliasing（別名）**

在程式語言中，是指兩個或以上的不同名稱變數，佔用同一個記憶體位址，我們就稱為別名（aliasing）現象。

❑ **Alphanumeric（文數字）**

文數字（alphanumeric）資料包含數字、字母、文字與特殊符號。在電腦內則是以數值碼來表示「文數字」。例如文字數 '0' 可以用數字 48 來代表、文字 'a' 可以用數字 97 代表。這種文數字碼的編號方式，有兩種較為流行：

1. ASCII 碼（American Standard Code for Information Interchange）稱為「美國標準資訊交換碼」，它採用 8 位元表示不同的字元。但最左邊為核對位元，故實際上僅有 7 位元表示也就是説 ASCII 最多可以表示 128 個不同的字元。它是目前 PC 上最普遍的編碼方式，可以表示大小英文字母、數字、符號及各種控制字元。例如：

字元	ASCII 碼
x	120
1	49
*	42

2. EBCDIC 碼（Extended Binary Coded Decimal Interchange Code）其原理乃採用 8 個位元來表示不同之字元，因此 EBCDIC 最多可表示 256 個不同字元。例如 "1" 的 EBCDIC 碼是 F1(16)、"a" 的 EBCDIC 碼是 81(16)。

❏ ALU（算術邏輯單元）

Arithmetic/Logic Unit，在電腦中實際負責電腦內部的各種算術運算（如：+、-、*、/ 等）和邏輯運算（如：NOT、AND、OR 等）的執行單位。過程是將資料從主記憶體傳送到 CPU 的暫存器內，經過此單元運算後再送交主記憶體內儲存。

❏ APL（程式語言名稱）

APL 是 A Programming Language 的縮寫，是一種程式語言。並具備以下特性：

1. 擅長解決數學問題，尤其是向量矩陣及允許陣列的整體運算。

2. 採非標準的字元集。（如既不是 EBCDIC 也不是屬於 ASCII 碼）。

3. 識別符號的領域（scope）觀念。

4. 為一種交談式語言，為動態繫合（dynamic binding）。

❏ argument（引數）

也稱為參數（parameter），為指令後的附加敘述。不同的引數會有不同的執行結果，例如 1s -a 及 1s -1 兩者的輸出結果是不一致的（a,1 即為引數）。

❑ **Arithmetic Operator（算術運算子）**

算術運算子是用來執行程式中的各種算術運算。例如：

運算子	運算意義
+	加法運算
-	減法運算
*	乘法運算
/	除法運算
\	整數除法運算
^	指數運算
Mod	餘數運算
&	連結運算

❑ **Array（陣列）**

陣列是程式語言中的一種結構化資料型態，它是由陣列的名稱、維度（dimension）、陣列中元素的型態以及陣列中索引（Index）的型態所組成，當然各種程式語言都有本身不同的陣列宣告。

❑ **AWK（程式語言）**

對於 C 或 PASCAL 的程式設計師而言，經常為了設計一個目的簡單的程式；卻仍然必須中規中矩的完成許多繁雜的宣告工作。如果我們使用 AWK 語言來解決，這些困擾都可迎刃而解。AWK 語言主要的精華就是利用鑄型匹配（pattern match）和動作（action）來處理一連串的資料操作（data manipulation）工作。AWK 可以掃描（scan）一些輸入檔案，而且能自動將每列資料分割成許多欄位（field）；進而分別處理這些資料。同時所設計成的程式也絕對是簡單明確。不過，它輕薄短小的特點，並不妨礙它設計更複雜的功能。例如圖形（graphics）、編譯器（compiler），甚至於系統的管理（system administration）。

B 字部

❑ **B**（位元組簡稱）

代表位元組（byte）的簡稱，是 8 個位元組合；N 個位元組可以代表一個字元（character）。

❑ **b**（位元簡稱）

代表位元（bit）的簡稱，是電腦記憶層次中最小的儲存單位。

❑ **Background**（背景程式）

在多工作業環境下的電腦，那些比主要行程（main process）略低執行優先順序的行程，通常以一種看不到的方式執行。諸如此類的程式我們稱之為背景程式。

❑ **Balanced Binary Tree**（平衡樹）

平衡樹（Balanced Binary Tree）又稱之為 AVL 樹（是由 Adelson-Velskii 和 Landis 兩人所發明的）本身也是一棵二元搜尋樹。也就是當資料加入或刪除資料時，會檢查二元樹是否平衡，如果不平衡就設法調整為平衡樹，例如，經常異動的動態資料，像編譯器（Compiler）裡的符號表（Symbol Table）等。下面就是平衡樹的正式定義。

T 是一個非空的二元樹，Tl 和 Tr 分別是它的左右子樹，若符合下列兩條件，則稱 T 是個高度平衡樹：

1. Tl 和 Tr 也是高度平衡樹。
2. $|hl-hr| \leq 1$，hl 及 hr 分別為 Tl 和 Tr 的高度。

❑ **BCD**（**BCD** 碼）

BCD（Binary Coded Decimal）和 ASCII 略有不同，它用 6 位元去表示一個數字，且前二個位元我們稱之為區域位元，後四位為數字位元，例如英文 M 其區域位元為 10，但其數字位元為 0001，故其 BCD 碼的表示法為 100001。

❑ **BFS**（圖形追蹤的方法）

BFS 是資料結構中圖形追蹤的一種方法，它的基本原理如下：

1. 選擇一個起始頂點 Vx，並做一個已拜訪過的記號。

2. 將所有與 Vx 相連的頂點放入佇列。

3. 重複步驟 4 直到佇列空了為止。

4. 從佇列取出一個頂點 Vx，做一個已拜訪過的記號，並將與 Vx 相連而且尚未拜訪過的頂點放入佇列中。

❑ **Binary Search Tree**（二元搜尋樹）

資料結構中名詞，表示 T 是一個二元樹；可能是空樹或者每一個節點都包含一個辨識字且滿足以下三個條件：

1	T 的左子樹內的所有辨識字均小於 T 的樹根的辨識字
2	T 的右子樹內的所有辨識字均大於 T 的樹根的辨識字
3	T 的左、右子樹也是一個二元搜尋樹

❑ **Binary Search**（二元搜尋法）

一種搜尋方法，其方式是重複地將已排序的序列分割成二半，直到找到所欲搜尋的數值為止。

❑ **Binary tree traversal**（二元樹的追蹤）

所謂二元樹的追蹤，最簡單的定義就是拜訪樹中所有的節點各一次。且在追蹤後，可以將樹中的資料化成線性的次序。如果以 L、D、R 分別代表往左邊移動，印出資料與往右邊移動，那麼共有 3!=6 種組合：LDR，LRD，DLR，DRL，RDL 與 RLD。採用二元樹之 order 特性一律由左而右，那麼只剩下三種：LDR，LRD 與 DLR 分別給予一種名稱叫做中序（inorder）、後序（postorder）、前序（preorder）三種。分別敘述如下：

1. 中序追蹤（Inorder traversal）步驟：

① 追蹤左子樹。

② 拜訪樹根。

③ 追蹤右子樹。

2.　後序追蹤（Postorder traversal）步驟：

① 追蹤左子樹。

② 追蹤右子樹。

③ 拜訪樹根。

3.　前序追蹤（Preorder traversal）步驟：

① 拜訪樹根。

② 追蹤左子樹。

③ 追蹤右子樹。

❑　**Binary Tree**（二元樹）

資料結構中名詞，二元樹是由節點所組成的有限集合，這個集合不是空集合就是左子樹和右子樹所組成的。資料結構如下：

$$\boxed{\text{LLINK}}\ \boxed{\text{DATA}}\ \boxed{\text{RLINK}}$$

二元樹和樹不同的特性有：

1.　樹不可以為空集合，但二元樹可以。

2.　樹中的一個節點分支度為 $d \geqq 0$，而二元樹的每一個節點分支度 $0 \leqq d \leqq 2$。

3.　樹的子樹之間沒有次序關係，而二元樹的子樹之間有次序關係。

❑　**Binary Space Partitioning Tree, BSP Tree**（二元空間分割樹）

也是一種二元樹，每個節點有兩個子節點，是一種應用在遊戲空間分割的方法，以建立一種模型分佈的關聯，來做為搜尋模型的依據，通常被使用在平面的繪圖應用，試圖將所有的平面組織成一棵二元樹。BSP Tree 採取的方法就是在一開始將資料檔讀進來的時候，就將整個資料檔中的數據先建成一個二元樹的資料結構，因為 BSP 通常對圖素排序是預先計算好的而不是在運行時進行計算。

❑　**Binding**（繫結）

在程式語言中，繫結（Binding）的定義是指將一變數的名稱與其位址屬性或值任何一種特性（property）產生關連，這個動作就稱為繫結（binding）。而發生的時間稱為「繫結時間」（binding time）。

❑　**BIOS**（基本輸入輸出系統）

BIOS（Basic Input Output System）又稱為「基本輸入輸出系統」，是廠商燒錄在 ROM 上用來啟動電腦的軟體。

❑　**Bit**（位元）

電腦中最小的記憶單位，機器語言中的 0 或 1 就代表 1 個位元。任何電腦中的資料都由位元組合而成。

❑　**Bitmap**（點陣圖）

指圖形儲存方式是以二維點陣方式來儲存資料。

❑　**Bitwise logical operator**（位元邏輯運算子）

是位元運算子（Bitwise operator）的一種；有以下三種：

1.　&(AND)：兩個運算元都是 1 則結果為 1，兩個運算元其中一個是 0，另一個是 1，則傳回 0。

2.　| (OR)：兩個運算元都是 0，則結果為 0；其餘都是 1。

3.　^ (XOR)：兩個運算元不相同則傳回 1；兩個運算元都相同則傳回 0。

❑　**Bitwise operator**（位元運算子）

所謂「位元運算」（Bitwise operation）就是將兩個運算元的資料，一個位元接著一個位元進行我們所需的運算。JavaScript 的位元運算子共有以下六種：

運算子	意義
&	表示位元 AND 運算子（Bitwise AND）
|	表示位元 OR 運算子（Bitwise OR）

運算子	意義
^	表格位元互斥運算子（Bitwise XOR）
<<	表示左移運算子（Left Shift）
>>	表示有號數右移運算子（Right Shift）
>>>	表示無號數右移運算子（Zero Fill Right Shift）

❑ **Bitwise shift operator**（位元位移運算子）

是位元運算子（Bitwise operator）的一種，有以下三種：

1. <<（位元左移運算）：移動位於第一個運算元的量到第二個運算元所指位元位址的左邊。空出的右邊填 0，超過左邊的位元就不要。

2. >>（位元右移有號數運算子）：移動第一個運算元的量到第二運算元所指位元位址的右邊。空出的左邊填上原位元值，超過右邊的位元就不要。

3. >>>（無號數右移運算子）：移動第一個運算元的量到第二運算元所指位元位址的右邊。空出的左邊填上 0，超過右邊的位元就不要。

❑ **Boolean operator**（布林運算子）

常見的布林運算子有：

OR：只需在運算對象中有一個為真，其值為真。

AND：所有運算對象皆為真時，結果為真，否則為偽。

NOT：只能有一個運算對象，結果為運算對象之相反值。

XOR：運算對象有奇數個 1 時，結果為真，有偶數個 1 時，結果為假。

❑ **Boundary Tag Method**（邊界標示法）

邊界標示法的結構如下圖所示。每塊空間的開始與結束的位置保留的目的是為了記載配置情況而用。

TAG=1	SIZE
TAG=1	

1. 配置之節點（表示正在使用的節點）

    TAG：0 表示未使用；1 表示正在使用中。

    Size：此空間的大小。

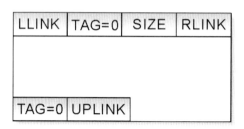

2. 空閒節點：（表示可用節點）

    LLINK,RLINK：向左、向右的兩個鏈結指標。

    TAG：0 表示未使用；1 表示正在使用中。

    SIZE：此塊空間大小。

    UPLINK：指向此塊空間起始位址的指標。

    對於以上四個欄位的功用及解釋如下：LLINK 指向上一個可用節點的起始位址，RLINK 指向下一個可用節點的起始位址，TAG=0 表示並未使用，而 SIZE 表示此塊空間的大小。可用節點的最後一個字包含兩個欄位：TAG 及 UPLINK，其中 TAG=0 表示空閒，而 UPLINK 則指向此塊可用節點的起始位址。要判斷其左、右鄰居是否也是 free 時，只須判斷 p-1 位址與 p+n 位址上的 TAG 欄是否為 0 便可，若 TAG=0 就可以將其結合成一塊。

❏ **Boundary Value Analysis（邊際值分析法）**

    我們知道輸入資料時的邊際條件往往是造成錯誤的主要原因。而邊際分析法的目的就是在檢驗邊際值（如最大值與最小值）周圍的執行情形是否有誤。

❏ **BSP（企業系統規劃）**

    事實上，它所強調的是由上而下的設計，也就是從高層主管開始，瞭解並界定其資訊需求，再依組織層次往下推衍，直到瞭解全公司的資訊需求，完成整體

的系統結構（包括子系統與系統間的介面）為止。收集資料是以訪談為主，並著
重企業處理活動（business processes）。特別要注意的是 BSP 強調的主要活動及決
策領域，並不是針對某特定部門的資訊需求，也不只是職別報告的階層。

❑ Bubble sort（氣泡法）

是排序方法的一種，方法是逐次比較 2 個相鄰的記錄，若大、小順序有誤，
則立即對調，掃描一遍後一定有一個記錄被置於正確位置，就彷彿氣泡逐漸由水
底逐漸冒升到水面上一樣。演繹法：

```
Procedure bubsort(X,n)
k←n
while k≠0 do
    t←0
    for j=1 To k-1 do
        if Xj>Xj+1 then
            [temp←Xj; Xj=Xj+1;
            Xj+1=temp; t←j;]
        end
    k←t
    end
end
```

❑ Buddy System（二元夥伴管理系統）

在系統程式中記憶體配置的一種方法。它主要是以 2^k 的乘冪位數來配置、歸
還記憶體。也就是如果要求大小為 n 的空間，須配置 2^k 的空間，其中 $k=[\log_2 n]$。
自然是所找到的空間一定會比所要求的大。如果把一空間一分為二，則此 2 空間
的每一個 block 又都是 2 的乘冪，則此 2 個 block 互稱為 buddy。這種以 2 的倍數
為單位，其動態分配與回收記憶體空間的手法，稱為「二元夥伴管理系統」。

❑ Busy waiting（忙碌等待）

在系統程式中，是指 CPU 保持執行狀態但所擁有 CPU 使用權的期間卻像做
一些對系統效能毫無幫助，例如無窮迴路。

❑ Byte（位元組）

一個位元組有 8 個位元。且記憶體儲存容量是以 Byte 為基本計算單位。例如
一般的英文字母、阿拉伯數字或標點符號（如％、、＆等）都是由一個位元組表

示，而像一般的中文字則要兩個位元組才可以表示。以一個位元組來表示的資料稱為一個字元（character），兩個位元組來表示的資料就稱為一個字組（word）。常用的儲存資料單位如下表所示：

1KB (kilo bytes)	=2^{10} Bytes
1MB (mega bytes)	=2^{20} Bytes
1GB (Giga bytes)	=2^{30} Bytes
1 TB (Tera bytes)	=2^{40} Bytes

C 字部

❑ **Call by address**（傳址呼叫）

程式語言的參數傳遞方法之一。內容如下：

1. 主程式呼叫副程式時，將主程式的參數之位址傳給對應副程式之參數。

2. 副程式被呼叫前，系統並沒有分實際記憶體空間給副程式之參數。一旦副程式被呼叫時，主程式的參數即和副程式的參數佔用相同的記憶體位址。

3. 如果副程式執行完畢後，則主程式和副程式參數之間的對應關係結束，且副程式的參數又變作位址未定。

❑ **Call by name**（傳名呼叫）

程式語言的參數傳遞法之一。內容如下：

1. 主程式呼叫副程式時，將主程式的參數名稱（name）傳給副程式的參數，並取代副程式中所對應的所有參數名稱。

2. 副程式執行時，主程式之參數和副程式所對應的參數佔用相同位址，所以副程式之參數值改變，對應主程式之參數值也會隨之改變。

❑ **Call by text**（本文呼叫法）

基本上就是 call by name 的方式，但是 call by name 是副程式參數被存取時，才對應到相對的主程式參數計值。而且以呼叫者的環境為計值環境求得值或位址，作為副程式參數的值或位址。但是 call by text 卻是以被呼叫者的環境為計值環境。LISP 中有種參數傳遞的方式就是 call by text。

❑ **Call by value and result**（傳值兼結果法）

程式語言中的參數傳遞法之一。內容如下：

1. 主程式呼叫副程式時，將主程式的參數之值，傳給對應的副程式參數。

2. 副程式執行時，系統要分額外的記憶空間給副程式的參數。

3. 副程式執行完畢會將副程式參數的值，傳給對應主程式的參數。

❑ **Call by value**（傳值呼叫）

程式語言中的參數傳遞法之一。內容如下：

1. 將主程式的參數值，傳送給副程式的參數。

2. 無論副程式的值如何改變，並不會影響主程式的參數值。

3. 副程式必須花費和主程式的參數不同的額外記憶空間來儲存，而且副程式執行完畢後，即把此額外空間還給 CPU。

❑ **CASE**（電腦輔助軟體工程）

為 Computer-Aided Software Engineering 的縮寫，它是利用整合性的軟體工具從事於軟體的開發工作，以產生軟體程式及文件為目的。換句話說是一種軟體自動化（Software Automation），而且也是一套法則。不過資訊人員在使用 CASE 開發軟體，就是依照軟體工程的原則；甚至於文件製作，也可由 CASE 製作。

❑ **Circular array**（環狀陣列）

所謂環狀陣列，就是將陣列的頭尾元素相接，亦即第一個元素為最後一個元素的後繼者。

❑ **Circular list**（環狀串列）

如果我們將串列的最後一個節點的指令指向串列結構開始的第一個節點，我們就稱此串列為「環狀串列」（circular list）。

環狀串列可以從串列中任一節點來追蹤所有串列的其他節點，也無所謂哪一個節點是首節點。

❑ **Circular queue**（環形佇列）

資料結構學科中，環形佇列就是把佇列看成如下圖的環狀結構，不過 front 和 rear 的初值設定為 0 而不是 -1。front 永遠以逆時鐘方向指著佇列中第一個元素的前一個位置，rear 指向佇列目前的最後位置。

另外我們要強調的是若且唯若 front=rear 時，佇列是空的；而且在製造環形佇列的環形運動時，可以使用模數（mod）來達成。

❑ **class**（類別）

類別是物件型別的軟體實作。它定義了資料結構及可應用在此物件中運算動作的方法。例如在 C++ 中的 Class，就是要建立一種新的型態，這種型態不單純是一種如整數、實數一樣的純量型態，反而可以看到一種抽象資料型態（ADT）。其實 Class 就好像一種型態的宣告，不過這種型態裡面不但有一般的變數，還有屬於這種型態下專有的運算函數。

❑ **Coalescing holes**（間隙接合）

若有兩相鄰記憶塊則將其合併成另一個較大的記憶區塊。

❑ **Comparison Operators**（比較運算子）

比較運算子或稱為關係運算子（relational operators）。它的功用是在表現式（expression）中執行比較（comparison）的工作。我們也以下表來為各位說明：

運算子	運算意義
=	等於
<>	不等於
>	大於
<	小於
>=	大於或等於
<=	小於或等於
is	物件等於

❑ **compiler（編譯器）**

功用就是把高階語言翻譯成機器語言的工具程式。

❑ **compliment（補數）**

所謂「補數」就是相反數。某一數和其相反數作加法運算，其值為零。如下：X+（X 的補數）=0，而電腦內部的負數常用補數去表示。

❑ **Computer Virus（電腦病毒）**

事實上所謂的電腦病毒，是指某種會有不斷複製能力的某些具有破壞性程式而言，它經常存在一般的軟體程式中或進入主記憶體內，不斷的傳播病毒給其他在這部電腦內使用的磁片，等到某個固定時間病毒發作時，便進行破壞資料檔的工作。

❑ **Concurrent Subroutine（同作常式）**

副程式的一種。這種副程式的方法的最大特徵就是副程式中的執行順序不再要求是單線控制（Single thread of control）。

例如在傳統語言中，如 FORTRAN、ALGOL 60、PASCAL 等，所有程式中的敘述皆以一個接一個（one by one）的順序方式執行；而且對程式進行中的任何瞬間，都僅有唯一的敘述執行，這樣的觀點就稱為單線控制。

對於即時系統（real time system）中，單線控制就英雄無用武之地。這時就要使用多線控制；簡單的說，就是程式執行的瞬間，可看到好幾個敘述同時在執行，而這種觀念就稱為同作常式（Concurrent Subroutine）。

❏　**Critical Section**（臨界區間）

系統程式中名詞，表示 process 中的一段程式碼（code），會讀取或修改共享變數，當一個 process 進入 critical section 時，不允許任何其它 process 進入。

D 字部

❏　**Data**（資料）

是一種單純且沒有意義的表示方式，如文字、符號、數值等。這些資料經過整理後，可以呈現出令人容易理解的資訊。

❏　**Data Abstraction**（資料抽象化）

指將資料庫系統分為三個層次，外層（External level）、概念層（Conceptual level）及內層（Internal level）的過程。

❏　**Data Encryption**（資料加密）

資料庫系統所提供的授權辦法無法完全防護機密的資料。這時可將機密資料加以編碼（Encrypt）。除非知道破解之道，否則無法了解其內容。尤其是在分散式資料系統的資料傳輸上，為了安全的理由可加密後加傳一個 Key 做為保密之用。

❏　**DDBMS**（分散式資料庫管理系統）

為 Distributed Data Base Management System 的縮寫，資料邏輯上屬於同一資料庫，但實際上卻被分散放置在各處的資料庫中，此時管理這些資料庫的系統，即稱分散式資料庫管理系統。

❏　**Decision Tree**（決策樹）

在系統分析中，決策樹的作用和「決策表（Decision Table）」相同，可以說它就是將決策表的內容繪製成樹狀圖形的模式。例如：

決策樹和決策表雖然類似，但兩者之間仍然有所不同：

1	對了解這二種工具的困難度而言，決策樹最容易被初學者接受
2	對於邏輯驗證的相關問題，決策表比決策樹效果更佳
3	作為程式設計的資料而言，決策表比決策樹更好
4	對於修正的彈性度而言，決策樹又比決策表更棒

❑ **DES**（加密法）

為 Data Encryption Standard 的縮寫，是由 IBM 發明，並以 54bit 的鑰匙（key）作用於長度 64bits 資料上的一種加密及解密方法。

❑ **DFS**（先深後廣法）

DFS 是資料結構中圖形的追蹤方法之一，其基本原理如下：

1. 選擇一個頂點 Vx 當做起始點，並做一個已拜訪過的記號。

2. 在所有與 Vx 相連且未被拜訪過的頂點中任選一個頂點，令 Vy 做一個已拜訪過的記號，並以 Vy 為新的起點進行先深後廣搜尋。先深後廣主要是使用堆疊技巧遞迴的進行，由於每次均是任意選取一個和 Vx 相連的頂點當做新的起點，因此搜尋的結果並不唯一，可以有多組解。搜尋之後若有剩餘頂點，則表示此圖形並不相連；反之則相連。

3. 若採用相鄰矩陣來搜尋，決定任一頂點 V 的所有相鄰頂點需 O(n) 的時間，若共需拜訪 n 個頂點，時間為 $O(n^2)$。若採用相鄰串列，則串列每一頂點只需拜訪一次，所需時間為 O(e),e 為邊的數目。

❏ **Direct Access Method file**（直接處理檔案）

資料的存取和儲存位置無關。資料存放在磁碟上之位址，乃根據其關鍵值經某特定之公式演算而來。故可以直接存取任一筆記錄，其存取速度最快。而這些公式我們就稱為赫序函數（Hashing Function）。

❏ **Direct recursion**（直接遞迴）

在遞迴式（recursion）中，遞迴函數可以呼叫自身。

❏ **Display Stack**（顯示堆疊）

對用靜態鏈指標存取子區間環境每次都需要循鏈回溯，效率較不好，所以可用所謂的顯示堆疊來解決。但其缺點是當 I/O 時需增加額外的成本。顯示堆疊中包含了各種指標，這些指標指向目前區段的活動記錄及包含目前區段的活動記錄。

❏ **Divide and conquer**（分治法）

是一種很重要的演算法，可以應用分治法來逐一拆解複雜的問題，核心精神在將一個難以直接解決的大問題依照相同的概念，分割成兩個或更多的子問題，以便各個擊破，分而治之。演算法的設計方法之一。如快速排序法（quick sort），方法是將問題分成兩半，如此遞迴進行，直到小到可以解決問題為主。再將結果用遞迴兩兩合併，直到完成。

❏ **Double Linked List**（雙向鏈結串列）

資料結構科學中，單向鏈結串列和環狀串列的最大缺點就是萬一不幸其中有一個鏈結斷裂，那麼後面的串列資料便遺失而永遠無法再復原了。所以，我們利用雙向鏈結欄，讓每一個節點有左、右兩個鏈結欄；且一個指向前一個節點，一個指向後一個節點。另外，為了使用方便，通常加上一個串列首；其資料欄不存放在任何資料，其左邊鏈結指向串列最後一個節點，而右邊鏈結欄指向第一個節點。如下圖所示：

串列首

下面是有關雙向鏈結串列，更清楚的說明其定義：每個節點具有三個欄位（如下圖所示）其中 LLINK 指示前一個節點，RLINK 指向後一個節點。

資料結構 ⟶ | LLINK | DATA | RLINK |

有 3 項成立要素：

1. 雙向串列前加上一個串列首，此串列首不具備任何 DATA。

2. 假設 ptr 為一指標而且指向雙向鏈結串列的任一節點，則 ptr=RLINK(LLINK(ptr))=LLINK(RLINK(ptr))。

3. 若雙向串列是空串列，則只有一個串列首。

Ptr ⟶

❑ **DSS**（決策支援系統）

是一種提供規劃、分析、解決企業辦公室內相關問題的資訊應用系統。重要的是並非決策的制定，而是使決策得到解決問題過程中各種可行方案。

❑ **dynamic checking**（動態檢驗）

在程式執行中，仍必須維持每一個資料對象一個型態的資訊。

❑ **Dynamic link**（動態鏈）

活動記錄中的一個欄位，根據動態領域法（dynamic scoping）的原則，它是指向呼叫它的副程式。

❑ **Dynamic Linking**（動態連結）

程式開始執行時，只載程式段，當執行外部參考（external reference）時始呼叫 loader 載入該程式段以解決外部參考的問題；這種異於傳統鏈結方式的作法即為動態連結。

❑ **Dynamic loading**（動態載入）

Dynamic Loading（動態載入）：使用到的段落載入 primary storage，沒使用到暫放於 secondary storage，此種技巧（使用時才載入）我們稱為 Dynamic Loading。

❑ **Dynamic Storage allocation**（動態儲存配置法）

變數儲存區配置的過程是在程式進行中（RUNTIME）處理，如 PASCAL 的區域變數 BASIC 及 LISP 等。

❑ **Dynamic Storage Management**（動態記憶體管理）

多程式（Multi-programming）電腦的作業系統，允許 CPU 同一時間內執行多個程式，每當一個程式要執行時，作業系統便從可用記憶中取一塊足夠的記憶體，以配置給該程式。執行完畢時，作業系統便回收記憶體；作業系統處理記憶體的配置或回收的工作，就稱做「動態記憶體管理」（Dynamic storage Management）。

❑ **Dynamic variable**（動態變數）

是指該變數在記憶體的位址，乃是在執行時作業系統才分配給它。

E 字部

❑ **encapsulation**（封裝性）

在物件導向的觀念中，將物件的特性與方法組合起來的動作稱為「資料封裝」（Encapsulation），資料封裝最主要的優點便是可以達到資訊隱藏（information hiding）與模組化（modularity）的功能。

所謂的資訊隱藏，我們可以將它想像成感冒膠囊，當我們感冒服用感冒膠囊時，我們並不知道它裡面包含什麼種類的藥粉，我們也不知道它是如何被製作出來的，我們只知道它的功能是用來治療感冒的。在程式裡的物件也是這樣，它的內部資料以及實作都被隱藏起來，我們只需要知道如何使用它就可以了。而一粒粒的膠囊就是「模組化」的物件，它不是分離的藥粉與膠囊殼，而是經過「資訊封裝」後，擁有具體形象的膠囊。

❏ **encryption**（加密）

為一種保護資料的方式，透過某一個主鍵，能將資料編碼成不可閱讀的狀況，充份達到資料保密的目的。

❏ **Eulerian chain**（尤拉鏈）

資料結構的圖形結構中，表示從任何一個頂點開始，經過每一個邊一次，但不一定要回到原出發點。只允許其中 2 個頂點的分支度是奇數，其餘必須是偶數。

❏ **Eulerian cycle**（尤拉環）

資料結構的圖形結構中，表示都經過每個邊一次，再回到出發的那個頂點且每個頂點的分支度都是偶數。

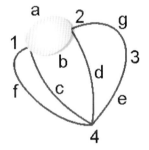

❏ **Even Parity Check**（偶同位）

所有數值資料含檢查位元之 0 總數為偶數。例如：01111011 ←檢查位元。

F 字部

❏ **FA**（有限自動機）

FA 是 Finite Automata 的縮寫。所謂 Finite Automata 為一輸入字串，經一連串之推移後，到達可接受狀態。我們稱其為一合法字串，所有字串所成之集合，稱此 FA 所認識之語言。如下例：

此 FA 所認知之語言為 0*1110*1 故 011101 及 111001 可被接受但 001100 則不能被此 FA 接受。

❏ **Fibonacci series（費伯納序列）**

以下是費伯納序列的定義：

$$F_n = \begin{cases} 1 & n=0,1 \\ F_{n-1} + F_{n-2} & n=2,3,4,5,6.....（n為正整數） \end{cases}$$

用口語化來說，就是一序列的第零項是 0，第二項是 1；其他每一個序列中項目的值是由其本身前面 2 項的值相加所得。

❏ **File（檔案）**

由數筆相關的記錄構成，如學生檔就是由描述所有學生的每筆記錄所構成。

❏ **File compression（檔案壓縮）**

透過壓縮程式將某檔案所佔的磁碟空間大小壓縮成較小的檔案，以方便使用者拷貝或傳輸。

❏ **File Decompression（檔案解壓縮）**

將已壓縮的檔案還原成正常檔案的過程。

❏ **flow chart（流程圖）**

所謂流程圖（flow chart）是指使用一種標準的圖形符號，以各個符號有條理及先後順序關係來說明解決問題的程序及方法。其優點如下：

1. 協助程式設計師以較簡單之方式表達解決問題的邏輯和程序。

2. 由於使用標準符號表達問題解決之邏輯，使工作之交接更加方便，程式更易於維護及除錯。

3. 有利於電腦從業人員研究溝通問題。

❏ **Formal Parameter**（形式參數）

　被呼叫副程式中的參數，就稱為形式參數。

❏ **Free tree**（自由樹）

　一個相連的（connected）、不循環的（Acyclic）、無方向（undirected）的圖形。

G 字部

❏ **Garbage collection**（垃圾收集法）

　將系統所不需要使用的記憶體空間收集起來。一般是當自由空間串列用盡時，且又需要記憶體時，中止運算並處理垃圾收集法。

❏ **global variable**（全域變數）

　在主程式中所定義的變數，且壽命與主程式一樣的，稱為全域變數。也就是只有在主程式結束執行時，全域變數在記憶體中才會消失。

❏ **Greed Method**（貪心法）

　又稱為貪婪演算法，方法是從某一起點開始，就是在每一個解決問題步驟使用貪心原則，都採取在當前狀態下最有利或最優化的選擇，不斷的改進該解答，持續在每一步驟中選擇最佳的方法，並且逐步逼近給定的目標，當達到某一步驟不能再繼續前進時，演算法停止，以盡可能快的地求得更好的解。經常用在求圖形的最小生成樹（MST）、最短路徑與霍哈夫曼編碼等。

H 字部

❏ **Hash Table**（雜湊表）

　可為欄位提供一雜湊函數，以決定資料庫表格中一筆記錄的位置的一種存取方法。

❑ **hashing function（雜湊函數）**

雜湊搜尋法是透過一個數學函數來計算（或轉換）一個鍵值所對應的位址，由於這種搜尋可以直接且快速地找到鍵值所存放的位址，而毋需透過循序搜尋的尋找方式，因此有人稱雜湊是一種中鍵值至位址的關係轉換，更重要的是，任何透過雜湊搜尋的檔案都不需經過事先的排序。也就是直接以：

鍵值→雜湊函數→位址

一般而言，在有限的記憶體中，使用雜湊函數可快速的建檔、插入、刪除、搜尋及更新。

雜湊的四大優點：

1. 使用赫序法搜尋，事先不用排序。

2. 搜尋速度與資料多少無關，在沒有碰撞和溢位下，只需一起讀取即可。

3. 保密性高，不事先知道雜湊函數，就無法搜尋。

4. 可做資料壓縮，可節省空間。

❑ **Heap sort（堆積排序法）**

排序法的一種，它是利用堆積樹的概念來排序，其步驟如下：

1. 將輸入的檔案記錄建成一完整二元樹。

2. 把此二元樹轉成堆積樹。

3. 樹根是最大值，將樹根與二元樹中的最後一個節點位置對調，然後再扣除原樹根的節點，重複執行步驟 2,3 直到僅剩一個節點。

4. 將處理過的樹對應陣列，依序輸出內含值，即可得到由小到大的順序記錄。

❑ **heap tree（堆積樹）**

何謂堆積樹：

1. 是一個完整二元樹。

2. 每一個節點的值都大於子節點的值。

3. 樹根是堆積中最大的。

例如：

符合堆積樹規則　　　　　不符合堆積樹規則

▎字部

❏ **Inference Engine**（推理引擎）

推理引擎是運作在一些法則（rule）上，而這些法則都是有關於某一專業領域的知識。它有前導式（forward）和後導式（backward）兩種推理方式，它使得電腦不需要應用程式就可作複雜的推理，也是人工智慧中的基本技巧。

❏ **Infix**（中序法）

在資料結構中，描述計算機中所用的四則運算法之一。方式如下：< 運算元 >< 運算子 >< 運算元 > 如 A+B。而我們一般日常生活中所用的表示法都是中序法。但中序法有運算符號的優先權結合性問題，再加上複雜的括號困擾，對於編譯器處理上很傷腦筋。解決之道是將它換成後序法（較常用）或前序法。

❏ **Information**（資訊）

是資料經過處理後而具備特定的屬性和意義，可以用來幫助某些決策的訂定。

❏ **Inorder traversal**（中序追蹤）

二元樹追蹤的一種，步驟為：

1. 追蹤左子樹。

2. 拜訪樹根。

3. 追蹤右子樹。

❑ Insertion sort（插入排序法）

排序法的一種，是將資料項逐一比較，每次比較一項，將資料項置於原來表格或檔案的適當位置。可以看做是在一串有序的記錄 R1,R2...Ri 中，插入新的記錄 R，使得 i+1 個記錄排列妥當。演算法如下：

```
Procedure Insert-sort(X,n)
X0←-32767(-∞)
for j=2 to n do
    i←j-1
    t←Xj
    while t<Xi do
        Xi+1←Xi
        i←i-1; end
        Xi+1←t
    end
end
```

❑ iterative method（疊代法）

疊代法（iterative method）是無法使用公式一次求解，而須反覆運算的演算法，例如用迴圈去循環重複程式碼的某些部分來得到答案。

L 字部

❑ Linear List（線性串列）

線性串列（Linear-list）是最常用且最單純的一種資料結構。簡單的說，線性串列是 n 個元素的有限序列，像 26 個英文字母的字母串列就是：（A,B,C,D,E,...Z）。對電腦而言，陣列可以說是標準的線性串列結構。我們首先給線性串列一個較嚴謹的定義，它有以下 4 大特點：

1. 存在唯一的第一個元素。

2. 存在唯一的最後一個元素。

3. 除第一個元素外，每一個元素都有一個唯一的前導者。

4. 除最後一個元素外，每一個元素都有一個唯一的後序者而線性串列
   依照它在電腦中儲存的方法又可簡單分為 2 種：

① 循序結構（contiguous allocation）：將線性串列使用連續空間來儲存，一般即為程式語言中的陣列型態，又可稱為密集串列（denselist），或靜態結構。

② 鏈結結構（linked allocation）：一般指動態的串列結構（指標型態）。

❑ **linked list**（鏈結串列）

定義：串列中的每一個節點均不需儲存於連續的記憶體位置，且是一個指向節點的指標，每一個節點包括：

1. 資料欄。

2. 鏈結欄。（是一個鏈結串列的基本節點）

如串列 A={a，b，c，d，x} 其單向鏈結串列資料結構圖如下：

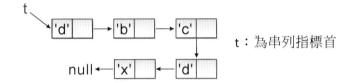

t：為串列指標首

❑ **LISP**（列表處理語言）

為 List Processor 的縮寫，和 prolog 一樣都是屬於一種人工智慧的程式語言。這種語言具備以下特點：

1. 基本資料結構稱為 S-expression（symbolic expression）包含二類，一為串列（list），二為原素（atom）。

2. 外號是「人工智慧的低階語言」，即難學習但是效率高。

3. 利用「垃圾收集法」作為記憶體管理方式（garbage collection）。類似 Basic，屬於 Dynamic binding。

4. 算術運算式表示法：有點像前序法，但是有不太像，差別是 LISP 多了括號。

5. 依賴遞迴的觀念控制整個資料結構（Everything in Lisp is recursive）。

6. 非結構化程式語言，稱為功能程式語言（functional programming），整個程式是以函數間的呼叫為主，沒有敘述句及上下層級觀念。

❏ **Local variable**（區域變數）

程式語言中，在某個區塊（block）內，如：副程式，所定義的變數。

❏ **Logical Operators**（邏輯運算子）

邏輯運算子主要是用來處理邏輯運算，邏輯運算事實上就是一種 true 和 false 的運算。例如：在 VBScript 中，true 可用數字 -1 代表，false 則可用數字 0 代表。

❏ **Logical record**（邏輯記錄）

由於在磁帶使用上為了避免浪費空間，必須將多筆個別記錄組成一段固定大小的單位。而每一筆個別的記錄就稱為「邏輯記錄」（logical record）。

M 字部

❏ **Merge sort**（合併排序）

原理：將兩個或兩個以上已排序好的檔案，合併成一個大的已排序好的檔案。

【過程】

1.　將 N 個長度為 1 的鍵值成對地合併成 N/2 個長度為 2 的鍵值組。

2.　將 N/2 個長度為 2 的鍵值組成對地合併成 N/4 個長度為 4 的鍵值組。

3.　將鍵值組不斷地合併，直到合併成一組長度為 N 的鍵值組為止。

4.　這是一種切割征服觀念的應用。

【演算法】

```
Procedure mergesort(a,1,r:integer)
Var I, j, k, m:integer;
begin
if r-1>0 then
    begin
    m:=(j+1)div 2;
    mergesort(1,m)=
    mergesort(m+1,r);
    for i=m down to 1 do
        b[i]:=a[i];
```

```
        for j:=m+1 to r do
            b[r+m+1-j]:=a[j];
        for k=1 to j do
            if b[i]<b[j] then
                [a[k]=b[i];
                i=i+1;]
            else
                [a[k]:=b[j];
                j:=j-1]
        end
    end
```

❏ **multigraph**（複線圖）

資料結構的圖形結構中，表示圖形的定義是在邊（edge）的集合中，相同的邊不可以有 2 條以上。也就是說複線圖不是一種圖形，且有一條以上相同的邊。

❏ **Multiprogramming**（多元程式作業系統）

就是多工（Multitasking）作業系統，此種作業系統允許同一時間執行一個或多個程式。事實上這種系統的作業是為節省 CPU 時間，允許多個程式同時存於記憶體中，當執行中的程式在處理 I/O 工作時，便將 CPU 時間給下一個程式使用。因電腦執行速度很快，使用者感覺起來好像有多個程式同時在執行，不過 CPU 卻只有一個。

O 字部

❏ **Object**（物件）

一個物件（Object）是一種東西，可能是實體的、可能是抽象的，而我們可以存放資料，及可以處理這些資料的方法在其中。

❏ **Occurrence Tree**（階層式的事件樹）

資料庫的專有名詞。階層式的資料是依綱目的組織型態儲存的，每一份的資料（案例）稱為 Occurrence Tree。

❑ **Octree**（八元樹）

如果不為空樹的話，樹中任一節點的子節點恰好只會有八個或零個，也就是子節點不會有 0 與 8 以外的數目，八個子節點則將這個空間將其遞迴細分為八個象限或區域。

❑ **Overloading**（覆載）

相同名稱的函數（Method）可以重複定義成不同的型態和參數，執行呼叫時，依引數的型態做動態繫結 Dynamic binding。在相同的類別（Class）中，找出不同型態的同名函數。

P 字部

❑ **Password Control**（密碼控制法）

系統控制工作項目之一，指在思考到整個系統的「安全性」與「隱密性」時，我們可以利用不同層次者所擁有的密碼來管制使用者對系統參與及利用的程度。

❑ **pattern matching**（鑄型匹配）

鑄型（pattern）本身即是一種資料對象用以控制從屬子串（即引數字串 subject string）上的尋找動作，若在從屬字串上找到相配合的子字串，則和一個表示成功的布林值對應，反之則傳回一個空子串及失敗的布林值。我們可以這樣認為鑄型在 SNOBOL 語言中是一個資料型態。也就是説鑄型是變數的合法值，一個鑄型於執行時被設定為一種特定形式以適合鑄型匹配器的有效轉譯。這種形式是個樹形的記憶體連結狀。

❑ **Polyphase Merge**（多相合併）

在資料結構科學中，一般處理 k way merge 時，為求平衡，通常是將合併的行程平均分配到 k 個磁帶上，這樣子往往需要 2k 個磁帶（k 個當輸入，k 個當輸出），以防止準備下一次合併過程中行程被重新分配，此舉將造成磁帶的浪費。解決：這種路帶合併排序便稱為磁帶的多步合併排序。它的特點是：有 k+1 臺磁帶機可作 k- 路多步合併，輸出帶由各帶輪流擔任，每一步合併都進行到有且僅有一條輸入帶變空為止，且該磁帶為下一步的輸出帶。

❑ **Postfix**（後序法）

在資料結構中，描述計算機中所用的四則運算法之一。方式如下：< 運算元 >< 運算元 >< 運算子 > 如 AB+。

❑ **Postorder traversal**（後序追蹤）

二元樹的追蹤法的一種，步驟為：

1. 追蹤左子樹
2. 追蹤右子樹
3. 拜訪樹根

❑ **Preorder traversal**（前序追蹤）

二元樹追蹤法的一種，步驟為：

1. 拜訪樹根
2. 追蹤左子樹
3. 追蹤右子樹

❑ **Prim's algorithm**（**Prim** 定理）

資料結構圖形結構部分中，建立 MST 的兩種方法之一。定理如下：有一網路 G=(V,E)，其中 V={1,2,3...N}，起初設 U={1}，U,V 是 2 頂點的集合，然後從 V-U 集合中找一頂點 X，能與 U 集合中的某點形成最小成本的邊，把這一頂點 X 加入 U 集合，重複其步驟，直到 U=V 為止。

❑ **Priority queue**（優先佇列）

不以時間優先順序進出，而以每一個元素所賦予的優先權進出。更清楚的說，每一個佇列中的元素，我們都賦予一個代表優先權的數字，最大的數字就有最高的優先權。所以優先佇列可以用陣列結構來表示，陣列的第一元素通常是代表最高優先權。一般在 CPU 的工作排程，我們會用到優先佇列，也就是像層級越高的管理者就有較一般員工較先享有 CPU 的權力。附帶說明的是，如果每一個新加入的優先權均高於已在佇列中的元素，此時優先佇列也就是一種堆疊。但如果每一個新加入元素的優先權均低於已經在佇列中的元素時，此時的優先佇列也就是一般佇列。最後，我們再談談佇列的應用；除了以上所提可用於工作排程之外，另外還有下列 2 種：

1. 作為輸出、入工作緩衝區；例如：spooling 是先將輸入資料寫在磁碟上，再輸入電腦處理，處理後的資料先寫在磁碟上，再由印表機印出。

2. 用於電腦模擬（computer simulation）方面，在模擬中經常有時間導向（time-driven）或事件導向（event-driven）的輸入訊號，由訊號到達的時間不一定，也是用佇列來安排。

❏ **Process Design Language**（虛擬碼）

簡稱 PDL，是一種非正規且較高層次的程式語言，且有下列四點特性：

1. 虛擬碼的指令集沒有限制，可任意增減（Open-ended）。

2. 虛擬碼不能編譯，不被任何正規語言的文法規則束縛。

3. 與機器沒有相關。

4. 適合近代軟體發展觀念在寫程式之前方便做設計上的檢查。

❏ **Pseudo Instruction**（虛擬指令）

系統程式中的專有名詞。Pseudo Instruction 是命令 assembler 作適當且必要的處理，但不產生目的碼（object code），對於某些單純指令，可從機器碼還原到原來指令，但並不是所有的指令都能恢復。如：Using，告知組合程式使用那一個基底暫存器。

Q 字部

❏ **Quadtree**（四元樹）

類似一般的二元樹，經常應用於二維空間資料的分析與分類，就是樹的每個節點擁有四個子節點，而不是 2 個，目的是將地理空間遞迴劃分為不同層次的樹結構。再將已知範圍的空間等分成四個相等的子空間，在檢查的時候就可以鎖定部分區域的物體，從而增加效率。

❑ **Quick sort**（快速排序法）

資料結構學科中排序法的一種，它是利用就平均時間而言，快速排序是所有方法中最好的。方法如下：假設有 n 個 R1,R2,R3...Rn 其值為 k1,k2,k3...kn 其步驟如下：

1. 令 k= 第一個鍵值。

2. 由左向右找出一個鍵值 ki → ki>k。

3. 由右向左找出一個鍵值 kj → kj>k。

4. 若 i<j 則 ki 與 kj 交換，然後跳到步驟 2。

5. 若 i≧j 則將 k 與 kj 交換，並以 j 為點分割成左、右兩半，然後分別針對左、右兩半進行步驟 1 至 5，直到左半邊鍵值 = 右半邊鍵值為止。

R 字部

❑ **Recursive Routine**（遞迴程式）

指的是一副程序可以呼叫本身的程序（此類稱為直接遞迴）或一個程式 A 可以呼叫另一個副程式 B，而副程式 B 又可以呼叫 A（此類稱為間接遞迴）。

❑ **Relational Database**（關連式資料庫）

關連式結構係利用一些被定義的集合，以表格的形式組成各種關連（Relation），然後將這些關連組合起來。

❑ **Reserved Word**（保留字）

指程式語言中具有特殊意義或能執行某些特定功能的字，使用者不可在程式中使用這些保留字。

S 字部

❑ **Scalar data type**（純量資料型態）

資料型態的一種，一般說來可分為 4 種：

1.　數值資料型別包括：
　　① 整數（integer）
　　② 實數（real）
　　③ 子區間（subrange）
　　④ 固定點實數（Fixed-point real）
　　⑤ 複數（complex）
　　⑥ 有理數（rational number）

2.　布林型態（boolean type）。

3.　字元（character）及字元串（string）。

4.　列舉式資料型態（enumerated data type），即使用者自定型態。

❑ **Schedule Subroutine**（排程副程式）

　　這類型副程式的關鍵是在呼叫當時，並未馬上控制權轉移，只有當狀況發生時才去執行，進行控制權轉移。

❑ **Search**（搜尋）

　　在資料結構科學中，所謂搜尋指的是從資料檔案中找出滿足某些條件的記錄之動作就叫做搜尋（Search），用以搜尋的條件稱為鍵值（Key），就如同排序所用的鍵值一樣。又根據資料量的大小，可分為：

1.　內部搜尋：資料量較小的檔案可以一次全部載入記憶體以進行搜尋。

2.　外部搜尋：資料龐大的檔案便無法全部容納於記憶體中，這種檔案通常均先加以組織再存於磁碟中，搜尋時也必需循著檔案的組織特性來達成。

❑ **Selection sort**（選擇排序法）

　　首先在所有的資料中挑選一個最小的項放在第一個位置（假設是由小到大），再從第二個開始挑選一個最小的放在第 2 個位置，有 n 個記錄→ n-1 對調（最多）及 n(n-1)/2 次比較。演算法如下：

```
Procedure Sel-Sort(An)
for i←1 to n-1 do
    j←i
```

```
for k←j+1 to n do
    if A(k)<A(j)then
        j←k
    end
    temp=A(i)
    A(i)=A(j)
    A(j)=temp
end
end
```

❏ **Singly Linked List**（單向鏈結串列）

定義：串列中的每一個節點均不需儲存於連續的記憶體位置，且是一個指向節點的指標，每一個節點包括：

1. 資料欄

2. 鏈結欄（是一個鏈結串列的基本節點）

如串列 A={a,b,c,d,x} 其單向鏈結串列資料結構圖如下：

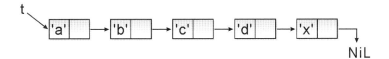

t：為串列指標首

❏ **SNOBOL**（程式語言）

SNOBOL 最有名之處是它的字串處理和鑄型匹配（Pattern matching）運算；另外也是它最新發明程式師自定型態的功能。在執行上，和 PASCAL 或 C 比較，SNOBOL 是屬於動態繫合（dynamic binding）。也就是在執行期間（RUN TIME），可能有新變數定義，子程式控制流程改變；甚至於 "+" 及 "*" 的基本運算意義都會改變。所以 SNOBOL 的程式很彈性，不過也容易發生錯誤。和 LISP 一樣，我們不需要先宣告變數的型態，在執行期間變數名稱可能在程式的不同地方會表示不同型態。在 SNOBOL 中的變數是一種指標結構，這個指標是指向中文字串表內的資料對象。其他像 SNOBOL 也提供多維度陣列及特性表列（稱為（tables）），其中每個成份的資料部份都可於執行時隨時改變。

❑ **Spanning tree（擴張樹）**

資料結構科學中，一個圖形的擴張樹是以最少的邊來聯結圖形中所有的頂點且不造成 cycle 的樹狀結構。更清楚的説，當一個圖形連通時，則使用 DFS or BFS 必能拜訪圖形中所有的頂點，且 G=(V,E) 的所有邊可分成 2 集合：T 和 B（T 為搜尋時所經過的所有邊，而 B 為其餘未被經過的邊），if S=(V,T) 為 G 中的擴張樹（spanning tree），具有以下三項性質：

1. E=T+B。
2. 加入 B 中的任一邊到 S 中，則會產生 cycle。
3. V 中的任何 2 頂點 Vi,Vj 在 S 中存在唯一的一條簡單路徑。

❑ **Sparse matrix（稀疏矩陣）**

一個矩陣內的大部份元素值是零。例如：以下矩陣即為一稀疏矩陣：

$$\begin{bmatrix} 15 & 0 & 0 & 22 & 0 & -15 \\ 0 & 11 & 3 & 0 & 0 & 0 \\ 0 & 0 & 0 & -6 & 0 & 0 \\ 0 & 0 & 0 & 0 & 0 & 0 \\ 91 & 0 & 0 & 0 & 0 & 0 \\ 0 & 0 & 28 & 0 & 0 & 0 \end{bmatrix}$$

❑ **SQL（結構化查詢語言）**

所謂 SQL 乃是結合觀點定義語言（VDL）、資料定義語言（DDL）、資料操作語言（DML）、及資料控制語言（DCL）的一種整合性資料庫語言。

SQL 關連式資料庫語言便是一種典型的例子。正因 SQL 已成為目前關連式資料庫的標準語言，所以我們常看到的資料庫產品（如 DB2 或 DBASE lv）都提供了 SQL 界面。也就是説，如果你懂了 SQL，你就可以在各種電腦上資料庫系中撰寫程式及存取資料。

❏ **Stack**（堆疊）

是一個具有後進先出（LIFO）特性的資料型態，所有的加入與刪除動作，皆在頂端完成。

❏ **Static link**（靜態鍵）

活動記錄中的一個欄位，根據靜態領域法（Static scoping）的原則，它是指向包含它自己的程式區塊。

❏ **Static memory**（靜態記憶體）

大多數的模組在任務執行完成以後，會將執行結果和控制權還給它的叫用者，而所有執行過程的中間結果都將不復存在。然而，有些模組的內部會有一些記憶，這些記憶下次被叫用時的狀態與前一次執行完成時的結果一樣，這就稱為「靜態記憶」。

❏ **Static Scoping**（靜態領域法）

在程式編譯（compiling time）或翻譯（translation time）時，決定變數參考（reference）到那個資料物件。作法如下：

1. 在某個程式區塊（Block）中，如果有在此區塊內未曾定義的變數，則往包含此區塊的上一層尋找。

2. 若找到了變數的宣告，就看做該變數是在此區塊中定義。如果在本層仍未發現，就繼續再往包含此區塊的上層區塊尋找，直到找到第一次開始宣告此變數的區塊。

3. 如果一直未發現此變數的宣告，則稱此變數未曾宣告。

4. 大部分的語言，如：FORTRAN、COBOL、Ada、C、PASCAL 是使用此種方法。

❏ **Static Storage allocation**（靜態儲存配置法）

變數儲存區配置的過程，是在程式編譯（Compiling Time）時處理，如 COBOL、FORTRAN 與 PASCAL 的全域變數。

❑ **Structured data type**（結構化資料型態）

資料型態的一種，它的定義是一資料結構包含其他資料對象，為其元素或成份的資料對象。種類如下：

1. 陣列（array）
2. 記錄（record）
3. 字串（string）
4. 串列（list）
5. 堆疊及佇列（stack and queue）
6. 樹狀組織（tree）
7. 有向圖形（directed graph）
8. 指標（pointer）
9. 集合（set）
10. 檔案（file）

T 字部

❑ **Topological sort**（拓撲排序）

在資料結構圖形部分中，若一個 AOV 網路中具有部分次序的關係，我們可將其化為線性排列，且若 V_i 是 V_j 的前行者，則在線性排列，V_i 一定在 V_j 前面，此種特性稱為拓撲排序（topological sort）。（注意：結果並非唯一）。排序的步驟：

1. 在 AOV 網路中挑選沒有前行者的頂點。
2. 輸出此頂點，並將此頂點所接的邊刪除。重複 1、2，一直到全部頂點輸出為止。

❑ **Tower of Hanoi**（河內塔問題）

遞迴（recursion）在解決某些問題時也確實有它獨到之處，其中法國數學 Lucas 在 1883 年所提出的「河內塔」問題，最能傳神貼切的點出遞迴法的特別之處。河內塔問題我們可以這樣描述：假設有 3 個木椿和 n 個大小均不相同的套環（disc）。開始的時候 n 個套環都套在木椿 A 上。現在我們希望是否能找到一個解答，將 A 椿上的套環藉著 B 木椿當中間橋樑，全部移到 C 木椿上的最少次數。不過在搬動時還必須遵守下列規則：

1. 直徑較小的套環永遠置於直徑較大的套環上。
2. 套環可任意地由任何一個木椿移到其他的木椿上。

3. 每一次僅能移動一個套環。

河內塔圖

❏ **Tree**（樹）

在資料結構學科中，樹狀結構是一種非常重要的非線性結構。不論是人類社會的族譜或是機關組織，再者計算機上的 MS-DOS 和 Unix 作業系統均是一種樹狀結構的應用。有些資料庫的管理系統，設計的原理更是利用樹狀階層的概念。當然電腦工作的從業人員對於樹狀結構一定也不會太陌生，因此樹狀結構在資料結構之中扮演了舉足輕重的地位。基本上，要了解這個重要的主題，首先我們必須從樹的定義和基本名詞開始著手。

定義：樹是一個或一個以上的節點，其中：

1. 有一個特殊的節點稱為樹根（root）。

2. 其餘的節點分為 $n \geq 0$ 個不同的集合，$T_1, T_2, T_3 \ldots T_n$，則每一個集合稱它的子樹。

例如圖 (a) 就是一種樹的表示方式。

然而圖 (b) 就不是一種樹的結構。

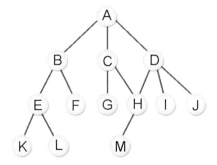

V 字部

❑ **Virtual data type**（虛擬資料型態）

比實質資料型態高一層，例如字串（string）、陣列（array）等。

❑ **virtual storage**（虛擬記憶體）

在單工作業的系統中，在任何單位時間內都只有一個程序執行。而現代作業系統的作法是將主記憶體劃分成很多等長的頁（Page frame），程式也劃分成許多等長的頁，在真正執行程式時，不需要將所有程式同時放入主記憶體中，只需要將正要執行的程式片斷以分頁的方式放入主記憶體中執行。這幾頁執行後，再執行程式的其餘頁。這樣以化整為零方式處理，可以使大於主記憶體程式段，也可以執行；這就是虛擬記憶體的說明。有虛擬記憶體的系統，允許程式大小超過主記憶的最大容量，並且有以下特點：

1. 由於分段再分頁的技巧，使主記憶體內片斷的情形幾乎完全清除。

2. 程式的位址空間可大於主記憶體，也就是說，程式大小不再受到主記憶體大小的限制，並且主記憶體可容納更多的程式。

3. 沒有虛擬記憶體的系統，程式必須全部一次放入主記憶中，程式設計比較沒有彈性。有 VS 的作業系統：UNIX。沒有 VS 的作業系統：MS-DOS。

❑ **Virtual terminal**（虛擬終端機）

為了讓不同型別的終端機也能共同具有處理相同的資料及程式的能力所設計出來的虛擬終端機標準。